U0937779

普通高校通识教育丛书

施维林 张艳华 孙立夫 编著

普通高校通识教育丛书

SHENGTAI YU HUANJING

生态与环境

序

高等学校人才培养模式改革涉及的核心课题之一，是构建符合现代社会理念并能体现科技进步水平的教学知识体系。理想的大学教学知识体系应具有时代性、先进性、学术性和适切性，并且具体体现在能够展现上述先进理念与特征的教材体系与课程内容之中。

综观当今世界，高校本科教育越来越重视受教育者的身心素质的培养和基础知识技能的掌握，这已成为高等院校教育教学改革与发展的主要趋势之一。通识教育由于重视科学精神与人文精神的培养，重视人的发展的全面性，重视知识的交叉、广博与综合，因而越来越受到高等院校管理者、教师和学生的重视。尤其在我国，自 20 世纪 90 年代初以来，高等院校在"文化素质教育"思想的指导下，在本科人才培养模式、课程体系、教材内容、专业建设等方面进行了大量的创新，以纠正长期以来我国本科教学过早专门化和过分专门化的倾向。

浙江师范大学、杭州师范学院、温州师范学院、绍兴文理学院和湖州师范学院是浙江省以教师教育为主要特色的多科性高等院校。多年来，五院校坚持党的教育方针，坚决走改革创新之路，认真落实"育人为本"、"学术强校"的办学理念，大力推广教育部倡导的大学生文化素质教育改革工作，并在办学体制、课程设置、教育科研和研究生培养等方面开展了广泛的校际合作，取得了良好效果。《普通高校通识教育丛书》的出版，旨在发挥五院校的综合学术优势，进一步推动五院校的校际协作和浙江省高等院校本科教学的改革，探索培养更多素质优、知识广、能力强的大学生的有效途径，从而为浙江省高等教育事业发展作出积极的贡献。

徐 辉

2005 年 5 月于浙师大初阳湖畔

目 录

第一篇 生态学基本理论

第二篇 生态与环境

第三篇 环境保护与可持续发展

第一篇

生态学基本理论

SHENGTAIXUE JIBEN LILUN

第1章

绪 论

1.1 生态学的定义

生态学(ecology)是研究有机体与其周围环境相互关系的科学。环境包括非生物环境和生物环境，非生物环境是指光、温、水、营养物等理化因素，生物环境是指同种和异种的其他有机体。这是海克尔(Haeckel)于1869年总结的定义。显然，他所强调的是相互关系或相互作用(interaction)，即有机体与非生物环境的相互作用以及有机体之间的相互作用。有机体之间的相互作用包括同种有机体之间的种内相互作用和异种有机体之间的种间相互作用，前者如种内竞争，后者如种间竞争、捕食、寄生和共生等。

海克尔所赋予生态学的定义外延很广，引起了许多学者的争议。一些著名生态学家也赋予生态学以下一些定义，例如：英国生态学家查尔斯·艾尔顿(Charles Elton)在最早的一本《动物生态学》(1927)中，把生态学定义为“科学的自然历史”；苏联生态学家卡什卡洛夫(Кашкаров)认为，生态学研究应该包括生物的形态、生理和行为上的适应性；澳大利亚生态学家安德鲁阿瑟(Andrewartha)在其著作《动物的分布与多度》(1954)中表明，生态学是研究有机体的分布和多度的科学；瑞典植物生态学家沃明(Warming)在其著作《以植物生态地理为基础的植物分布学》(1895)中提出，植物生态学是研究“影响植物生活的外在因子及其对植物的……影响；地球上所出现的植物群落……及其决定因子……”；法国的布朗-布朗克(Braun-Blanquet)在《植物社会学》(1932)中则把植物生态学称为植物社会学，认为它是一门研究植物群落的科学。

20世纪60～70年代，动物生态学和植物生态学趋向融合，生态系统的研究日益受到重视，并与系统理论交叉。在环境、人口、资源等世界性问题的影响下，生态学的研究重心转向生态系统。在这种情况下，又有一些学者对生态学提出了新的定义，例如美国生态学家奥德姆（E. Odum）提出的定义是：生态学是研究生态系统的结构和功能的科学。他的著名教科书《生态学基础》与以前的著作相比有很大区别，它以生态系统为中心，对大学生态学教学和研究有很大的影响，他本人因此而获得 1977 年美国生态学的最高荣誉——泰勒生态学奖。

20 世纪 80 年代，我国著名生态学家马世骏提出："生态学是研究生命系统和环境系统相互关系的科学。"他同时提出了社会—经济—自然复合生态系统的概念。

生态学家普遍认为，生态学是研究生物与环境之间相互关系及其作用机理的科学。可见生态学的不同定义代表了其不同发展阶段，并且每一阶段都有其具有代表性的重要教科书或著作。应该指出的是，1869 年海克尔提出的含义广泛的生态学定义仍是迄今为止最被广泛采用的定义。

1.2 生态学的发展历程

恩格斯说，科学的发生和发展一开始就是由生产所决定的。生态学根据其形成和发展特点大致可以分为以下三个时期。

1.2.1 生态学建立的前期（公元 16 世纪以前）

随着现代人的诞生，人类开始逐渐积累有关生态学方面的知识。在人类文明的早期，人类为了生存就必须懂得怎样选择能够躲避风雨和猛兽的居住场所，必须了解捕鱼狩猎的手段和野生动植物的习性，这些经验和知识是生态学知识积累的重要源泉。从公元前 5 世纪到公元 16 世纪的欧洲文艺复兴时期是生态学思想的萌芽期，在一些中外古籍中记载了不少有关生态学的知识。在中国，如《诗经》（公元前 5 世纪）中记载有"维鹊有巢，维鸠居之"，描述的是鸠巢的寄生现象；北魏贾思勰撰写的《齐民要术》和明代李时珍编撰的《本草纲目》等著作，都为生态学知识的积累提供了宝贵的资料。还有一些著名的成语和谚语也都体现了生态学的理念，如"螳螂捕蝉，黄雀在后"、"大鱼吃小鱼，小鱼吃虾米"等反映了生态系统中食物链的原理。在欧洲，亚里士多德（Aristotle，公元前 384～前 322 年）按栖息地把动物分为陆栖和水栖两大类，还按食性将它们分为肉食、

草食、杂食及特殊食性四类；亚里士多德的学生西奥佛雷特斯(Theophrastus,公元前370～前285年)在其著作中,根据植物与环境的关系将不同树木类型加以区分,并注意到了植物色泽变化是植物适应环境的结果。因此,他被认为是有史以来的第一位生态学家。

1.2.2 生态学的成长期(17世纪至20世纪50年代)

萌芽期

进入17世纪以后,随着人类社会经济的发展,生态学也步入了它的成长期。在此期间曾被推举为第一位现代化学家的波义耳(Boyle)的工作是动物生理生态学的开端的重要标志；雷莫尔(Reaumur)1735年发表了6卷昆虫生态学资料,这些研究被认为是对积温与昆虫发育生理的研究的开创；布丰(Buffon)在1749～1769年间提出的“生物变异基于环境的影响”原理对近代动态生物学的发展具有重要的影响。

成长期

从18世纪末、19世纪初开始,生态学的研究进入了一个崭新的阶段,在这一时期,出现了许多代表人物和代表作,如马尔萨斯(Malthus)于1798年发表了著名的《人口论》；洪堡德(Humboldt)于1807年出版了《植物地理学知识》；著名的利比希(Liebig)“植物最小因子定律”(1840)的发表以及达尔文(Darwin)的《物种起源》(1895)问世；海克尔于1869年第一次提出生态学的定义；斯洛德(Schröter)1896年首次提出了个体生态学(Autoecology)及群体生态学 (Synecology)的概念；沃明则于1895年发表其划时代的巨著《以植物生态地理为基础的植物分布学》,即1909年被译为中文的《植物生态学》一书,等等。这一时期也是个体生态学与群体生态学的研究时期。

巩固和发展期

进入20世纪,生态学具有重要影响的成就有：种群增长模型、Lotka-Volterra竞争和捕食模型、Logistic方程以及生物地理群落(biogeocenose)概念、生态系统中生物按营养水平分级的方法等。动植物生态学并行发展,出版了不少生态学著作和教科书。在动物研究方面,如詹宁斯(Jennings)的《无脊椎动物的行为》(1906)；谢尔福德(Shelford)的《温带美洲的动物群落》(1913)；阿当斯(Adams)的《动物生态学研究指南》(1913)；艾利(Alle)的《动物生态学原理》(1949)等,被认为是动物生态学进入成熟期的重要标志。在植物研究方面，由于自然条件、植物区系、植被性质以及开发利用程度的差异，也使植物生态学在研究方法、研究重点方面存在着较大差异，在这一时期形成了四个著名的生态学派：①北欧学派。以瑞典和挪威为主，代表人物是瑞典的多-瑞兹(Du-Rietz)，代表作为《近代植物社会学方法论基础》。②法瑞学派。以瑞士苏黎世大学和法国蒙彼利埃大学为中心，代表人物是法国的布朗-布朗克，代表作为《植物社会学》。1935年以后，北欧学派和法瑞学派合流，统称为西欧学派或大陆学派。③英美学派。代表人物是英国的坦斯利(Tansley)和美国的克列门茨(Clements)，代表作是《不列颠群岛的植被》和《植物生态学》，"演替"、"顶级"、"生态系统"和"生态平衡"等学术概念都是由这个学派首先提出的，该学派又被称为动态学派。④苏联学派。代表人物苏卡乔夫(Сукачев)，代表作是苏联生态学家集体撰写的《苏联植被》。

此外，在这一时期英国(1913)、美国(1916)等还相继成立了生态学会，创办了生态学刊物《生态学杂志》(1913)、《生态学》(1920)、《生态学专刊》(1931)及《动物生态学杂志》(1932)等。

1.2.3 现代生态学发展时期(20世纪60年代至今)

20世纪60年代以来，生态学进入现代发展阶段。这一方面是生态学自身理论积累和相关手段提高的结果；另一方面与社会需求有着密切的关系。

进入20世纪末，近代数学、物理、化学和工程技术开始向生态学渗透，特别是电子计算机、高精度高速分析测定技术、高分辨率的遥感仪器和地理信息系统(GIS)等技术的成熟，有力地促进了生态学向实验科学的方向发展。而且，由于人类对生物圈的生物地球化学循环的干扰不断加剧，人与环境之间的矛盾日益突出，全世界面临着人口爆炸、资源短缺、能源危机、粮食不足、环境污染加剧等重大问题的挑战，这些问题的凸显都对生态学发展起到了极大的刺激作用。现代生态学的主要发展趋势为：

生态系统生态学的研究成为主流

除了世界各地对生态系统结构和功能的研究外，一系列的国际性研究计划，如1971年联合国教科文组织发起的研究全球主要生态系统的结构、功能和生物生产力的"人与生物圈计划"(MAB)；国际科学联合会(ICSU)组织的倡导保护人类居住环境的"国际生物学计划"(IBP，1964～

1974);以及目前正在开展的"国际地圈生物圈计划"(IGBP)等,都极大地促进了生态系统的研究。

在现代生态学中,动物生态学和植物生态学已经融合在一起

奥德姆的《生态学基础》(1953)一书开创了以生态系统为骨干的体系,把动物生态学、植物生态学统一起来;哈珀(Harper)的《植物种群生态学》(1977)标志着一直十分薄弱的植物种群生态学研究获得了很大突破,从而促进了与动物种群生态学的进一步融合。

系统理论在生态学中得到了广泛运用

继系统论、控制论和信息论之后,新的系统科学理论——系统自组织理论,如耗散结构理论、突变论和协同论、非线性理论等,都被引入生态学的研究。系统科学与生态学结合,用系统分析的方法研究生态系统,建立生态模型,并预测系统的变化,这些都要借助于电子计算机来完成,如史密斯(Smith)的《生态学模型》(1975),乔根森(Jorgensen)的《应用于环境管理的生态学模型》(1983)等。

从描述性科学走向实验科学

生态学长期以来被看作一门描述性科学,除了个体与环境间可以做某些定量的实验外,群体与环境的复杂关系难以进行定量研究。近年来,随着科学技术的发展以及各种电子仪器、遥感、精密测试仪器和电子计算机的发展,已经使定量研究成为可能,并形成了数量生态学分支学科。实验生态学还体现在几个热点学科领域,即生理生态学、行为生态学、化学生态学等。

研究对象继续向宏观和微观两个方向发展

在宏观领域,已从生态系统扩展到景观生态学和全球生态学;在微观领域,分子生态学的兴起和发展是20世纪末生态学发展最重要的特征之一,以分子遗传为标志,研究和解决生态学和进化中的问题。DNA技术的发展,包括应用限制性内切酶、DNA印迹法、克隆与测序技术、聚合酶链式反应(PCR)等大大提高了分子遗传测定的灵敏度,扩展了其使用范围,并将获得的遗传多样性时空变化模式与其机制联系起来,特别是直接估计野生条件下的繁殖成效及其变化,使分子生态学得到蓬勃发展。

应用生态学迅速发展

虽然,生态学研究从一开始就有服务社会实践的功能,但早期的生态

学基本上只是提出了一些观点。通过近一个世纪的努力，应用生态学这一学科已经为研究复杂的自然现象建立起生态学的概念、方法和理论。自20世纪60年代以来，生态学已经引起各国公众和政府的关注，人口危机、能源危机、粮食危机、资源危机，特别是生态环境危机，使生态学被视为解决这些危机的科学基础。自此，生态学就面临着两个发展方向：既从复杂的自然环境关系中逐步完善和发展生态学的理论和方法，同时根据其理论和原则，又对许多实际问题提供专门指导，解决现实和未来的生态环境危机。据此，应用生态学迎来了蓬勃发展的时期。

许多人预言，21世纪的生物学将是在对生命活动的本质统一认识下的真正的“统一生物学”(general biology)，21世纪将是生物学的世纪，人类将树立崭新的生命观。作为生物学两极之一的生态学，必将在新生命观和新价值观中起到十分重要的作用。

1.3 生态学研究的对象、内容和目的

1.3.1 生态学研究的对象

生态学是研究生物与环境、生物和生物之间相互关系的一门生物学的基础分支学科。生物学各分支学科的关系，就像是切多层蛋糕，水平切法表示把生物学按研究的生命现象的各个方面加以划分，如生理学、形态学、遗传学、进化论等各有其特殊研究对象。垂直切法则是按系统分类，把生物学划分为动物学、植物学、微生物学等学科。可见，生态学不仅是生物学的基础分支学科之一，也是每一门分类学科的重要组成部分。

1.3.2 生态学研究的内容

经典的生态学研究是以种群、群落和生态系统为中心开展的，属于宏观生物学范畴。现代生物学可以把研究对象划分为大小不同的组织层次。生态学的研究主要是个体、种群、群落和生态系统的层次，但是，完整的生态学层次应该分为：分子生态学、个体生态学、种群生态学、群落生态学、生态系统生态学、景观生态学。近年来，也有人将量子生态学和宇宙生态学分别加入到这个层次结构的最前面和最后面。

1.3.3 生态学的分支学科

生态学研究的重点在于生态系统和生物圈中各组成成分之间,尤其是生物与环境、生物与生物之间的相互作用。生态学是一门综合性很强的科学,一般可以分为理论生态学和应用生态学两大类。

理论生态学

依据生物类群分为:动物生态学(animal ecology)、植物生态学(plant ecology)和微生物生态学(microbial ecology)。动物生态学还可以进一步分为哺乳动物生态学(mammalian ecology)、鸟类生态学(avian ecology)、鱼类生态学(fish ecology)、昆虫生态学(insect ecology)等。

依据生物栖息地分为:陆地生态学(terrestrial ecology)、海洋生态学(marine ecology)、河口生态学(estuarine ecology)、森林生态学(forest ecology)、淡水生态学(fresh water ecology)、草原生态学(grassland ecology)、沙漠生态学(desert ecology)、景观生态学(landscape ecology)等。

按研究对象的层次特点分为:分子生态学、个体生态学、种群生态学、群落生态学、生态系统生态学和景观生态学等。

应用生态学

应用生态学的分支有:污染生态学(pollution ecology)、保护生物学(conversation biology)、生态毒理学(ecotoxicology)、恢复生态学(restoration ecology) 、生物多样性(biodiversity)的保护、经济生态学(economic ecology)、生态工程(ecological engineering)、人类生态学(human ecology)、农业生态学(agricultural ecology)、城市生态学(city ecology)等。

现代生态学与其他学科的交叉

生态学是生物学的一个重要组成部分,它与其他生物科学,如形态学、生理学、遗传学、分类学及生物地理学有着非常密切的关系。此外,生物的生活环境是很复杂的,地球内外的一切自然现象都可能成为生物生存的环境因子,因此,深入地研究生态学必然会涉及数学、化学、地理学、气象学、地质学、古生物学、海洋学和湖泊学等自然科学,以及经济学、社会学等人文科学方面的知识,学科之间相互渗透促进了一些新的分支学科的诞生,如行为生态学(behavioral ecology)、数学生态学(mathematical ecology)、化学生态学(chemical ecology)、能量生态学(energy ecology)、进化生态学(evolutional ecology)等。因此,生态学已不仅仅是生物学的分支学科，而是生物学与环境科学的交叉学科。

1.3.4 生态学研究的目的

生态学规律是客观存在的，按客观规律办事，就会得到发展，否则就会受到惩罚。正如恩格斯所说："我们不要陶醉于我们对自然界的胜利，对于每一次这样的胜利，自然界都报复了我们……。"因此生态学研究的目的，在于使人们了解什么是生态学，生态学的研究是为了什么，如何按照生态学的规律去办事。

1.4 生态学的研究方法

生态学已经发展为庞大的学科体系，生态学的研究内容和范围非常广泛，近代生态学与其他学科相互渗透，因此，其研究方法也十分复杂，归纳起来可以分为以下三种类型。

1.4.1 观察方法和实验方法

科学观察是指在自然条件下，人们对自然现象进行搜集、描述和记载的一种方法。在各种科学手段十分发达的今天，观察法依然是生态学研究中的基本方法，包括野外观测（包括野外考察和定位观测）和实验室（包括试验田）观察两大类。

1.4.2 逻辑思维与抽象方法

在生态学的研究中，由观察和实验获得的大量第一手资料，首先需要经过比较和分类，进而通过归纳、演绎、分析和综合，并进行逻辑思维（logical thinking）与抽象思维（abstract thinking），从而形成概念，提出假说，经实践验证，才能最后发展成为理论。

1.4.3 模型方法

首先确定一个小的具体的问题，然后提出并检验一个具体的假设，构建一个关于问题的模型，再进行检验。目前复杂程度不等的数学模型在生态学中已经被广泛采用。

第2章

生物与环境

自然界可以分为两大类,即生物与非生物,而且这两大类几乎总是可以区别开来的,但是,它们又不能彼此孤立地存在。生物依赖于非生物环境,与环境连续地交换物质和能量,需要适应于环境才能生存;同时生物又不同程度地影响环境,改变环境条件。因此,生物与环境在相互作用中形成了统一的整体。

2.1 生物种的概念

分类学家常把自然界中同形的生物个体归为一种。瑞典著名的植物学家林奈(Linnaeus)于1753年出版了《植物种志》,提出种是形态相似个体的集合,同种个体可以自由交配,并能产生可育的后代,而不同种之间存在杂交不育现象,并创立了种的双名命名法。近年来,有人提出数量分类方法,即根据表现型相似性或表现型距离进行聚类分析,并得出一系列不同等级的聚类群。1963年,美国现代生物学家迈尔(E. Mayr)从种群遗传学的角度把种定义为"能实际地或潜在地彼此杂交的种群的集合构成一个种",而"种群是某一地区具有实际或潜在杂交能力的个体的集群"。事实上,物种是客观存在的实体,不同物种之间存在着明显的形态上的不连续性以及不同形式的生殖隔离。物种是由内在因素(生殖、遗传、生理、生态、行为)联系起来的个体的集合,是自然界中的一个基本进化单位和功能单位。由于环境的变动和一个种的分布区内环境的异质性,常常会引起物种性状的改变。如果变异幅度朝着一个方向继续变化,则最终会导致种的分化。

2.2 环境与生态因子

2.2.1 环境的概念

环境(environment)是指某一特定生物体或生物群体以外的空间,以及直接或间接影响该生物体或生物群体生存的一切事物的总和。环境总是针对某一特定主体或中心而言的,因此,环境只具有相对的意义。在生物科学中,环境是指生物的栖息地,以及直接或间接影响生物生存和发展的各种因素。

2.2.2 环境的类型

环境是一个非常复杂的体系,至今尚未形成统一的分类系统。

按环境的主体分为两类,以人为主体的人类环境,其他的生命物质和非生命物质都被视为环境要素。以生物为主体,生物体以外的所有自然条件统称为环境。

按环境的性质分成自然环境、半自然环境(被人类破坏后的自然环境)和社会环境。

按环境的范围大小将环境分为大环境、小环境和内环境。

大环境(macro-environment)是指宇宙环境(space environment)、地球环境(global environment)和地区环境(regional environment),是指记录于离地面1.5m以上的平均气象条件,包括温度、降水、相对湿度、日照等。大气候(macroclimate)是离地面1.5m以上的记录,因而基本不受局部地形、植被和土壤等因素的影响,主要是受到大气环流、地理纬度、离海远近等大范围因素的影响。大环境的气象条件称为大气候,通常,在分析影响生物生存的非生物因素时,人们往往只考虑到属于较大地理范围内的非生物因素,例如,热带、温带或冻原生物群落带把那些相似的非生物环境连接成更大的区域,各个大区域因此具有相似的生态结构。然而,上述的结论只是最普通的共性,因为生物更主要的是受其周围环境的影响。

小环境(micro-environment)或小栖息地(microhabitat),是指小范围内的特定栖息地。小环境当中的气象条件则称为小气候(microclimate)或称为生物气候(bio-climate),即生物栖息地的气候,这种气候由于受局部地形、植被和土壤类型的影响而与大气候有着极大的差别。生态学研

究更加重视生物的小环境。显然,研究生活在地表凋落物层的甲虫,是没有必要了解树林20m高度以上的温度情况的。此外,即使生物是处于同一地区、同一季节和同一天气类型之中,由于小环境的不同,它们实际上是受到彼此不同的小气候影响而生活在完全不同的气候条件下的。例如,在严寒的冬季,即使雪被上的气温是零下60～70℃,雪被下土壤表面的气温仍维持在10～20℃;雪上生活的动物忍受着低温,而雪下生活的动物,如田鼠等啮齿类动物,实际上是生活在类似南方的小气候中。植物个体表面不同部位也存在着不同的小环境。植物根系接触的是土壤小环境,叶片表面接触的则是气体小环境,不同的小环境存在着不同的局部小气候。

生物的生活能够对周围的气候条件起着修改作用。各种类型的植被,如森林、草原或荒漠都可以影响小环境的气候条件。例如,森林能够吸收大量的太阳辐射、保持水分、降低风速,因此,森林中的温度、湿度等条件的变化幅度比开阔地小得多;森林的凋落物作为绝热层起着防止土壤结冻的作用,有利于土壤动物和穴居动物的生存,因此,森林环境总是分布着更多的生物种类。在建立小环境方面,动物也能够起着一定的作用,如穴居动物挖掘洞穴,既为自己也无意中为其他动物创建了特定的小环境。

内环境(inner environment)是指生物体内组织或细胞间的环境,对生物体的生长和繁育具有直接的影响。例如,在叶片内部,直接和叶肉细胞接触的气腔、气室、通气系统,都是形成内环境的场所。内环境对植物有直接的影响,而且不能为外环境所替代。

2.2.3 生态因子的概念及分类

任何环境都包含着多种因素,每一种因素对生物都会起着或多或少、直接或间接的作用,并且这种作用和影响随着时间和空间的变化和所作用对象的变化而有所不同。

生态因子的概念

生态因子(ecological factor)是指在环境中,对生物个体或群体的生活或分布有着直接或间接影响的环境要素,例如,温度、湿度、食物、氧气、二氧化碳和其他相关生物等。生物生活所不可缺少的各种生态因子统称为生存条件(survival condition)。所有生态因子构成生物的生态环境(ecological environment)。具体的生物个体和群体生活地段上的生态环境称为生境(habitat),其中包括生物本身对环境的影响。生态因子能够限制生物物种的分布区域,同时,生物对自然环境的反应并不是消极被动的,生物能够对自然环境产生适应(adaptation)和调节(regulation),即生物为了能够在某一环境中更好地生存和繁衍,不断地从形态、生理、发育或行为各个方面进行调整,以适应特定环境中的生态因子及其变化,生物适应是自然选择的结果。由此可见,生物和环境之间的关系是相互和辩证的。

生态因子的分类

根据生态因子的性质,生态因子通常可以分为五类:气候因子(climatic factor)(如光、温度、湿度、降水、风和气压等);土壤因子(edaphic factor)(如土壤结构、有机物和无机物的营养状态、酸碱度等);地形因子(topographic factor)(如坡度、坡向);生物因子(biotic factor)(包括同种或异种生物之间的各种相互关系);人为因子(anthropogenic factor)。

根据有无生命的特征,可将生态因子分为生物因子(biotic factor)和非生物因子(abiotic factor)两类。其中,生物因子包括上述的第四类生物因子和第五类人为因子,非生物因子则包括气候因子、土壤因子和地形因子。

根据环境因子作用大小与生物数量的相互关系,又可将生态因子分为密度制约因子(density dependent factor)和非密度制约因子(density independent factor)。生物因子对生物的影响大小随着种群密度而改变,属于密度制约因子。例如,种群密度越高,资源就越短缺,竞争也就越剧烈;非生物因子对生物的影响大小并不随着种群密度而改变,属于非密度制约因子。

根据生态因子的稳定性程度,还可将生态因子分为稳定因子和变动因子。其中稳定因子包括地心引力、地磁、太阳辐射常数等终年恒定的因子,主要是决定生物的分布;变动因子则包括周期变动因子和非周期性变动因子,前者如潮汐和四季变化,后者如风、降水。变动因子主要影响生物的数量。

生态因子的划分往往是为了方便研究而人为作出的。实际上,在环境中,各种生态因子的作用并不是单独孤立的,而是相互联系的,它们共同对生物产生影响。

2.3 生物与环境关系的基本原理

2.3.1 生态因子作用的一般特征

综合作用

环境中各种生态因子都不是孤立存在的，而是彼此联系、互相促进、互相制约的，它们在一定条件下又可以互相转化。生物对某一个极限因子的耐受限度会因为其他因子的改变而改变，因此，生态因子对生物的作用不是单一的，而是综合的。

主导因子作用

在诸多环境因子中，有一个对生物起决定性作用的生态因子，称为主导因子(key factor)。主导因子发生变化会引起其他因子也发生变化。例如，当光合作用进行的时候，光强是主导因子，温度和 CO_2 为次要因子(minor factor)；又如，当春化作用进行的时候，温度为主导因子，湿度和通气条件是次要因子。

直接作用和间接作用

环境中的地形因子，其起伏程度、坡向、坡度、海拔高度及经纬度等对生物的作用不是直接的，但是，它们能够影响光照、温度、雨水等因子的分配，因而对生物产生间接作用，这些地方的光照、温度、水分状况则对生物类型、生长和分布起直接的作用。例如，四川二郎山的东坡湿润多雨，分布类型为常绿阔叶林，而西坡空气干热、缺水，只能分布耐旱的灌草丛。因此，同一山体由于坡向不同，会导致植被类型迥然不同。

阶段性作用

由于生物在生长发育的不同阶段对生态因子的需求不同，因此，生态因子对生物的作用也具有阶段性，这种阶段性是由生态环境的规律性变化造成的。例如，光照时间的长短，在植物的春化作用阶段并不起作用，但是，在光周期阶段则是十分重要的；有些耐阴植物，如红松，在生长的初期阶段不需要太多的光照，而是需要适当的庇荫，但是，随着生长速度的加快，对光照强度的需求也会增强。

不可代替性和补偿作用

环境中各种生态因子对生物的作用各有其重要性，尤其是起主导作

用的因子,缺少就会影响生物的正常生长发育,甚至造成其生病或死亡。所以,总的来说,生态因子是不可代替的,但是,局部是可补偿的。例如,植物进行光合作用时,如果光照不足,可以通过增加 CO_2 的量来补足;软体动物在锶多的地方,能利用锶来补偿壳中钙的不足。生态因子的补偿作用只能在一定范围内作部分补偿,而不能以一个因子代替另一个因子,而且因子之间的补偿作用也不是经常发生的。

2.3.2 最小因子定律、耐受定律和限制因子

最小因子定律(law of the minimum)

德国农业化学家利比希于 1840 年在研究各种生态因子对作物生长的作用方面进行了许多先驱性的研究工作。他首先发现作物的产量往往不是受其大量需要的营养物质的制约,如 CO_2 和水,而是取决于那些在土壤中较为稀少,同时又是植物所需要的营养物质,如硼、镁、铁、磷等。继而得出结论:植物的生长取决于环境中那些处于最小量状态的营养物质。进一步的研究表明,利比希所提出的理论也同样适用于其他生物种类或生态因子,因此,其理论被称为最小因子定律或称为利比希最小因子定律。

奥德姆于 1973 年对该定律作了两点补充:(1)这一定律只适用于能量和物质的流入和流出处于平稳的情况下;(2)要考虑生态因子之间的相互作用。

利比希定律指出了因子低于最小量时会成为影响生物生存的因子,实际上,当某一因子过量时,同样也会影响生物的生存。

耐受定律(law of tolerance)

1913 年,美国生态学家谢尔福德提出了耐受定律,即任何一个生态因子在数量上或质量上的不足或过多,即当接近或达到某种生物的耐受限度时,就会影响该种生物的生存和分布。每一种生物对任何一种生态因子都有一个耐受的范围,即有一个最低点(耐受下限)和一个最高点(耐受上限),最低点和最高点之间的耐受范围,称为该种生物的生态幅(ecological amplitude),见图 2-1;在耐受范围中包含着一个最适区,在最适区内,该物种具有最佳的生理或繁殖状态。

不同生物物种对各种生态因子的耐受范围不同,而同一种生物对不同生态因子的耐受范围也可能存在着差异,见图 2-2。例如,一种生物对温度的耐受范围可能比另一种生物广;又如,某一种生物可能有较广的温

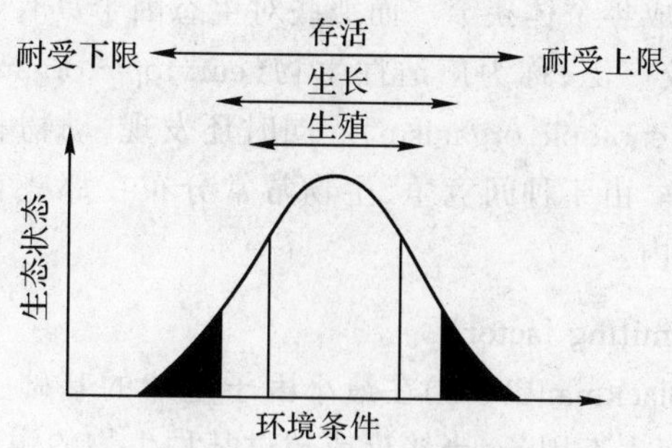

图 2-1　生物种的耐受限度①

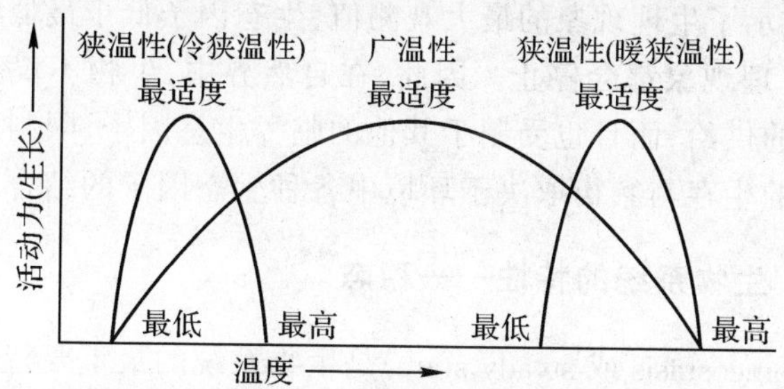

图 2-2　狭温性与广温性生物的生态幅比较

度耐受范围，但是具有较狭窄的 pH 值耐受范围。生态学有一系列的术语用于描述生物对生态因子的耐受范围，这些术语以前缀“steno-”和“eury-”分别表示狭耐受范围和广耐受范围，常用的狭温性与广温性生物的生态幅比较的一些术语列于表 2-1。

表 2-1　生态因子耐受性的常用术语

狭耐受范围		广耐受范围		生态因子	
狭温的	stenothemal	广温的	eurythemal	温度	temperature
狭水的	stenohydric	广水的	euryhydric	水	water
狭盐的	stenohaline	广盐的	euryhaline	盐	salinity
狭食的	stenophagic	广食的	euryphagic	食物	food
狭土的	stenoedaphic	广土的	euryedaphic	土壤	soil
狭栖的	stenoecious	广栖的	euryecious	栖息地选择	habitat selection
狭光的	stenophotic	广光的	euryphotic	光	light

谢尔福德指出，处于繁殖期的个体、种子、卵或胚胎的耐受范围比非

①②　引自孙儒泳等：《基础生态学》，高等教育出版社 2002 年版。

繁殖期的个体或成年个体狭窄。而那些对生态因子具有较大耐受范围的种类,分布就比较广泛,称为广适性生物(eurytopic organism),反之则称为狭适性生物(stenotopic organism)。同时还发现,动物和植物很少生活在其最适环境内。由于种间竞争,生物常常分布在那些它们能够最有效地竞争的栖息地内。

限制因子(limiting factor)

布莱克曼(Blackman,1905)在最小因子定律的基础上提出了限制因子的概念,即任何生态因子,当接近或超过某种生物的耐受性极限时而阻止其生存、生长、繁殖、扩散或分布的因子。以生理现象的变化为例,在最适状态下,显示了生理现象的最大观测值,生态因子低于最低状态或高于最大状态,生理现象都会停止。因此,在自然界中,生物不仅受制于最小量需要物质的供给,而且也受制于其他的临界生态因子,限制因子的概念指明了生物的生存与繁衍取决于环境中各种生态因子的结合。

2.3.3 生物系统的特性——稳态

稳态(homeostasis 或 steady state)是生物系统的最重要特性。生态学的研究对象是各个层次的系统,各系统都具有稳态的特性。

系统(system)是由相互作用和相互依赖的若干组成部分结合而成的,具有特定功能的有机整体,而这个系统会从属于一个更大的系统。系统可以分为三种基本类型:开放系统(open system)、封闭系统(closed system)和孤立系统(isolated system)。开放系统与外界存在着能量、物质和信息的交换;封闭系统与外界有少量的能量和信息交换,没有物质交换;孤立系统与外界没有任何交换。

稳态是指生物系统通过内在的调节机制,各组成成分和谐共处,从而使相对的平衡条件得以保持。当能量和物质的输入和流通发生变化时,生物系统各组成成分对相应的变化进行自我调整,使系统产生内在的调节,从而保证系统的平衡。例如,某栖息地中的动物数量取决于该栖息地的食物蕴藏量,如果由于某些原因,如降水量的减少导致该动物所需食物的蕴藏量发生减少,这些食物只能养活少量的动物,那么这两个组成成分就不再是平衡的。此时,由于饥饿死亡或迁出,该动物的数量就会不断地减少,直至调整到新的食物蕴藏量所能养活的动物数量为止,由此新的平衡又重新得以建立。

在稳态的获得和保持的过程中,负反馈(negative feedback)是共同

的、基本的机制。所谓反馈(feedback)是指系统中的某一成分变化引起其他成分发生一系列的变化,而后者的变化最终又回过来影响首先变化的成分。各种类型的系统都有反馈现象。如果反馈的作用能够抑制或减少最早发生变化的成分的改变率,就称为负反馈;反之,如果反馈的作用能够加剧或增加最早发生变化的成分的改变率,则称为正反馈(positive feedback)。负反馈抑制变化,因此能够维持系统的稳态,相反,正反馈加剧变化,因此,使系统更加偏离稳态。在长时间范围内,负反馈和自我调节占有更大的优势。

根据生物体的稳态程度,有的学者也把生物分为稳态生物(homeostatic organism)和非稳态生物(non-homeostatic organism)。稳态生物和非稳态生物的根本区别在于其耐受极限的决定原因的不同。非稳态生物的耐受极限是由于外部环境因子的影响作用超过该生物特定酶系统能够工作的耐受范围,而稳态生物的耐受极限则是由于外部环境因子的影响作用超过该生物能够保持内部稳态的耐受范围。例如,哺乳类具有许多种温度调节机制以维持体温的平衡,当环境温度在20～40℃范围内变化时,它们的体温仍然可以维持在正常值37℃左右,偏离不超过5℃。哺乳类作为恒温动物也因此能够在很大的温度范围内保持活跃状态。对于变温动物,如蜥蜴类则只能够在25～35℃范围内保持活跃状态,因为蜥蜴类只具备几种原始的生理调节方式以及行为调节方式,如晒太阳以间接地改变体温。和恒温动物(鸟类、哺乳类)相比,变温动物(如脊椎动物的两栖类、爬行类)对温度的耐受范围较窄,因此,其地理分布范围也就受到很大限制。同样地,变温动物的行为也只能活跃在一天当中的某些时候,这时候的环境温度不是太高或太低。但是,应该注意,无论是稳态生物还是非稳态生物对于某一生态因子都有一定的耐受范围,对特定生态因子的耐受范围直接影响其地理分布范围。

2.3.4 生物对环境的适应

适应(adaptation)主要是指生物对其环境压力的调整过程。有基因型适应(genotypic)和表现型适应(phenotypic)。基因型适应是可遗传的,发生在进化过程中;表现型适应发生在生物个体身上,是非遗传的。桦尺蠖(*Biston betularia*)的工业黑化就是基因型适应的一个实例。如图2-3所示,最初,桦尺蠖是浅色的,并且能够隐蔽在有地衣覆盖的浅色树干环境之中;但随着当地工业化的加剧,浅色树干被工厂排出的烟雾逐渐熏成了黑色,此时,浅色的桦尺蠖就显得非常醒目。而后来该地区桦尺蠖种群中的黑色变异个体逐渐占据了优势,因为黑色个体在黑色树干环境中得到了更好的隐蔽,能够减少被捕食的可能而得以生存。在进化过程中,这种昆虫就适应了其栖息地的环境改变。

图 2-3 桦尺蠖在不同背景中的适应①

适应还包括进化适应、生理适应、感觉适应和通过学习的适应等。适应可以使生物对生态因子的耐受范围发生改变。环境的多种生态因子是相互联系、相互影响的,因此,生物对其特定生活环境的一组生态因子的适应也必定是存在着相互的关联性,这一组相互关联的适应就称为适应组合(adaptive suites)。例如,骆驼对干旱和炎热沙漠地区的适应就表现为热量调节和水分平衡两个方面。骆驼通过高度浓缩尿液、干燥粪便以减少水分丧失,通过在清晨取食含有露水的植物嫩叶或取食多汁植物以增加水分获得。最重要的是骆驼能够耐受脱水以及较大的昼夜温差。骆驼白天体温增高有利于储存热量,减少出汗,从而有助于水分的保持。

无论生物通过哪一种适应方式来调整、扩大它们对生态因子的耐受范围,或生存在更多的复杂环境中,都不能永远逃脱生态因子的限制。耐受极限只能被改变而不能被去除,因此,生物的生理状态和分布还是会由于它们对特定生态因子耐受范围的有限性而受到制约。生物对特定生态因子的耐受范围由该生物的遗传结构所决定,因此,是生物的物种特性。

2.4 生物与光的关系

光是所有生物生存的必需因子,因为生物的能量都直接或间接地来

① 仿 A. Mackenzie, A. S. Ball, S. R. Virdee:《生态学》,科学出版社 2005 年版。

自于太阳光能。

2.4.1　光的性质及其对生物的影响

光是由波长范围很广的电磁波组成的，紫外光、可见光和红外光的波长分别为小于 380nm、380～760nm 和大于 760nm。紫外光对生物和人有杀伤和致癌作用，但是它在穿过大气层时，波长短于 290nm 的部分将被臭氧层中的臭氧吸收，只有波长在 290～380nm 之间的紫外光才能到达地球表面。红外光可以产生大量的热，地表热量基本上就是由红外光能所产生的。只有可见光才能在光合作用中被植物所利用，并转化为化学能，能够被光合作用所利用的太阳辐射称为生理有效辐射或光合有效辐射(photosynthetically active radiation)。植物的叶绿素主要吸收红光(760～620nm)和蓝光(490～435nm)，绿光在光合作用中很少被利用，因此也称为生理无效光。

光谱成分随着空间发生变化的一般规律是短波光随纬度的增加而减少，随海拔的升高而增加。一年之中，冬季长波光增多，夏季短波光增多；一天之内中午短波光较多，早晚长波光较多。

光以同样的强度照射到水体表面和陆地表面。在陆地上，大部分光都能被植物的叶子吸收或反射掉；在水体中，水对光有很强的吸收和散射作用，这种情况大大限制着海洋透光带的深度。在纯海水中，10m 深处的光强度只有海洋表面光强度的 50%，而在 100m 深处，光强度则衰减到只及海洋表面光强度的 7%(均指可见光部分)。不同波长的光被海水吸收的程度是不一样的。红外光仅在几米深处就会被完全吸收，而紫和蓝色等的短波光则很容易被水分子散射，因而也不能潜入到很深的海水中。由于水对光的吸收和散射作用，结果在较深的水层中只有绿光占有较大优势。植物的光合作用色素对光谱的这种变化具有明显的适应性。分布在海水表层的植物，如绿藻海白菜所含有的色素与陆生植物所含有的色素很相似，它们主要是吸收红、蓝光，但是分布在深水中的红藻紫菜则另有一些色素能使它在光合作用中较有效地利用绿光。光质对于动物的分布和器官功能的影响目前还不十分清楚，但是，色觉在不同动物类群的分布有很大差异，如在节肢动物、鱼类、鸟类和哺乳动物中，有些种类色觉很发达，另一些种类则完全没有色觉；在哺乳动物中，只有灵长类动物才具有发达的色觉。

2.4.2 光照强度的变化及其对生物的影响

光照强度的变化

光照强度随着纬度的增加而逐渐减弱，随着海拔高度的增加而增强，此外，山体的坡向和坡度对光照强度也有很大影响。在一年中，夏季光照强度最大，冬季最小。在一天中，中午的光照强度最大，早晚的光照强度最小。分布在不同地区的生物长期生活在具有一定光照条件的环境中，久而久之就会形成各自独特的生态学特性和发育特点，并对光照条件产生特定的要求。当其他生态因子不变时，光合速率随着光照强度的增加而升高。当光照强度增加到一定程度时，光合速率不再增加时的光强度为光饱和点(light saturation point)。光照强度低到一定程度，光合速率和呼吸速率相等，此时的光照强度为光补偿点(light compensation point)。光照强度在一个生态系统内部也有变化。一般说来，光照强度在生态系统内将会自上而下逐渐减弱，从而影响植物在群落中的垂直分布。在水生生态系统中，光照强度随水深的增加而迅速递减，因此，水中植物的光合作用受到很大的限制。

光照强度与植物

水生生物的分布与光照强度密切相关，因为入射光的10%～70%被反射掉了；水又大量吸收长波光，短波光(紫外线)则在表层被吸收。因此，水中的植物仅能在可见光到达的深度内生活。在水下特殊的环境中，长期适应形成了特殊的水生植物生态类型。

在海洋中，只有在表层透光带(euphotic zone)内，植物的光合作用量才能大于呼吸量。由于植物需要阳光，所以扎根海底的巨型藻类通常只能出现在大陆沿岸附近，这里的海水深度一般不会超过100m。生活在开阔大洋和沿岸透光带中的植物主要是单细胞的浮游植物。因为这里的食物极为丰富，所以以浮游植物为食的小型浮游动物也主要分布在这里。但是动物的分布并不局限在水体的上层，甚至在几千米以下的深海中也生活着各种各样的动物，这些动物靠海洋表面生物死亡后沉降下来的残体为生。

在陆地上，根据对光照强度的适应，可以将陆生植物分为三大类。

(1)阳性植物(heliophytes)。为在强光条件下才能生长、发育健壮，弱光条件下生长发育不良的植物。这类植物光补偿点位置较高，光合速率和呼吸速率都比较高，常见种类有蒲公英、杨树、柳树、白桦、槐树、马尾

松和栎树等群落先锋树种。草原、荒漠、阳坡上的森林植物以及一般的农作物都是喜阳的植物。

(2)阴性植物(shade plant)。为在弱光条件下比强光条件下生长好的植物。这类植物的光补偿点位置较低,其光合速率和呼吸速率都比较低,如铁杉、红豆杉、云杉、冷杉等和人参、三七、黄连、半夏、贝母以及某些蕨类、苔藓和地衣都是阴性植物。

(3)中性植物(intermediate plant)或半阴性植物(partial shade plant)。对光的需求介于上述两类植物之间。半阴性有两个含义:一是在全光照下生长最好,也能忍耐一定的荫蔽;二是在生活史的某些阶段(主要是苗期)需要适度弱光,如青冈、红松苗期不耐强光,成年后喜光。

一般说来,植物个体对光能的利用效率远不如群体高,植物群体的光合作用是随着光照的不断增强而提高的。

光照强度与动物的行为

光是影响动物行为的重要生态因子,很多动物的活动都与光照强度有着密切的关系。有些动物适于在白天活动,如大多数鸟类,哺乳动物中的灵长类、有蹄类以及松鼠、旱獭和黄鼠,爬行动物中的蜥蜴和昆虫中的蝶类、蝇类、虻类等,被称为昼行性动物(diurnal animal);有些动物则适于在夜晚或晨昏的弱光下活动,如夜猴、蝙蝠、家鼠、夜鹰、壁虎和蛾类等,被称为夜行性动物(nocturnal animal)或晨昏性动物(dawn and dusk habit animal),因其适应的光照范围狭小,所以又称为狭光性种类。还有一些动物适应性强,白天黑夜都有活动,常不分昼夜地表现出活动与休息的不断交替,如很多种类的田鼠,被称为全昼夜动物(day and night animal),它们属于广光性种类。

2.4.3　日照长度的变化与生物的光周期现象

地球在不同的地区和不同的季节里,一天中的昼夜长短呈规律性变化。北半球的夏季,通常昼长夜短,冬季昼短夜长,形成了光照长短的周期性变化。昼夜交替中日照的长短对生物生长发育的影响,称为光周期现象(photoperiodism 或 photoperiodicity),光周期实际上是生物的一种适应对策。

植物的光周期现象

根据对日照长度的反应,植物可以分为四类。

(1)长日照植物(long day plant)。在发育的某一阶段需要每天有较长的日照时数,即日照必须大于某一时数(临界光期)才能形成花芽,或者说暗期短于某一时数才能形成花芽。日照时间越长,开花时间越早,如北方的小麦、大麦、油菜、菠菜、甜菜、甘蓝、萝卜以及牛蒡、紫菀、凤仙花等都属于长日照植物。

(2)短日照植物(short day plant)。与长日照植物相反,短日照植物要求光照短于临界光期才能开花的植物,暗期越长开花期越早,这种植物在长日照下是不会开花的,只能进行营养生长,如南方的水稻、大豆、玉米、棉、麻、烟草、向日葵、苍耳等均属于短日照植物。

(3)中日照植物(day intermediate plant)。要求日照与黑暗各半的日照长度才能开花,如甘蔗,要求每天12.5小时的日照,否则不能开花。

(4)日中性植物(day neutral plant)或无光周期植物(non-photoperiodism plant)。不受或少受光周期或暗期影响的一类植物,只要条件适合,在不同的日照长度下都能开花。如蒲公英、番茄、黄瓜、四季豆等。

了解植物的光周期现象对植物的引种驯化工作非常重要,引种前必须特别注意植物开花对光周期的要求。在园艺工作中,也常利用光周期现象人为控制开花时间。

动物的光周期现象

鸟类的光周期现象最为明显,很多鸟类的迁移都是由于日照长短的变化引起的。日照长短的变化是地球上最严格和最稳定的周期性变化,所以是生物节律最可靠的信号系统。

日照长度的变化对哺乳动物的生殖和换毛也具有十分明显的影响。动物也分为长日照动物(long day animal),如高纬度地区的雪貂、野兔和刺猬等,都是随着春天日照长度的逐渐增长而开始生殖的;短日照动物(short day animal),如绵羊、山羊和鹿等,总是随着秋天短日照的到来而进入生殖期的;无光周期动物(non-photoperiodism animal),如大家鼠等,其性腺活动很少受到光照长短的影响。

鱼类的生殖和迁移活动也常表现出光周期现象,特别是那些生活在光照充足的表层水域的鱼类。实验证实,光可以影响鱼类的生殖器官,人为延长光照时间可以提高鲑鱼的生殖能力。日照长度的变化通过影响鱼类的内分泌系统而影响其迁移。

昆虫的冬眠(dormancy)和滞育(diapause)主要与光周期的变化有关,如秋季的短日照是诱发马铃薯甲虫在土壤中冬眠的主要因素,而玉米螟

(老熟幼虫)和梨剑纹夜蛾(蛹)的滞育率则受到每天的日照时数的影响,同时也与温度有一定关系。很多昆虫的代谢也受日照长度的影响,依据光周期信号,一些昆虫总是在白天羽化,而另一些则在夜晚羽化。

2.5　生物与温度的关系

2.5.1　温度的变化规律

地球上的温度受昼夜、四季、纬度、地形、海拔和海陆位置的影响,温度在土壤里、水域中以及植物群落内部都有着影响生态的特性。

通常纬度每增加1°,年平均温度下降0.5℃;海拔每升高100m,气温降低0.4~0.7℃;地形对气温的影响表现在山体的迎风面和背风面、阴坡和阳坡、不同坡位等,温度差别都很大;温度在时间上的变化非常明显,如春、夏、秋、冬四季分明,当然在各地区这种变化并不均衡,例如有的地方四季并不分明,海南岛、西双版纳等热带地区是四季如夏;滇中则是四季如春;而高寒山区是四季如冬。

温度在土壤、水体和植物群落中也呈现规律性变化。土壤温度的年变化,一般是服从于大气温度变化的规律的,夏季昼长,土壤贮热量加大;冬季相反,土壤散热大于太阳辐射热,土温下降。水体的温度变化要缓和得多,这是由于水蒸发耗热,即使气温高,水温也不会剧增,不会灼伤植物。水体中温度的年变化和日变化都不很明显,其最高最低值都比气温最高最低值出现的时间置后。在植物群落内,白天和夏天比群落外的温度要低,夜间或冬季则高些,年温变与昼夜温变幅度都较小,变化缓和,如果森林面积足够大,还能够稳定和调节附近地区的温度,这就是森林群落对气候的调节作用。

2.5.2　温度的生态意义

温度是无时无处不在起作用的重要生态因子,任何生物都生活在具有一定温度的外界环境中,并受到温度变化的影响。

温度与生长

生物体内的生物化学过程必须在一定温度范围内才能够正常进行。一般说来,生物体内的生化反应会随着温度的升高而加快,随着温度的下降而变缓。当环境温度高于或低于生物所能忍受的温度范围时,生物的生长发育就会受到阻碍，甚至造成死亡。不同生物和同一生物的不同发育阶段所忍受的温度范围有很大差别，也是生物对温度长期适应的结果，只有鸟类和哺乳类动物等恒温动物，受环境温度变化的影响很小。

一天内温度的昼夜变化，对植物的生长、发育和产品质量有很大影响。植物适应于温度的昼夜变化的现象称为温周期(thermoperiodism)。温周期现象实际上是植物适应温度变化(变温)的结果。对于大部分植物来说，适当的变温是有利的，主要表现在：①变温有利于种子萌发；②促进生长；③夜间温度低能抑制高生长；④促进开花结实；⑤提高产品品质，如新疆葡萄；⑥夜间温度限制植物分布，如大陆性气候区树线(高山树木分布的最高限度)高度。总之，变温对植物有利是因为白天温度高能够促进光合，夜间温度低能够减弱呼吸，有利于物质的净积累。植物温周期特性与原产地日温节律有关。

温度能够作为一种刺激物起作用，决定有机体是否将开始发育。很多植物在发芽之前都需要一个寒冷期或冰冻期。例如，冬小麦的种子只有经历了预寒冷后才能发育和开花。这种由低温诱导的开花，称为春化作用(vernalization)。

温度与生物的发育

温度与生物发育的关系比较集中地反映在温度对植物和变温动物的(特别是昆虫)发育速率上，即反映在有效积温法则上。有效积温(sum of effective temperature)法则是指生物的生长发育过程中，必须从环境中摄取一定的热量才能完成某一阶段的发育。有效积温法则在农业生产上有很重要的意义，全年的农作物茬口必须根据当地的平均气温和每一作物的有效积温来安排。有效积温还可以用于预测害虫发生的世代数和来年发生的程度。

极端温度的影响

极端温度包括低温和高温两类。

(1)低温对生物的影响。温度低于一定的数值，生物便会因低温而受害，温度越低生物受害越严重。低温对生物的伤害可以分为：①冷害(chilling injury)。指喜温生物在零度以上的温度条件下受害或死亡，如海南岛的热带植物丁子香在16℃时叶片便受害，3～4℃时顶梢干枯；鲘鲹等热带鱼，在水温10℃时就会死亡。冷害是喜温生物向北方引种和扩展分布区的主要障碍。②霜害(frost injury)。指气温在0℃左右，由于霜

出现而使植物受害。③冻害(freeze injury)。指冰点以下的低温使生物体内(细胞内和细胞间隙)形成冰晶而造成的损害。冰晶的形成会使原生质膜发生破裂和使蛋白质失活与变性。植物受害主要是由于生理干燥和水化层的破坏引起的。动物对低温的耐受极限(即临界温度)随种类不同而有差异,少数动物能够耐受一定程度的身体冻结,如摇蚊在-25℃的低温下可以经受多次冻结而能保存生命。

(2)高温对生物的影响。温度超过生物适宜温区的上限后就会对生物产生有害影响,温度越高对生物的伤害越大。

高温对植物的影响,主要是减弱光合作用,增强呼吸作用。例如,马铃薯在温度达到40℃时,光合作用等于零,而呼吸作用在温度达到50℃之前一直随温度的上升而增强,当然,这种状况只能维持很短的时间。高温还可以破坏植物的水分平衡,加速生长发育,促使蛋白质凝固和导致有害代谢产物在体内的积累。在水稻开花期间,如果遭遇高温就会使受精过程受到严重伤害,因为高温可以伤害雄性器官,使花粉不能在柱头上发育。日平均温度30℃持续5天就会使空粒率增加20%以上。在38℃的恒温条件下,水稻的实粒率下降为零,几乎是颗粒无收。

高温对动物的有害影响主要是破坏酶的活性,使蛋白质凝固变性,造成缺氧、排泄功能失调和神经系统麻痹等。动物对高温的忍受能力依种类的不同有较大差异,如哺乳动物一般都不能忍受42℃以上的高温;鸟类体温比哺乳动物高,但是,也不能忍受48℃以上的高温;多数昆虫、蜘蛛和爬行动物能忍受45℃以下的高温,温度再高就有可能引起死亡。

2.5.3　生物对环境温度的适应

生物的分布

根据所适应的温度幅度范围,生物可以分为广温生物(eurythermal),如马尾松、白桦、蟾蜍、美洲狮等,能生活在-5~55℃范围内;狭(窄)温生物(stenothermal),如椰子、可可等,只能生活在热带较小温度变化幅度范围内。

温度因子对植物在地球上的分布是起决定性作用的。根据年平均温度和最冷月平均温度,将地球上植物分布的气候带分为热带、亚热带、温带、寒温带、寒带等气候类型。年平均温度达24~30℃,最冷月平均温度在18℃以上,属于热带雨林气候,代表植物,如橡胶、可可、咖啡、金鸡纳等;冬季温暖,夏季炎热,最冷月平均在2℃以上,属于亚热带森林气候,代表植物，如柑橘、马尾松、樟木和毛竹等；最冷月平均气温在－20℃以下，最热月平均气温在20～25℃，属于温带季风气候，代表植物主要是落叶树种，如白杨、栎、桃、李、梨和苹果等；最热月平均温度一般在10～19℃以上，最冷月气温在－20～－50℃，属于寒温带针叶林气候，代表植物，如红松；最热月平均温度0～10℃，年平均温度在0℃以下，属于寒带苔原气候，为冻荒漠区，生物分布稀少，只生存有某几种地衣和一些散生的灌木。

生物对极端温度的适应

(1)对低温的适应。①贝格曼法则(Bergmann's law)：同一分类单位的恒温动物的大型种类，趋向于生活在寒冷的气候中，可以导致相对体表面积变小，使单位体积的热散失减少，有利于抗寒，例如，东北虎的颅骨长331～345mm，而华南虎的仅为283～318mm。②艾伦法则(Allen's law)：同一分类单位的恒温动物的突出部分，如四肢、尾巴和外耳在低温环境中，有变短变小的趋势，如北极的北极狐、温带的法国赤狐、热带的非洲大耳狐随着栖息地由寒变热，其外耳由小变大。

植物对低温的适应表现在冬天低温到来之前，如北方的阔叶树杨树、榆树等，或通过脱落叶片、或具有鳞片或厚的蜡质层等结构、或树皮增厚形成木栓层等措施保护树干免遭冻裂。一些高山植物为避免低温的袭击，则变成垫状或簇团状，蜷缩成团，伏在地上。

恒温动物在低温环境下通过增加毛的密度或皮下脂肪的厚度来御寒；一些动物体内积累大量的甘油，具有防冻剂的作用；还有一些动物则通过冬眠(hibernation)的方式避免低温伤害。

(2)对高温的适应。①动物多采取夏眠(estivation)、昼伏夜出等行为措施来适应高温，如黄鼠。②植物通过树皮呈银灰色、叶片改变受光方向、叶片上有蜡质等方式避免热害；在生理上，通过增加细胞质浓度降低细胞中的含水量，增加糖或盐的浓度，有利于减缓代谢速率以抗高温，或通过强烈的蒸腾作用降低叶面温度，当气温达到40℃以上时，植物气孔关闭，蒸腾散热停止，而受热害或以非常快的感应适应对热胁迫(heat stress)作出反应。

2.6 生物与水分的关系

地球素有“水的行星”之称，地球表面约有70%以上被水覆盖，地球

总水量约为14.5亿 km^3,其中94%是海水,其余则以淡水的形式储存于陆地和两极的冰山中。水有三种形态:液态、固态和气态。三种形态的水因时间和空间的不同能发生很大变化,这种变化是导致地球上各地区水分再分配的重要原因。水因蒸发和植物蒸腾把水汽送入大气,而大气中的水汽又以雨(液态)、雪(固态)等形态降落到地面。

水分在地球上的流动和再分配有三种方式:一是水汽的大气环流;二是洋流;三是河流排水。全球水循环请参看生态系统生态学一章。

没有水就没有生命,在地球上水的出现比生命更早,水是生物体不可缺少的重要组成部分。生物体的含水量一般为60%~80%,有些生物则可达90%以上。生物的一切代谢活动都必须以水为介质,生物体内的营养运输、废物排出、生理过程和生物化学过程都必须在水溶液中才能进行,而所有的物质也都必须以溶解状态才能出入细胞,所以,在生物与环境之间时刻都在进行着水分交换。生物起源于水环境,水对陆生生物的热量调节和能量代谢也具有重要意义,因为蒸发散热是所有陆生生物降低体温的重要手段。

2.6.1 水与植物的关系

水与水生植物

生长在水中的植物统称为水生植物(hydrophyte)。水生植物中,植物适应缺氧的结果是使根、茎、叶形成一整套相互联结的通气组织系统,能够减轻体重,增加植物的体积,特别是叶片的漂浮能力。大多数水生植物没有角质层、蜡质层、气孔和绒毛等,植物根系非常不发达,叶子柔弱,叶肉没有栅栏组织和海绵组织的分化,均由薄壁细胞所构成。根据水生植物在水环境中分布的深浅可以分为:

(1)漂浮植物(floating plant)。漂浮植物的叶全部漂浮在水面,根悬垂在水中,不与土壤发生直接的关系,如浮萍、凤眼莲、满江红等,它们无固定的生长地点,随风浪水流过着漂泊的生活。

(2)浮叶植物(floating leaf plant)。浮叶植物的叶浮在水面,根牢固地扎在水下的土壤里,如荷花、睡莲、王莲等,叶形的变化是适应于流动水的冲击,减少水的阻力的结果。

(3)沉水植物(submerged plant)。这类植物除花序伸出水面外,全部植物体都沉没于水中,固定直立生活,如苦草、黑藻等,它们的繁殖方式多数为无性繁殖,地下茎、冬芽,甚至植物体的碎片都是繁殖器官。因此,水生植物的繁殖能力比陆生植物要高,生产力也高。

(4)挺水植物(emerging plant)。这类植物根部固定生长在水底泥土中,茎叶等下部分浸没在水中,上部分暴露于空气中,如芦苇、水葱和香蒲等,是水生植物向陆生植物发展演变的先驱。

水与陆生植物

在陆地上生长的植物统称为陆生植物(terrestrial plant),根据植物与水分的关系可以将陆生植物划分为三种类型:

(1)湿生植物(hygrophyte)。在陆地上最潮湿的环境中生长,土壤水分和大气的水汽经常是饱和的,这类植物不能忍受较长时间的水分不足,如喜阴的附生蕨类植物和附生兰科植物以及喜光的水稻、泽泻等。

(2)中生植物(mesophyte)。生活的环境介于湿生植物和旱生植物之间,只能生长在水湿条件适中的土壤和合适的营养、通气和温度等条件下,如许多粮食作物、蔬菜、果树和森林树种、草地植物及林下和田间杂草等。

(3)旱生植物(xerophil)。在干旱环境中生长,能忍受较长时间土壤和大气干旱而仍能维持水分平衡和正常生长发育的一类植物。旱生植物种类特别丰富,主要分布在干热草原、沙漠地区以及干热河谷中。根据旱生植物在形态学、生理学及抗旱方式方面的不同特点,旱生植物也可以分为少浆液植物,如沙拐枣、麻黄等;多浆液植物,如生活在北美洲沙漠的仙人掌、西非的猴面包树等。旱生植物形态结构上的适应表现在:一方面增加水分摄取,具有发达的根系;另一方面减少水分散失,如减小叶面积、增厚角质层等。生理适应表现在原生质渗透压特别高,高渗透压能够使植物根系从土壤中吸收水分,同时不至于发生反渗透现象而丢失水分。

2.6.2 水与动物的关系

动物按栖息地可以划分为水生动物和陆生动物两大类,并产生各自不同的适应特征。

水与水生动物(aquatic)

由于水的密度、粘滞性、浮力等物理性质和空气的物理性质相差很大,所以,水生生物对水环境产生适应,包括生活在浅水中的大型海藻具有特殊的适应结构;体形微小的浮游植物和浮游动物体内积累密度比水小的油滴以克服下沉;很多鱼类的体内都具有鱼鳔;减少骨骼、肌肉系统

和体液中的盐浓度，增加浮力；许多水生脊椎动物具有低渗透浓度的血浆以减少身体的密度；在水中能够快速移动的动物，其体形往往呈流线型，可以减少运动的阻力等。

水与陆生动物(terrestrial animal)

陆生动物必须保持体内的水分平衡才能在陆地环境中生存。陆生动物吸收水分主要通过直接饮用水、皮肤吸水(如青蛙、蟾蜍)、从代谢中获得水分(昆虫、小袋鼠等)。

陆生动物失水的主要途径有：体表蒸发失水、呼吸失水、排泄失水。

陆生动物的水分平衡适应包括：

(1)形态适应。生活在干热环境中的动物体形变小、附肢变长，如蚂蚱、蝗虫等，或有厚的且角质化的外皮，如角蜥，或具有防止水分散失的皮肤，如哺乳类和鸟类。

(2)生理适应。如骆驼是适应干旱的代表，其胃内有水囊，血液里有一种特别的蛋白质，多毛的外皮和很厚的肾脏髓质和很长的亨利环等都有利于水分的保持和补给，在17天不饮水的情况下，仍然能够继续活动，而此时其身体脱水的程度可以达到体重的27%，但是，人类的脱水若超过体重的25%，就会昏迷甚至死亡。

(3)生态适应。钻洞的习性、昼夜周期性活动的习性、季节同期性活动的习性、休眠以及减少身体表面积等特性都是生态适应的表现。

2.7 生物与土壤的关系

2.7.1 土壤对生物的影响

土壤物理性质对生物个体的影响主要表现在以下五个方面：

(1)土壤质地影响土壤中水分的渗入和移动，从而影响其他因素，如影响植物的养分吸收、根生长和分布及营养状况，影响穴居动物的挖掘等。

(2)土壤结构的优劣直接影响植物分布和生长状况的好坏，从而间接影响动物的食源。

(3)土壤水分可以直接被植物根系吸收，有利于各种营养物质的溶解、移动及有效程度的提高，并调节土壤温度。

(4)土壤空气的成分不同于大气，其通气状况影响植物根系呼吸和动物呼吸，并影响微生物种类、数量和活动。

(5)土壤温度影响种子萌发、根的吸收、呼吸、贮藏、生长，影响微生物和动物的活动强度。

植物通常有主动吸收的能力，能从土壤中吸收矿质元素；动物所需要的元素则来源于食物、饮水和直接取食矿物质(如盐)。生物对元素的需求量有最适范围，而且生物需求的不仅是某种元素绝对的量，只有当各种元素相对比例合适时，植物的生长发育才最好。

2.7.2 生物对土壤的长期适应

植物对于长期生活的土壤产生一定的适应性，并形成了以土壤为主导因素的植物生态类型。根据植物对土壤酸度的反应，可以把植物分为酸性土植物、中性土植物、碱性土植物；根据对土壤中矿质盐类(如钙盐)的反应，可以把植物分为钙质土植物和嫌钙植物；根据对土壤含盐量的适应，可以把植物分为盐土植物和碱土植物；根据对风沙基质的适应，可以把植物划分为沙生植物，并可再划分为抗风蚀、抗沙埋、耐沙割、抗日灼、耐干旱、耐贫瘠等一系列植物生态类型。

第3章

种群生态学

种群(population)是指在同一时间内占有一定空间的同种生物个体的集合。种群具有共同的基因库,彼此之间能够进行自然交配,并产生有生殖力的后代,因此,种群是种族生存的前提,是系统发展的结果。自然界中任何生物个体必然在某一时期与同种及其他种类的许多个体联系成一个相互依赖、相互制约的群体而生存。

种群生态学是研究种群生物系统规律的科学,即研究种群内部各成员之间,种群与其他生物种群之间,以及种群与周围环境非生物因素之间的相互作用的规律。

种群生态学的重要内容之一是种群动态研究,即研究种群数量在时间上和空间上的变动规律及其变动原因(调节机制)。种群数量决定着该种群对生态系统作用的大小,对于有害动物或杂草、经济动物或植物、濒危物种,则相应反映着它们的危害程度、可利用程度以及濒危程度。因此,种群生态学的理论和实践既有利于合理地利用和保护生物资源,又有助于有效地防治病虫害的发生。

3.1 种群的概念和特征

不同生物学分支学科对种群这一概念的理解存在着差异。生态学上的种群概念强调了种群的分布和数量,并且强调了种群是一种生物系统,即种群不仅与环境有着相互关系,而且种群内部个体之间存在着遗传信息交换等种内关系。

种群这一术语起源于人口统计学。其英文“population”源自拉丁语词根“populus”,原词义是“人”或“人民”(people),因此被译为“人口”。早期的生态学者在研究其他生物时,如昆虫、鱼类、鸟类等,曾经将它们相应地翻译为“虫口”、“鱼口”、“鸟口”等。种群可以再分为繁殖群(deme)或地方种群(local population)。

研究者往往根据研究的方便起见,划定出种群的分界线。当然,如果种群的栖息地具有天然的分界线,那么这个天然的分界线就是该种群的分界线。例如,岛屿上的种群,水体就是该种群与其他种群的分界线;种群如果生活在湖泊、池塘、沼泽、被森林环绕的草地,或者是被草地环绕的森林,种群生存的良好栖息地与另一个良好栖息地之间被不利的栖息地所隔离,不利的栖息地也因此成为种群的分界线。

种群是由一定数量的同种个体所组成,但是,这种组成并不是简单的相加,种群作为一种新的生物系统应该有新质产生。种群的主要特征表现在三个方面:

数量特征(quantitative characteristics)(密度或大小),是所有种群都具备的基本特征。种群的数量越多、密度越高,种群就越大,种群对生态系统功能的作用也就越大。种群的数量大小受四个种群基本参数出生率、死亡率、迁入率和迁出率的影响,这些参数继而又受种群的年龄结构、性别比率、内分布格局和遗传组成的影响。

空间分布特征(spatial distribution characteristics),是指种群的内分布格局(dispersion 或 internal distribution pattern),即种群内部的个体是聚群分布、随机分布或是均匀分布;也指种群的地理分布(geographical distribution)。

遗传特征(hereditary feature),种群具有一定的遗传组成,是一个基因库。种群的遗传特征是种群遗传学和进化生态学的重要研究内容。它们要研究不同种群的基因库有什么不同,种群基因频率是如何从一个世代传递到另一世代的,种群在进化过程中如何改变基因频率以适应环境的不断变化的。

3.2 种群的数量和结构

3.2.1 种群密度

种群密度(density)是指单位面积(或体积)空间中的生物个体数量(或生物量),也称为生态密度(ecological density)。在进行密度调查时,应该有特定的时间和空间观念。根据密度调查方法的不同,密度可以分为绝对密度(absolute density)和相对密度(relative density)。绝对密度是指单位面积(或体积)空间中的生物个体数量;相对密度则只是衡量生物数量多少的相对指标。

种群密度的高低与生物个体大小和食性相关,如在草原上,猛兽、猛禽、有蹄类、啮齿类和蝗虫的单位面积密度将依次相应增大,在食性相似的情况下,个体较大的种群密度较小;相反,较小个体的种群则具有较大的密度。这是因为,个体越大,食量也就越大,需要的觅食栖息地范围也就越大。每一种生物的种群密度,都有一定的变化限度,即有最大密度(maximum density),即特定环境所能容纳某种生物的最大个体数。当超过这一密度,种群数量将不再增长。最小密度(minimum density)指种群维持正常繁殖、弥补死亡个体所需要的最小个体数。如果低于最小密度,交配和繁殖力下降,种群就难以生存;最适密度(optimum density),当处于最适密度状态时,种群的增长最快。出生和迁入是使种群增大的主要因素,死亡和迁出则是种群数量减少的主要因素。

在分析种群密度时,除了要了解个体数量以外,对于构件生物(modular organism),还应当了解个体中组成结构的构件(modular)数目的变化。因为单体生物(unitary organism)是由一个受精卵发育而成,每个个体的形态结构基本一致,而构件生物是由一个合子发育而成、由一套构件组成的个体,如在不同环境条件下生活的同一种树,其构件(分枝)数量将随着环境条件的变化而有所不同。高等植物和一些固着且群体生活的动物,如珊瑚、苔藓虫等,属于构件生物。对于构件生物的数量统计,除了了解个体数和构件数以外,还得注意不同水平上的构件数。由于大多数动物和植物分别属于单体生物和构件生物,因此,植物种群的动态研究与大多数的动物不同,更为重视个体以下的构件数目的变动。

3.2.2 种群密度的变化

种群数量是经常变动的。在条件合适时,种群数量增加,反之,则减少。种群数量的变动取决于种群的四个基本参数,即出生率、死亡率、迁入率和迁出率。

种群的增长

种群的增长取决于种群的出生率和迁入率。其中,出生率是更为重要的因素。

出生率(natality 或 birthrate),是指单位时间内种群的出生个体数与种群个体总数的比值。只有将出生个体数与种群个体总数相比,才能了解不同种群的繁殖能力。出生率常分为最大出生率(maximum natality)和实际出生率(realized natality)。前者是指种群在理想状态下,生理上能够达到的最大生殖能力。对于特定种群来说,最大出生率是一个常数,理论上的最大值,实际很难达到;后者是种群在特定环境条件下的出生率,是可变的,随着种群的结构、密度大小和自然环境条件的变化而改变。

不同生物类群的出生率具有很大的差别,主要取决于生物的性成熟速度、每年的繁殖次数和每次产仔(卵)数等生物学特点。性成熟速度越早、每年的繁殖次数越多或每次产仔数越多,出生率也就越高。不同生物类群具有不同的繁殖特点,如性成熟类人猿需要15～20年,黄鼬需要10个月左右,田鼠需要2个月左右,还有些物种在一个生长季节内可以繁殖若干次甚至可以连续繁殖;鱼类每次可以产几千个卵,鸟类每窝产卵数可达20个,哺乳类则一次产仔很少超过10只。出生率的高低与生物食物链所处的位置有关。通常,较低营养级的动物(如鼠类)的出生率大于高营养级的动物(如鹰类)。

生育率和生殖力(fertility rate and fecundity),有时候为了反映雌性动物的繁殖能力,将出生率当中的种群个体总数用雌性总个体数来代替,即单位时间内种群的出生个体数与种群雌性个体总数的比值,反映了雌性动物的实际繁殖能力,而生殖力则是反映其潜在的繁殖能力。生殖力的量度是单位时间个体或种群所能产生的配子数或无性繁殖的合子数。例如,人类潜在的生殖力是每9～11个月可产1个婴儿,但是实际上的生育率却是每8年才产1个。生殖力与该物种亲代对其后代的抚育程度成反比,如鱼类亲代给予其后代很少的抚育,而哺乳类却照顾其后代几个月甚至是几年,因此鱼类的生殖力大大地高于哺乳类。

种群的减少

种群密度由于个体迁出和死亡而减少。死亡常常是种群密度减少的主要原因。在野外,动物往往由于被捕杀、染病或饥饿而死亡,很少活到其生理寿命(physiological longevity)。生理寿命是指生物在最适条件下的最长的潜在生活期限,生态寿命(ecological longevity)是指在特定环境条件下的平均实际生活期限。

死亡率(mortality 或 death rate) 是指单位时间种群的死亡个体数与种群个体总数的比值。有最低死亡率(minimum mortality)和生态死亡率(ecological mortality)之分。前者是指种群在最适环境条件下,种群内的

个体都达到生理寿命才死亡,是种群的一个理论常数;后者是种群在某特定条件下的实际死亡率,随着种群状况和环境条件的变化而改变。生物的死亡率随着年龄变化而改变,在实际工作中,人们常常用生命表和存活曲线来了解死亡率与种群各特定年龄组的关系。

生命表(life table)是记载某一种群或一定数量的同一时间出生的个体,经过一段时间以后由于个体死亡而逐渐减少的统计表,是描述种群数量减少过程的有用工具。生命表以列表的形式,详细地记载种群各年龄组的死亡个体数、平均死亡率和存活率,并且由此计算出平均死亡年龄和生命期望。在了解哪一个年龄组的死亡对种群数量变动起着决定性作用以后,如果该年龄组的死亡原因能被查出,那么,就可以知道引起种群数量变动的关键因子。表3-1列举了藤壶的生命表列表和计算方法,式中 Lx 是从 x 到 $x+1$ 期的平均存活数;Tx 则是进入 x 龄期的存活总个体值。

表3-1 藤壶的生命表①

年龄 x	存活数 n_x	存活率 l_x	死亡数 d_x	死亡率 q_x	L_x	T_x	生命期望 e_x
0	142.0	1.000	80.0	0.563	102.00	224.00	1.58
1	62.0	0.437	28.0	0.452	48.00	122.00	1.97
2	34.0	0.239	14.0	0.412	27.00	74.00	2.18
3	20.0	0.141	4.5	0.225	17.75	47.00	2.35
4	15.5	0.109	4.5	0.290	13.25	29.25	1.89
5	11.0	0.077	4.5	0.409	8.75	16.00	1.45
6	6.5	0.046	4.5	0.692	4.25	7.25	1.12
7	2.0	0.014	0	0.000	2.00	3.00	1.50
8	2.0	0.014	2.0	1.000	1.00	1.00	0.50
9	0	0	–	–	0	0	–

注:表中 $l_x = n_x / n_0$;$d_x = n_x - n_{x+1}$;$q_x = d_x / n_x$;$L_x = (n_x + n_{x+1})/2$;$T_x = \sum_x^{\infty} L_x$
$e_x = T_x / n_x$

存活曲线(survival curve)是以生物的相对年龄(绝对年龄除以平均

① 引自孙儒泳等:《基础生态学》,高等教育出版社2002年版。

寿命)为横坐标,再以各年龄的存活率为纵坐标,由此所画出的曲线。也可以用来表示种群数量的减少过程,而且存活曲线还有更直观的优点。绘制曲线时,以相对年龄作为横坐标有利于比较不同寿命的动物;以对数作为纵坐标能够更好地反映"率"的改变。种群的存活曲线反映了动物生活史内各时期的死亡率。存活曲线主要可以归纳为3种类型:

Ⅰ型——凸型(convex curve)的存活曲线。种群在达到生理寿命之前只有少数个体死亡,大部分个体都能活到生理寿命,因此,在生命末期死亡率才升高。人类和一些大型哺乳动物的存活曲线属于这种类型(参见图3-1)。这类动物一生的产仔数不超过10～20只。

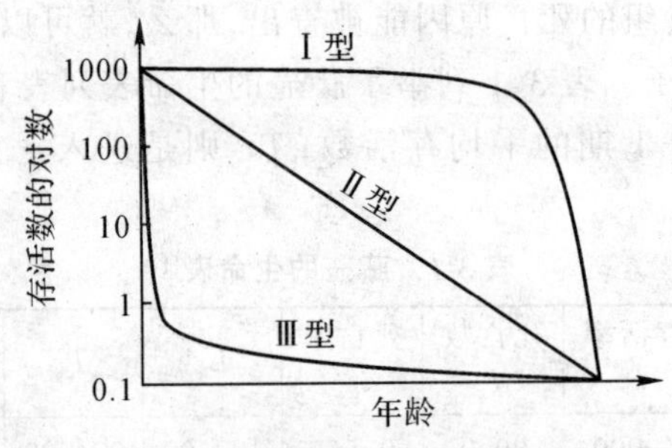

图3-1 存活曲线[①]

Ⅱ型——对角线型(diagonal straight line)的存活曲线。各个年龄死亡率相等,如鸟类其一生的产仔(卵)数为10～100只(个)。

Ⅲ型——凹型(concave curve)的存活曲线。幼体的死亡率很高,只有极少数个体能够活到生理寿命。大多数鱼类、两栖类、海洋无脊椎动物和寄生虫的存活曲线都属于这种类型,其一生的产卵数为$10\sim10^6$个。

种群的年龄结构和性比例

种群的年龄结构(age structure)又称年龄分布(age distribution)是指种群中各年龄期个体在种群中所占的比例。种群各年龄期的死亡率和出生率相差很大,所以研究种群的年龄结构有助于了解种群的发展趋势,预测种群的兴衰。

根据繁殖状态将生物的年龄分为3个时期:繁殖前期、繁殖期和繁殖后期。在不同物种之间这3个时期的相对长短相差很大。大部分动物的繁殖前期最长。昆虫通常具有较长的繁殖前期,但是,没有繁殖后期;相

① 引自孙儒泳等:《基础生态学》,高等教育出版社2002年版。

反,人类则有相对比较长的繁殖后期。

种群的年龄结构常用年龄锥体(或称年龄金字塔,age pyramid)来表示。种群的年龄结构决定着种群数量的变化趋势。在同样的条件下,繁殖期个体的比例越大,种群的出生率越高;繁殖后期的个体比例较大,则死亡率较高。年龄锥体可以划分为三种基本类型(见图3-2):

(1)增长型种群(expanding population),呈典型的金字塔形,表示种群当中的幼体数量大,而老年个体却很少。这种年龄结构反映出该种群有高出生率和低死亡率,说明种群处于增长时期。

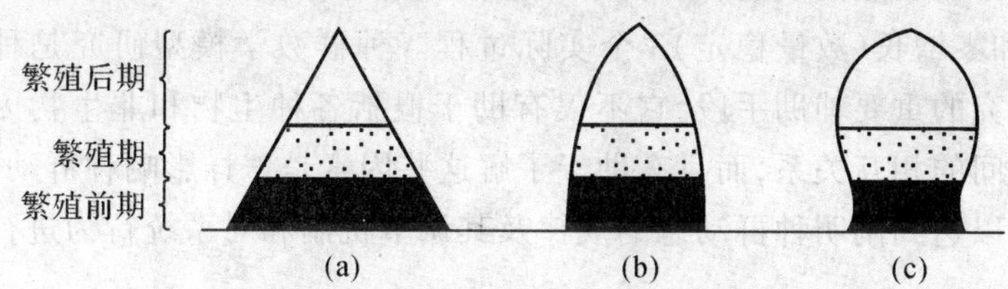

图3-2 年龄锥体3种基本类型①

(a)增长型种群;(b)稳定型种群;(c)下降型种群

(2)稳定型种群(stable population),呈倒钟形,种群的幼年、中年和老年个体数量大致相等。种群的出生率和死亡率基本平衡,因此,种群的数量处于稳定状态。

(3)下降型种群(contracting population),呈壶形,种群的幼体数目少而老年个体数目却相对较多,种群的死亡率大于出生率,种群数量处于下降状态。Kotka(1925)指出,在特定的环境中,种群的年龄结构具有一定的稳定性。如果由于个体的迁入或气候条件的变化,种群的年龄结构则会发生暂时的改变。

研究种群的年龄结构,有利于指导生产或合理开发利用生物资源。人口年龄结构的研究,有利于制定经济计划,例如,如果年龄结构中儿童比例大,那么,托儿所、小学等儿童教育、服务事业就应该加强;如果社会人口老龄化,可能导致社会负担加重,经济发展减慢。

性比例(sex ratio)是指种群中雄性与雌性个体数的比例。通常用每100个雌性的雄性数来表示。如果性比例等于1,表示雄雌个体数相等;大于1,表示雄性多于雌性;小于1,表明雄性少于雌性。不同物种种群具有不同的性比例特征,如人、猿等高等动物的性比例为1;鸭科等一些鸟

① 引自孙儒泳等:《基础生态学》,高等教育出版社,2002年版。

类以及许多昆虫的性比例大于1;蜜蜂、蚂蚁等社会昆虫的性比例小于1。还有一些特殊情况,如同一种群中性比可能随着环境条件的改变而变化,如盐生钩虾在5℃的条件下后代雄性为雌性的5倍,而在23℃的条件下后代中雌性为雄性的13倍。另外,有些动物有性转变的特点,如黄鳝,幼年是雌性,繁殖后多数转为雄性。

种群的增长模型

种群增长(population growth)是指种群数量由于出生、死亡、迁入、迁出的结果所发生的改变。种群增长包括正增长(数量上升),负增长(数量下降)和零增长(数量稳定)3个实际过程。种群数学模型研究是种群生态学研究的重要辅助手段,它不仅有助于概括各种生物和非生物因素与种群之间的相互关系,而且有助于了解这些因素是怎样影响种群动态的,因而可以达到阐明种群动态的规律及其调节机制和对系统行为进行预测的目的。

(1)种群的内禀增长率(innate rate of increase)。种群的内禀增长率(r_m)是指在无限制的环境条件下种群的最大增长率,也称为瞬时增长率(instantaneous rate of increase),是物种固有的,由遗传特性所决定的。各种生物种群的内禀增长率存在着很大的差别,与种群本身的繁殖生物学特点有关,例如,人虱为每年40.6,褐家鼠为每年5.4,反映了增长能力的差别。内禀增长率是在理想环境条件下获得的指标,与实际增长率(r)相比较,可以用于探讨环境因素对种群增长的影响。在控制种群增长方面有重要的作用,因为繁殖次数、每窝产仔(卵)数较多和第一次繁殖年龄较早都能使 r_m 升高。因此控制人口增长有两条途径:一是使世代增殖率降低,即限制每对夫妇的子女数;二是可以通过推迟首次生殖时间或晚婚来达到控制的目的。我国计划生育的基本国策就是以种群生态学的理论为依据制定出来的。

(2)种群的增长模型。种群的增长表现在个体数量的增加。种群大小随时间的变化,可以通过把在 t 时间内的出生个体数(B)和迁入个体数(I)与最初种群个体(N_t)数目相加之后,减去死亡个体数(D)和迁出个体数(E)来计算,这样就给出了一个在时间 $t+1$ 上的新的种群大小(N_{t+1}):

$$N_{t+1}=N_t+B+I-D-E$$

在构建种群增长模型时,最简单的是假设种群在“无限”的环境中,即

假定环境中空间、食物等资源对生物都是无限的，这时的模型是与密度无关的。由于环境总是有限的，因而种群的增长率总是随密度而变化，包含密度因素的模型是与密度有关的。

与密度无关的种群增长模型：最简单的情况是假设种群增长率不随种群本身的密度而变化，这类增长通常呈指数式增长，可称为与密度无关的增长或称非密度制约性增长(density-independent growth)。用微分方程表示为：$dN/dt = rN$

其积分式为：$N_t = N_0 e^{rt}$

其中 e 为自然对数的底，N 为种群大小，t 为时间，r 为内禀增长率。以种群大小 N_t 对时间 t 作图，种群增长曲线呈“J”型(见图 3-3)。

与密度有关的种群增长模型：因为自然环境是有限的，自然种群不可能长期地按指数增长。在空间和食物等资源有限的环境中，比较现实的情况是出生率随密度上升而下降，死亡率随密度上升而上升。种群的整个增长曲线是“S”型的，曲线下部仍然是“J”型，但斜度被压低，而曲线上部则为饱和曲线，两曲线转折处有拐点。产生“S”型曲线的数学模型是在前述指数增长方程($dN/dt = rN$)上增加一个密度制约因子 $1 - N/K$，即生态学中著名的逻辑斯谛方程(Logistic equation)：

$$dN/dt = rN \cdot (1 - N/K) = rN \cdot [(K - N)/K]$$

其积分式为：$N_t = K/(1 + e^{\alpha - rt})$

新出现了参数 α，其值取决于 N_0，表示曲线对原点的相对位置。

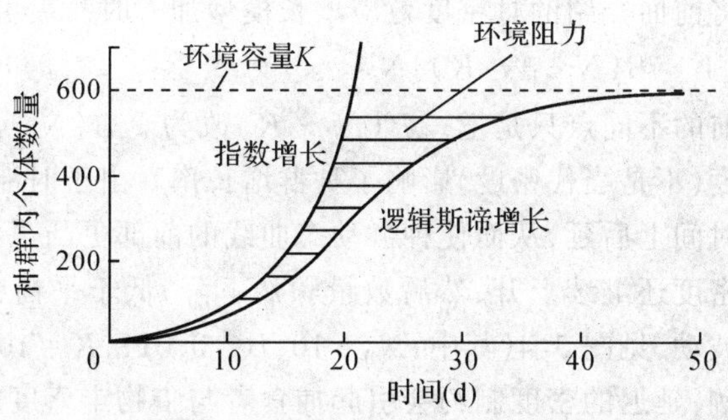

图 3-3　当 $N_0 = 10$，$r = 0.2$ 和 $K = 600$ 时，种群的指数增长和 Logistic 增长①

图 3-3 说明 Logistic 增长的内在机制：(1)随着 N 逐渐增长到平衡密度 K 的过程中，未利用的“剩余空间”$(1 - N/K)$逐渐变小；(2)种群增长

① 引自常杰、葛滢编著：《生态学》，浙江大学出版社 2004 年版。

率 dN/dt 则由小变大，到曲线中点($K/2$)处最大，以后又逐渐变小，增长率曲线变化呈倒钟形。图中阴影部分即为环境阻力效应。

Logistic 曲线常被划分为 5 个时期：(1)开始期，也可称为潜伏期，由于种群个体数很少，密度增长缓慢；(2)加速期，随着个体数增加，密度增长逐渐加快；(3)转折期，当个体数达到饱和密度的一半，即 $K/2$ 时，密度增长最快；(4)减速期，个体数超过 $K/2$ 以后，密度增长逐渐变慢；(5)饱和期，种群个体数达到 K 值而饱和。

Logistic 模型的两个参数，r 和 K 均具有重要的生物学意义：r 表示物种的潜在增殖能力，而 K 则表示环境容纳量，即物种在特定环境中的平衡密度。虽然模型中的 K 值是一个最大值，但是，作为生物学参数，可以随着环境(特别是资源量)的改变而变化的。

Logistic 增长模型的意义为：(1)是许多两个相互作用种群增长模型的基础；(2)在渔业、林业、农业等实践领域中，是确定最大持续产量(maximum sustained yield)的主要模型；(3)模型中两个参数 r 和 K 已经成为生物进化对策理论中的重要概念。

与密度有关的具时滞的种群增长模型：上面介绍的模型中，其密度变化对于增长率影响的效应都是即时的。但是在许多情况下，种群数量调节行为对密度变化的响应往往有一定的时间延迟，即时滞(time lag)。例如，从节制生育到人口出生率下降有时滞，而到人口数量下降需要更长的时间。时滞的加入往往使稳定的种群增长型变成了有周期性波动或不稳定的类型。将前面介绍的具密度效应增长模型加入时滞后可以改写为：

$$N_{t+1} = [1 - B(N_{t-1} - K)]N_t$$

与改写前的不同点只是把 $-B(N_t - K)$ 改为 $-B(N_{t-1} - K)$，即种群前一代密度(不是当代密度)影响了种群增长率。由于时滞使密度对增长率影响在时间上后延，从而使种群动态曲线的前部更凸了一些，随后数量超过平衡密度还继续上升，然后数量骤然下降，低于平衡密度，从而形成了周期性波动，见图 3-4(其中：$N_0 = 10, B = 0.011, K = 100$)。

模型实例：延迟的密度制约会引起捕食者与猎物丰盛度之间的循环。一个典型的捕食者—猎物之间的循环是猞猁和野兔之间的循环，如图 3-5。在此例中，高的猞猁数目抑制了野兔种群的数目。这样，反过来引起了次年猞猁数目的下降，便野兔的数目再次上升，导致了一个将近以 10 年为周期的循环。然而，野兔所取食的植物也影响着这一循环。当野兔的数目上升后，植物叶片组织的质量下降，从而降低了野兔的繁殖能力。

因此,野兔—猞猁的种群循环其实是三个因素相互作用的结果:即植物、野兔和猞猁。

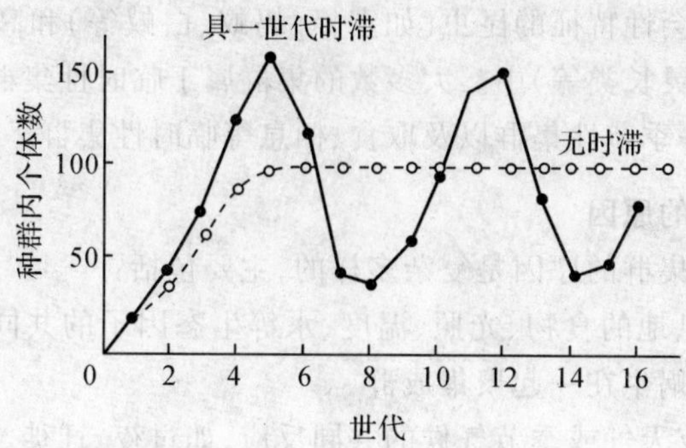

图 3-4 世代离散增长率是密度的线性函数的种群在有时滞和无时滞情况下的种群动态比较①

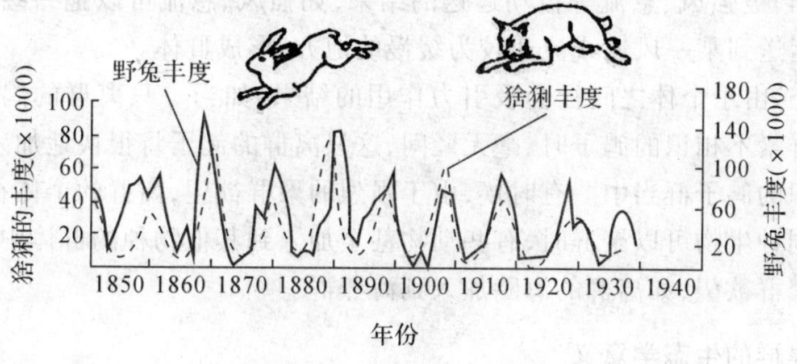

图 3-5 捕食者(猞猁)和猎物(野兔)种群密度在 90 年间的循环②

3.3 种群内部的社会关系

3.3.1 集 群

集群(aggregation 或 society,colony)现象普遍存在于自然种群中。同一种生物的不同个体,或多或少都会在一定的时期内生活在一起,从而保证种群的生存和正常繁殖,因此,集群是一种重要的适应性特征。

① 引自常杰、葛滢编著:《生态学》,浙江大学出版社,2004 年版。

② 引自孙儒泳等:《基础生态学》,高等教育出版社 2002 年版。

根据集群后群体持续时间的长短,可以把集群分为临时性(temporary)和永久性(permanent)两种类型。永久性集群存在于社会动物,如有分工协作等社会性特征的昆虫(如蜜蜂、蚂蚁、白蚁等)和高等动物(如包括人类在内的灵长类等)中。大多数的集群属于临时性集群,如迁徙性集群、繁殖集群等季节性集群以及取食、栖息等临时性集群。

产生集群的原因

生物产生集群的原因是复杂多样的,主要包括:

(1)对栖息地的食物、光照、温度、水等生态因子的共同需求,如潮湿的生境使一些蜗牛在一起聚集成群。

(2)对昼夜天气或季节气候的共同反应,如过夜、迁徙、冬眠等群体。

(3)繁殖时亲代对某环境有共同反应的结果,如鳗鲡,产卵于同一海区,幼仔一起聚为洄游性集群,从海区游回江河。

(4)被强风、急流等被动运送的结果,如强风、急流可以把一些蚊子、小鱼运送到某一风速或流速较为缓慢的地方,形成群体。

(5)由于个体之间社会吸引力作用的结果,如当一只离群的鸽子,遇到一群素不相识的鸽子时,毫无疑问,这只离群的鸽子将很快地加入到素不相识的鸽子群当中。有时候,由于强烈的聚群欲望,离群的个体在没有其他同种生物可以聚群时,有些动物甚至加入到其他物种的群体中,以满足其聚群欲望,如离群的海鸥加入到海燕群。

集群的生态学意义

社会群体的形成并不是由于环境的偶然因素引起的,在真正的社会群体中,同种个体之间具有相互的吸引力,有分工协作,从而共同维持群体这一组织。在动物界中,许多动物种类都是群体生活的,集群的生态学意义在于:

(1)有利于提高捕食效率。如成群狮子的捕食成功率,平均是个体捕食的两倍。

(2)可以共同防御敌害。如群体内的成员分工协作提高了捕食者集中精力对准某一个体的难度,从而增加了每个成员存活的可能性。

(3)有利于改变小生境。如蜜蜂蜂巢的最适温度为35℃,冬天,蜜蜂一起拥挤在巢内,当温度太低时,每个个体都进行肌肉颤抖,增加产热,提高环境温度;当温度超过40℃时,工蜂运水到巢内,然后煽动双翼帮助蒸发,可将巢温维持在36℃。

(4)有利于某些动物种类提高学习效率。

(5)集群能够促进繁殖。大多数动物都是两性生殖,集群繁殖有利于求偶、交配、产仔(产卵)、育幼等一系列生殖行为的同步发生和顺利完成,如已知群体数量较大的海鸥群,每窝产生的幼仔数也较多;鼠类幼仔如果由几只雌鼠一起照顾,生长速度也较快。一些动物的繁殖,只有当种群密度超过某一最低限度时,才能发生,即所谓的"最小种群原则"。一些鹭类,如白鹭、池鹭、夜鹭、牛背鹭等,具有集群繁殖的特性。

当然,群体生活也会带来一些不利的影响,如拥挤效应(overcrowding effect)是由于繁殖过剩、密度过高所产生的有害效应。但是,群体生活的动物已经有一系列的对策来克服和解决不利的影响。在自然界中,许多独居生活的动物也同样能够得到生存。事实上,动物采取哪一种生活方式是长期进化适应的结果,只要其生活方式有利于物种的生存、繁衍,那么,这种生活方式就会被这一物种继续使用。

3.3.2 种内竞争

生物为了利用有限的共同资源,相互之间所产生的不利或有害的影响,称为竞争(competition)。某一种生物的资源是指对该生物有益的任何客观实体,包括栖息地、食物、配偶,以及光、温度、水各种生态因子等。资源因生物种类而异,不同生物种类所需要的资源存在差异。竞争通常只有在生物所利用的资源是共同的,而且资源是有限的情况下才会产生。例如大部分生物种类都需要氧气才能生存,但是,在自然界中的氧气并非有限,因此,生物之间并不为此而发生竞争。

竞争的方式主要有:资源利用性竞争(exploitation competition)和干涉性竞争(interference competition)。在资源利用性竞争中,生物之间并没有直接的行为干涉,而是双方各自消耗利用共同资源,由于共同资源可获得量减少从而间接影响竞争对方存活、生长和生殖,故又称为间接竞争(indirect competition)。相互干涉性竞争又称为直接竞争(direct competition),竞争者相互之间直接发生作用,如动物之间为争夺食物、配偶、栖息地所发生的争斗。竞争者也可以通过分泌有毒物质来对对方产生干涉,如某些植物能够分泌一些有害的化学物质,阻止其他植物在其周围生长,这种现象称为他感作用或异株克生(allelopathy)。一些竞争种类还可能发生相互捕食,如杂拟谷盗和赤拟谷盗一起在面粉中培养时,不仅竞争食物,而且会发生相互吃卵的直接干涉。捕食动物类之间还可能通过打扰猎物来干涉影响对方,使得对方难以捕获到猎物。涉禽类的鸟类在河口湿地上捕食沙蚕、等足类及小虾等食物时,经常通过打扰猎物的干涉方式以迫使竞争对手离开。相互干涉性竞争使得竞争者当中的一方由于死亡或者缺乏资源而成为失败者。

竞争可以分为:种内竞争(intraspecific competition)和种间竞争(interspecific competition)。种内竞争是发生在同一物种个体之间的竞争,而种间竞争则是发生在不同物种的个体之间。竞争效应的不对称性(asymmetry)是种内竞争和种间竞争的共同特点。在自然界中,不对称性竞争的实例远远多于对称性竞争。种内竞争与种间竞争都受密度制约,因此,竞争具有调节种群大小的作用。当某一地方的种群密度增加,资源短缺,竞争加剧,就可能导致一些竞争者得不到资源而死亡,或者一部分个体就会被迫迁移到其他地方,从而使当地的种群密度能够维持在一定的水平。在某些情况下,竞争迫使种群的一部分个体分布到另一地方,或者改变其食性等生态习性,利用其他资源,经过长期的适应进化,在形态、生理、行为特征上与原有的物种产生稳定的差别,从而导致物种的分化,形成新的亚种或物种。种内竞争与种间竞争有本质上的差别。种内竞争比较激烈,因为竞争个体之间在遗传上是等价的,因此在资源需要以及结构、功能和行为适应上也比较相似。种间竞争发生在不同物种需要某些共同资源的地方。种间竞争的激烈程度取决于竞争者资源需要的相似程度和生境中资源的缺乏程度。

种内竞争可以分为争夺竞争(scramble competition)和对抗竞争(contest competition)。资源在物种内的分布可能是均匀的,因此大部分个体都能够获得同样数量的资源。在高密度的情况下,任何个体都不能获得足够的供存活的资源,种群因此发生崩溃,这种方式的竞争称为争夺竞争。另有一些生物种类的高密度会导致资源分布的高度不均匀,一些个体获得资源能够生长和繁殖,而另一些则死亡,这种竞争则称为对抗竞争。应当注意的是,争夺竞争和资源利用性竞争,对抗竞争与相互干涉性竞争术语之间存在着相互联系,但是,却是截然不同的概念,不能相互替换,因为争夺竞争和对抗竞争是针对资源分布的均匀性而言,而资源利用性竞争和相互干涉性竞争则是涉及竞争的行为机制。

3.3.3 通　讯

一个种群的许多个体在同一栖息地生活,那么,这些个体之间总要互

通信息。即使是独居生活的动物,繁殖时期个体之间的互相通讯也是必不可少的。通讯(communication)是指一个个体释放出一种或几种刺激信号,并引起接收到信号的个体产生行为反应。在通讯过程中,个体之间用以传递信息的行为或物质称为信号。信号行为是天生的。一种动物的信号,只能被同种个体所接受,当然也有例外,如居住在同一环境中不同物种的成员,也注意彼此发出的信号。另外,接受到信号的个体做出的反应大多是出自本能,但是,在很多高等动物中也可以经过学习得到改善。

根据信息传导途径对动物通讯进行分类:①化学通讯,由嗅觉和味觉通路传导信息;②机械通讯,由触觉和听觉通路进行传导;③辐射通讯,由光感受或视觉来完成其通讯机能。从原生动物到复杂的高等脊椎动物都具备这些通讯渠道。动物所采用的通讯方式与物种的感觉、运动能力有关,如鸟类以视觉和声觉为主,哺乳类以嗅觉和声觉为主,昆虫以嗅觉通讯为主;通常,生活在开阔地环境的动物,以视觉通讯为主,而生活在非开阔环境的动物则以嗅觉、声觉为主。

通讯的作用和意义表现在:①维持个体之间相互联系;②个体之间互相识别;③减少动物间的格斗和死亡;④使得各个体间行为同步化;⑤相互告警;⑥有利于群体的共同行动。通过对动物通讯的了解,能揭示人类信息传递的生物学起源,有利于管理有益动物和控制有害动物,为解决人类计划生育、通讯障碍、仿生等重大问题提供新的途径。

3.3.4 领 域

动物个体、配偶或家族通常都只是局限在一定的区域范围内活动。如果这个区域受到保卫,不允许其他动物(通常是同种动物)的进入,那么这个区域或空间就称为领域(territory),而动物占有领域的行为则称为领域行为或领域性(territoriality);反之,若活动区域不受保卫,则称为家域(home range)。领域行为是种内竞争资源的方式之一。通常见于大部分脊椎动物和一些节肢动物种类,这与它们具有筑巢和育幼的行为特性有关。在脊椎动物中,鸟类的领域行为最为发达,啮齿动物和猿猴类的群体领域最为常见。一些领域是暂时的,如大部分鸟类都只是在繁殖期间才建立和保卫领域;另一些领域则是永久的,如生活在森林中的每一对灰林鸮在繁殖期间都会占有一块林地,此后终生占有,不允许其他个体进入。

根据领域性质的不同,领域可以划分为以下几种类型:①交配、觅食和繁殖的领域;②交配和筑巢的领域;③交配领域;④筑巢领域;⑤非繁殖领域，如觅食领域。在一个物种内，有时候可能同时有几种类型的领域或领域行为可能发生变化。

动物通过各种行为但是很少以对抗行为来保卫自己的领域。领域具有排他性、伸缩性和替代性的特征。领域行为具有隔离、调节数量、有利于繁殖等生态学意义。

3.3.5 社会等级

在许多动物群体中，都有一定的等级地位现象，等级地位较高的优势个体比等级地位较低的从属个体优先获得资源，在食物、栖息场所、配偶等的需要方面得到满足。群体内部个体之间的这种优势顺序称为社会等级(social hierarchy)或优势顺序(dominance order)。社会等级形成的基础是优势行为(dominance)，优势行为只发生在封闭式的社会群体中，许多鱼类、爬行类、鸟类和兽类群体都存在社会等级现象。

社会等级的主要基本形式有：①一长式(despotic hierarchy)，社群当中的所有个体只受一个优势个体所支配，其他个体之间没有等级差别，多见于灵长类。②单线式(linear hierarchy)群体当中的每个个体都有一定的社会地位，甲支配乙、乙支配丙、丙支配丁……如家鸡。③循环式或三角式(cyclic 或 triadic hierarchy)。甲支配乙，乙支配丙，而丙又支配甲，常见于多雄群体的灵长类。

社会等级现象具有的共同特点：排他性、社会惰性、权利欲、雌性与雄性动物之间的等级制相互分开、优势个体的利他性等。

社会等级在非争斗性地获得有限资源和调节种群数量方面具有重要的生态学意义。

3.3.6 他感作用

他感作用(allelopathy)也称作异株克生，通常指一种植物通过向体外分泌代谢过程中的化学物质.对其他植物产生直接或间接的影响。这种作用是生存竞争的一种特殊形式，种间、种内关系中都有，如北美的黑胡桃，抑制离树干 25m 范围内植物的生长，彻底杀死许多植物，其根抽提物含有化学苯醌；加利福尼亚灌木鼠尾草生产挥发性松脂，似乎可抑制田间竞争者；在香蒲种群中，发生种内竞争性异株克生，群丛中心枝叶枯萎。

他感作用具有重要的生态学意义：①对农林业生产和管理具有重要意义，如农业的歇地现象就是由于他感作用使某些作物不宜连作造成的。

②对植物群落的种类组成有重要影响，是造成种类成分对群落的选择性以及某种植物的出现引起另一类消退的主要原因之一。③是引起植物群落演替的重要内在因素之一。如北美加利福尼亚的草原，原来由针茅和早熟禾等构成，后来由于放牧、烧荒逐渐由野燕麦和毛雀麦所取代，以后又由于生长在这种群落周围的芳香性鼠尾草灌木和蒿的叶子分泌有樟脑等萜烯类物质，抑制了其他草本植物的生长，进而逐渐取代了野燕麦和毛雀麦组成的植物群落。

3.4　种群的空间分布和扩散

3.4.1　种群的空间分布格局

每一个生物个体都需要一定的空间才能生存，不同种类的生物个体所需要的空间大小和性质存在着差别。生物种群由若干个体组成，这些个体在生活空间中的位置状态或布局，称为种群的内分布格局(internal distribution pattern)。而物种的地理分布则是物种内种群的分布，一个物种具有若干种群，这些种群之间的空间位置可能是连续的、间断的或地方性的，各个种群的区域性分布的总和构成该物种的地理分布区。

种群的内分布格局包括：①随机分布(random)，某一个体的分布不受其他个体分布的影响，每个个体在种群分布空间内各个位置出现的机会相等。②均匀分布(uniform)，个体之间彼此保持一致的距离。③集群分布(clumped)，是最常见的分布方式，如鱼群、鸟群、兽群以及人群；一些植物的无性繁殖或者种子掉落在母株附近也常常形成成群分布。分布格局不仅受植物本身的生物学特性的影响，还与生境条件有关。同一种群在同一群落中，可能形成不同类型的分布格局。了解种群的内分布格局能够为指导正确抽样技术及数理统计分析提供可靠依据。

3.4.2　扩散与迁移

扩散(dispersal)是指种群中的个体、群体或其扩散体(卵、孢子、幼体等)进入或离开种群和种群栖息地的空间位置变动或运动状况，其研究属于动态的研究。而上面所介绍的分布格局(pattern)则是指生物在生活空间中的位置状态，属于静态研究。扩散形式：①迁出(emigration)。指离开种群栖息地的单向运动。②迁入(immigration)。指进入种群栖息地的单向运动。③迁移(migration)。指周期性地离开和返回种群栖息地，迁移在鱼类研究上称为洄游，在鸟类研究中则称为迁徙。

扩散的动力主要来自：①被动传播(passive spread)，扩散动力来自水流、气流或其他运动物体(动物、运输工具等)，距离扩散源越远，该生物的密度就越低，如昆虫。②定向运动(directed movement)，扩散动力来自生物体自身的能量消耗，如大型动物等。

引起生物扩散的原因大致可以分为：①与密度无关的因素。由于生长发育或季节的变化，生物需要改变栖息地才能满足其生活需要，如鱼类洄游，其扩散具有周期性。②与密度有关的因素。当种群密度超过一定的水平，引起突发性扩散，如“蝗灾”。

种群扩散的生态学意义：①逃避不利条件；②避免竞争；③逃避捕食者；④调节种群数量；⑤分布范围发生变化；⑥导致物种进化。

种群数量动态和空间分布是种群动态研究的两个方面。前者主要研究种群数量的时间变化，后者研究种群内个体的空间分布及其变化，两个方面不可分割。种群数量变动过程往往伴随着空间分布的同时变化。种群数量的上升必然导致空间资源的竞争加剧，种群的空间分布范围也随之扩大。另外，种群空间的差异也会影响种群的变动规律。

3.5 种间关系

3.5.1 种间关系的类型

种间关系是指不同物种种群之间的相互作用。两个种群的相互关系可以是间接的，也可以是直接的，可能是有害的，也可能是有利的。如果用“+”表示有利，“-”表示有害，“0”表示无利无害，那么，种群之间的关系总结可用表 3-2 表示。

种间相互作用研究主要包括：①相互动态(co-dynamics)，即两个或多个物种在种群动态上的相互影响。②协同进化(co-evolution)，即彼此在进化过程和方向上的相互作用。种群之间的所谓有利、有害关系只是一种表面的划分。不同生物种群都是生态系统的组成成分，在物质循环、能量流动和信息传递过程中互有联系、互为依赖，如捕食者对猎物的种群数量起着一定的调节作用，因此，捕食者对猎物的关系是不能只用“有害”来概括。

表 3-2　两种种群之间的各种相互关系①

种间关系类型	物种		主要特征
	1	2	
中性(neutralism)	0	0	彼此互不影响
竞争(competition)	−	−	相互有害
偏害(amensalism)	−	0	种群1受害,种群2无影响
捕食(predation)	+	−	种群1(捕食者)有利,种群2受害
寄生(parasitism)	+	−	种群1(寄生者)有利,种群2受害
偏利(commensalism 共栖)	+	0	种群1有利,种群2无影响
互利共生(mutualism)	+	+	彼此都有利,分开后不能生活
合作(cooperation)	+	+	彼此都有利,分开后也能生活

3.5.2　种间竞争

种间竞争就是指几种生物利用同一种有限资源所产生的相互抑制作用。

生态位

生态位(niche)是生态学的一个重要概念,用以表示划分环境的空间单位。格瑞内尔(Grinell,1917)是最早使用生态位这一术语的学者。格瑞内尔认为,在同一空间中,没有两个种能够长久地占有同一个生态位;生态位在这里实际上是指空间生态位(spatial niche)。艾尔顿(1927)把生态位看作物种在其生物群落中的地位和功能作用,特别强调该种与其他种的营养关系,指的是营养生态位(trophic niche)或功能生态位(role niche 或 functional niche)。哈钦松(Hutchinson,1957)定义生态位为物种在多维空间中的位置,以种在多维空间中的适合性(fitness)去确定生态位边界,即多维(超体积)生态位(multi-dimensional hypervolume niche),并提出基础生态位(fundamental niche)与实际生态位(realized niche)的概念,认为,在生物群落中,能够为某一物种所栖息的理论上的最大空间为基础生态位,实际上很少有一个物种能全部占据基础生态位,其占据的实际生态位空间为实际生态位。惠特克(Whittaker,1970)认为每个种在一定生境的群落中都有不同于其他种的自己的时间、空间位置,也包括在生物群落中的功能地位。

① 引自常杰、葛滢编著:《生态学》,浙江大学出版社 2004 年版。

马世骏等人在吸取前人"生态位"定义精华的基础上,于1990年提出扩展生态位理论,其核心内容之一就是根据生态位的存在与非存在形式,以及生态位的实际和潜在被利用状态,将生态位划分为存在生态位(包括实际生态位和潜在生态位)和非存在生态位。

综合前人所述生态位不仅包括生物所占据的物理空间,还包括它在生物群落中的功能作用,以及它们在温度、湿度、pH值、土壤和其他生存条件的环境变化梯度中的位置。

生态位的大小可以用生态位宽度(niche breadth)来加以衡量,常用Shannon-Wiener多样性指数为基础的生态位宽度指数的测定。

种间竞争的典型实例与高斯假说

(1)种间竞争的典型实例。

• 高斯(Gause)的研究实例。以原生动物双核小草履虫(*Paramecium aurelia*)和大草履虫(*P. caudatum*)为竞争对手,分别在酵母介质中培养时,前者比后者增长快。当把两种草履虫加入同一培养器中时,双核小草履虫在混合物中占优势,最后大草履虫死亡消失,如图3-6所示。

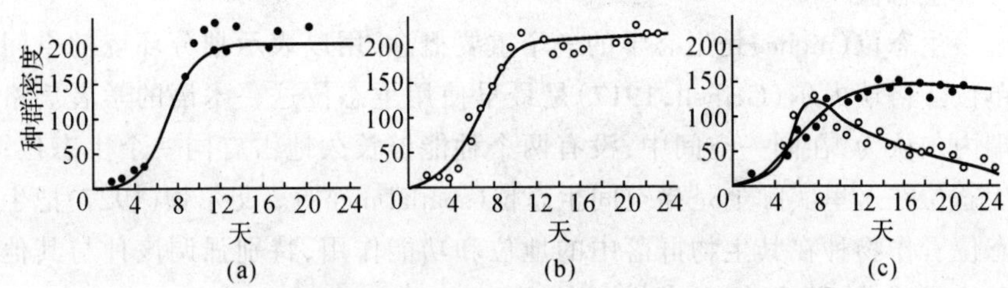

图3-6 两种草履虫间的竞争①

(a)只有双核小草履虫;(b)只有大草履虫;(c)两种在一起。

然而,在高斯将双核小草履虫与另一种袋状草履虫(*P. bursaria*)放在一起培养时,却形成了共存的结局。共存中两种草履虫的密度都低于单独培养时的密度。观察发现,双核小草履虫多生活于培养试管的中、上部,主要以细菌为食,而袋状草履虫生活于底部,以酵母为食。这说明两个竞争种间出现了食性和栖息环境的分化。

• 蒂尔曼(Tilman)等的研究实例。以两种淡水硅藻星杆藻(*Asterionella formosa*)和针杆藻(*Synedra ulna*)为对象,研究它们之间的竞争。硅藻是单细胞藻类,具有一个特征性的、一般很复杂的硅酸盐外壳。因此

① 仿Mackenzie等:《生态学》,科学出版社2005年版。

所有的硅藻需要硅酸盐。当两种分别生长在经常向其中加入硅酸盐的培养液中时，两者生长都很好。但是，针杆藻比星杆藻有将硅酸盐含量降到更低水平的能力。因此，两种一起培养时，星杆藻很快被排斥，因为硅酸盐降低到了其不能利用的水平，如图3-7所示。

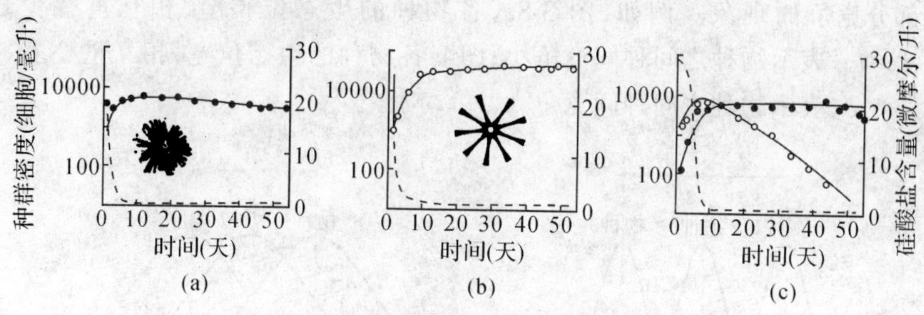

图3-7 两种硅藻种之间的竞争①

(a)只有针杆藻；(b)只有星杆藻；(c)两种在一起。点线表示硅藻含量

• 两种达尔文雀的竞争。勇地雀（*Geospiza fortis*）和仙人掌地雀（*G. scandens*）之间的竞争。在加拉帕哥斯群岛的Isla Daphne小岛上，20世纪70年代晚期有一次干旱，大幅度降低了种子（两种地雀）的产量。在干旱中存活了下来的两种改变了食物，勇地雀集中取食小的仙人掌种子，而仙人掌地雀选择较大的种子。这是竞争通过生态位转换（niche shift）导致共存的例子。

• 藤壶（*Balanus balanoides*）和小藤壶（*Chthamalus stellatus*）的种间竞争。在西北欧洲，两种藤壶一般共同生活在同一岩礁型海岸，但是，大多数藤壶成体生活在岸上较高处，而小藤壶成体则在较低处。幼体小藤壶一般在海岸较低处固着，显然不能存活。但是，在较高地带，小藤壶不必竞争，因为藤壶不能在干燥环境中生存。这样所观察到的分布模式是由于竞争和环境忍受力的共同作用的结果。

（2）高斯假说或竞争排斥原理。高斯以草履虫竞争实验为基础提出了高斯假说，后人将其发展为竞争排斥原理（principle of competitive exclusion），即在一个稳定的环境内，两个以上受资源限制的、但具有相同资源利用方式的种，不能长期共存在一起，也即完全的竞争者不能共存。该原理说明，物种之间的生态位越接近，相互之间的竞争就越剧烈。分类上属于同一属的物种之间由于亲缘关系接近因而具有较为相似的生态位，

① 仿Mackenzie等：《生态学》，科学出版社2005年版。

由于竞争而逐渐导致其生态位分离或生态位分化，即竞争排斥导致亲缘种的生态分离。大多数生态系统具有许多不同生态位的物种，避免了相互之间的竞争，同时，由于提供了多条能量流动和物质循环途径而有助于生态系统的稳定性。但是，在许多动物中，却存在着生态位重叠因而具有部分竞争的现象。例如，图 3-8a，各物种的生态位狭窄，相互重叠少，$d>w$，表示物种之间种间竞争小；图 b 各物种的生态位宽，相互重叠多，$d<w$，表示物种之间种间竞争大。

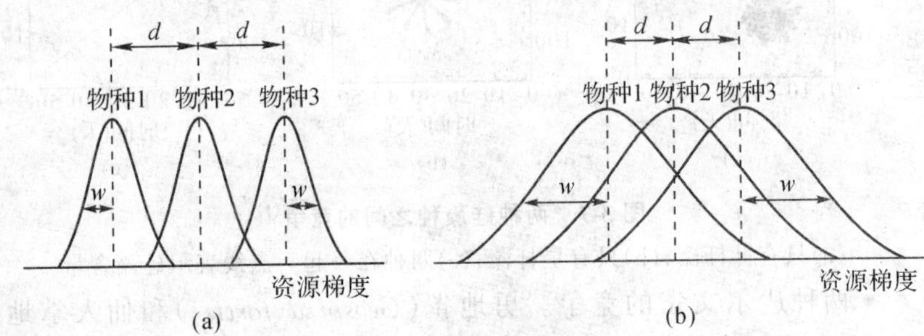

图 3-8 三个共存物种的资源利用曲线①

注：(a)生态位狭，相互重叠少；(b)生态位宽，相互重叠多；d 为曲线峰值间的距离，w 为曲线的标准差。

(3)种间竞争模型——Lotka-Volterra 模型。Lotka-Volterra 的种间竞争模型是逻辑斯谛模型的延伸。设 N_1 和 N_2 分别为两物种的种群数量，K_1、K_2、r_1 和 r_2 分别为这两物种种群的环境容纳量和种群增长率。$1-N/K$ 项可以理解为尚未利用的"剩余空间"项，N/K 是"已利用空间"项。当两物种竞争或共同利用空间时，对于物种 1 已利用空间项除 N_1 外还要加上 N_2，即：

$$dN_1/dt=r_1N_1(1-N_1/K_1-\alpha N_2/K_1) \tag{3-1}$$

其中 α 为竞争系数，表示每个 N_2 个体所占的空间相当于 α 个 N_1 个体。同样，对于物种 2：

$$dN_2/dt=r_2N_2(1-N_2/K_2-\beta N_1/K_2) \tag{3-2}$$

β 为物种 1 对物种 2 的竞争系数。方程式(3-1)和(3-2)为 Lotka-Volterra 的种间竞争模型。两物种的竞争结局从理论上讲可以有以下三种：①种 1 胜而种 2 被排除；②种 2 胜而种 1 被排除；③两种共存。该模

① 引自常杰、葛滢编著：《生态学》，浙江大学出版社 2004 年版。

型的行为可以说明获得各种竞争结局的条件。

3.5.3 捕 食

捕食的概念和捕食行为生态学的主要理论

捕食(predation)是指某种生物消耗另一种其他生物的全部或部分身体,直接获得营养以维持自己生命的现象。前者称为捕食者(predator),后者称为猎物(prey)。广义的捕食关系包括四种类型:①食肉动物(carnivore)捕杀其他动物并以后者为食物,即为狭义的捕食关系,食肉动物因此也被称为真捕食者(true predator);②寄生,与单一对象个体(寄主)有密切关系,通常生活在寄主的组织中;③食植动物吃绿色植物,植物不一定全部被吃掉,可能只受损伤;④同类相食(cannibalism),捕食者和猎物都是属于同一物种。

根据捕食者的食物类型分为:①以动物组织为食物的食肉动物(carnivore);②以植物组织为食物的食草动物(herbivore);③以动物和植物为食物的杂食动物(omnivore)。

猎物,无论是动物或是植物,通常都有一定的形态结构来防御捕食者,行为对策主要有:①化学防御,如植物的他感作用;②"可口的"猎物所采用的能动、行为复杂的防御方式。

捕食动物的食谱宽窄不一。有的动物称为专化者(specialist),即食谱专一;而有的为泛化者(generalist),即以多种猎物种类为食物。食草动物,如单食性动物(monophagous)或寡食性动物(o1igophagous),通常会比食肉动物的相应类型专一。寄生动物大多数种类都是专化者,如在550种英国蚜虫中有80%取食同一种宿主植物。体型上较大的捕食动物,包括食肉动物和食草动物,通常其食谱较宽,食草哺乳动物的食谱相对也较广。当然,也有少数例外,如熊猫单食竹类;树袋熊(考拉)单食几种桉树树叶等。

动物的捕食行为包括对猎物的搜寻(searching)、捕获(capturing)、处理(handling)和进食(ingesting)四个方面。影响捕食动物收益的因素包括:①猎物的含能值;②搜寻猎物的时间;③处理猎物的时间。捕食者通常选择那些最有利的猎物,即捕食者能够在单位时间内获得最大净能量的那些猎物。最有利的猎物并不一定就是最大个体。因为猎物个体越大,捕食者捕获和处理猎物所花费的时间以及由此所消耗的能量就越多。

从经济学角度分析,动物的任何一种行为都会给自己带来收益,同时动物也会为此会出代价(投资);自然选择总是倾向于使动物从所发生的行为中获得最大的净收益(收益—投资),这就是最佳摄食理论的主要思想。最佳摄食理论得出的推论包括:①任何捕食者都不捕食不利的猎物;②搜索精明的捕食动物应当是泛化者,否则它们将花费长时间搜索猎物;③处理精明的捕食动物一定是专化者,有利于减少处理猎物的时间;④高生产力的环境有利于专化者,非高生产力的环境则有利于泛化者。

捕食者与猎物

有些捕食者对猎物的死亡率起着微小的作用,去除捕食者只能对猎物种群数量的增长产生微小作用。例如,通过实验将蕨类叶上的蚁类去除,生活在蕨类叶上的蚁类猎物——昆虫并没有显著的数量变化。但是,也有大量的例子说明捕食者会对猎物种群数量起着显著的影响。其中,捕食动物引入热带海岛导致多种被食动物灭绝就是最典型的例子。

随着猎物密度的增加,每个捕食者的捕食率都将不断上升,直到达到一个最大值为止,捕食者捕食率与猎物密度的这种关系称为功能反应(functional response)。相应地,捕食者种群数量对猎物密度变化的反应则称为数值反应(numerical response)。功能反应可以分为三种类型:①I 型功能反应,随着猎物密度的增加,捕食者的捕食率以恒定速率直线上升。滤食性的捕食者(如滤食酵母的水蚤)属于这种类型。②Ⅱ型功能反应,随着猎物密度的增加,捕食者的捕食被饱和,捕食率越来越低,直至完全饱和而达到平衡线。在无脊椎动物最为常见。③Ⅲ型功能反应,在低猎物密度时,捕食者由于寻找、捕获效率较低就要通过学习所形成的一种感觉机制,这种感觉机制可以使捕食者借助某些关键的感觉线索有效地把猎物从它们的背景中辨识出来而表现出低捕食率;但是,随着猎物密度的增加,捕食者的捕食率又逐渐饱和,因此,捕食率在中等猎物密度时最高,猎物密度太低或太高时的捕食率都较低,常见于脊椎动物中。

捕食作用对调节猎物种群具有重要的生态学意义。从长远的观点来看,捕食者与猎物的关系对双方都是"有利"的,即捕食者获得食物而猎物则避免了过度增长,从而避免猎物种群数量可能增至或超过环境容纳量,导致资源短缺。此外,捕食者是选择捕食的,它们捕获的通常是老、弱、病、残的猎物,从而使猎物种群的适合度得以提高。

食草作用

食草是广义捕食的一种类型。其特点是植物不能逃避躯体被食,而

动物对植物的危害只是使部分机体受损害,留下的部分能够再生。

(1)食草对植物的危害及植物的补偿作用。植物被“捕食”而受损害的程度随损害部位、植物发育阶段的不同而异,如食叶、采集花和果实、破坏根系等,其后果各不相同。在生长季早期树叶被损害会大大减少木材量,而在生长季较晚时叶子受损害对木材产量可能影响不大。同时,植物还发展了各种补偿机制,如植物的一些枝叶受损害后其自然落叶会减少,以提高单位叶面积和整株光合率;如果在繁殖期受害,比如大豆,能以增加种子粒重来补偿豆荚的损失;另外,动物啃食也可能刺激单位叶面积光合率的提高。

(2)植物的防卫反应。植物通过毒性与差的味道以及防御结构进行自我保护,在植物中已发现成千上万种有毒次生性化合物,如马利筋中的强心苷、白车轴草中的氰化物、烟草中的尼古丁、卷心菜中的芥末油;一些次生性化合物无毒,但是,会降低食物价值,如多种木本植物的成熟叶子中含有单宁,与蛋白质结合,使其难以被捕食者肠道吸收。

(3)植物与食草动物种群的相互动态。植物—食草动物系统也称为放牧系统(grazing system),食草者与植物之间具有复杂的相互关系,一般认为,放牧活动能调节植物的种间关系,能刺激植物净生产力的提高,在某种程度上能保持牧场植被的稳定性。过度放牧会破坏草原群落。麦克诺顿(McNaughton)曾提出一个模型,用以说明有蹄类放牧与植被生产力之间的关系,见图3-9。表明在放牧系统中,食草动物的采食活动在一定范围内能刺激植物净生产力的提高,超过此范围净生产力开始降低,然

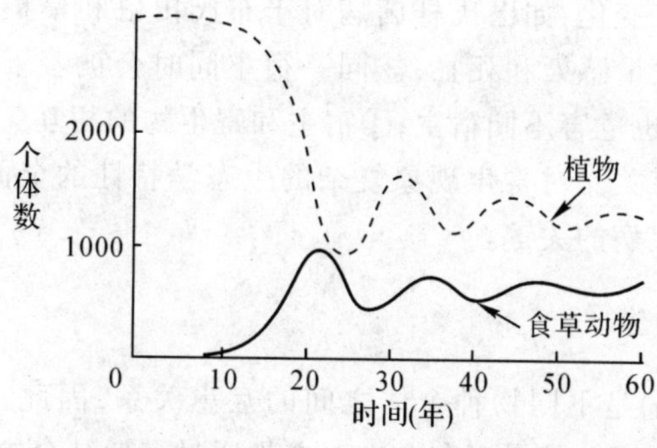

图3-9 植物—食草动物相互作用下放牧系统的种群相互动态模型①

① 引自常杰、葛滢编著:《生态学》,浙江大学出版社2004年版。

后，随着放牧强度的增加，就会逐渐出现严重过度放牧的情形。该模型对牧场管理者经营牧场具有重要意义。

3.5.4 寄生和拟寄生

寄生物从宿主的体液、组织或已消化物质中获取营养，通常对宿主有一定的危害，这种关系称为寄生(parasite)。更严格地说，寄生物从较大的宿主组织中摄取营养物，是一种弱者依附于强者的情况。捕食者通常杀死猎物，而寄生者多次地摄取宿主的营养，一般不“立即”或直接杀死宿主。拟寄生(parasitoidism)是一种介于寄生和捕食之间的种间关系，一般会杀死寄主，如寄生蜂将卵产在昆虫幼虫体内，在发育过程中逐步消耗宿主的全部内脏器官，最后剩下空壳。

寄生可以发生在植物、动物中，也可以发生在其他寄生物[超寄生(superparasitism)现象]，有的能在动植物尸体上继续营寄生生活，可称为尸养寄生(necrotrophic parasite)。寄生物有的是整生寄生，有的是暂时寄生，其间有一系列过渡，如蜱、蚊等从体表吸取宿主血，停留时间不长；蛭、八目鳗可以延续若干昼夜；寄生在蟾蜍肺中的棒线虫以寄生世代和自由生活世代相交替。

寄生物与宿主之间的相互作用极端复杂、多样。因此，全面分析寄生物与宿主种群的相互动态必须考虑：①各种寄生物对宿主的影响是不同的，对一些生物来说寄生物是致命性的，而对另一些生物却无危害，其程度取决于寄生物的致病力和宿主的抵抗力；②寄生物致病力和宿主抵抗力随着环境条件而有变化，如巴氏杆菌病对于布氏田鼠和旱獭在不利条件下就会造成宿主大量感染和死亡；③同一宿主同时会被若干种寄生物所危害，同一寄生物也危害不同宿主；④宿主和寄生物的相互关系与其他生物与非生物因素有关。对寄生现象复杂的生态学特性的全面了解，也是控制好多种人类疾病的关键。

3.5.5 互利共生

互利(mutualism)是不同物种个体之间的互惠关系，因此，互利能够增加合作双方的适合度。如果互利合作双方是通过自然结合方式共同生存的，这种互利称为共生互利(symbiotic mutualism)；如果相反，为非共生互利(non-symbiotic mutualism)。

专性互利(obligate mutualism)是指互利双方的合作是永远的，离开合作对方将使一方或双方不能生存,如地衣是藻类和真菌的互利共生体。菌根(mycorrhizae)也是共生互利的一个例子。菌根由真菌丝与高等植物的根微妙地构成。真菌帮助植物吸收营养,特别是磷,同时,也从植物获得糖类营养物。根据真菌丝与高等植物的结合方式,可以把菌根分为外生菌根(ectomycorrhiza)、内生菌根(endomycorrhiza)和周边营养型菌根(peritrophic mycorrhizae)三种类型,了解菌根的作用对于植树造林具有实践意义。

大多数互利共生现象通常属于兼性互利(facultative mutualism),兼性互利并不是两个物种的固定配对,合作往往是分散的,即合作一方是多物种的混合,如豆科植物和根瘤菌,在缺氮的土壤中,豆科植物从根瘤菌活动中受益,但是,在含氮水平较高的土壤中,豆科植物在没有根瘤菌的情况下也能很好地生存。

共生互利现象在动物消化道和细胞中也是常见的,如反刍动物的多室胃中具有细菌和原生动物,它们从反刍动物多室胃中获取养料,同时,能够发酵分解纤维素、纤维二糖、木糖等动物不能消化的物质,以及合成一些维生素,帮助反刍动物消化食物等。

3.5.6　附　生

两个物种生活在一起,一方利用另一方身体的一部分作为定居空间,但是,对后者基本没有不利影响和直接的营养关系,称为附生(epibiosis)。有些附生植物,如兰花,生长在乔木的枝上,使自已更易获得阳光,也使根更易从潮湿空气中吸收营养。

3.6　种群进化生态学

3.6.1　进化与生态学

生态学特别重视其研究与进化理论的关系。生态学是研究生物与其环境相互作用的科学。生物与其环境的相互作用是进化改变的动力,生物对其生物环境和非生物环境的适应则是进化改变的结果,而作用于生物的生态压力又决定着进化改变和适应的方向。因此,生态学分析应当始终坚持进化的观点。生态学的实质就是选择压力或适应的研究。

在生物进化上,繁殖对策可能是最基本的适应。自然选择作用于生物个体的繁殖能力,那些有机会突变或遗传重组而更能够适合于生存的生物,将留下更多的后代。随着世代的延续,适合度最高的后代占据优势,它们所具有的有利的遗传性状会在种群中得到扩散。在现实中,生物有两种可以选择的繁殖对策,一种是繁殖少量后代以减少繁殖投资,大部分投资用于抚育后代以确保后代的存活;一种是将繁殖投资最大化。由于后代数量与后代所获得的抚育是负相关的(繁殖的后代数量越多,亲代用于抚育的投资就越少),这两种对策都是有效的,不同的生物种类根据不同的情况而采用其中的一种。萨斯伍德(Southwood,1976)将上述的对策称为生态对策(ecological strategy)。

3.6.2 生态对策

生活史

各种生物的生长和繁殖时期有长有短,生物的生长和繁殖的生活方式称为生活史(life history)或生活周期(life cycle)。生活史是生物在生存斗争中获得生存的对策,因此,所谓生态对策或生活史对策(life-history strategy)就是指生物在进化过程中所形成的各种特有的生活史特征,是生物适应于特定环境所具有的一系列生物学特性的设计。生活史的关键内容是生物的大小、生长率、繁殖和寿命。不同物种之间的生活史方式差异极大。一些物种可以生存几百年甚至几千年,如紫杉;有些物种的个体巨大,如蓝鲸,而另一些物种的个体则很小;还有一些物种繁殖数量多,但是,产生个体小的后代,如真菌或远洋鱼类,而另一些物种则繁殖数量少却产生个体大的后代,如油蝠的两个后代的体重均可以达到雌亲产后体重的50%。这些进化都是生态学所关注的重要问题。

能量分配原则

自然选择将有利于那些能最大限度地将自身基因或复制基因传递到未来世代的个体。任何一种现实生物的能量都是有限的,这些有限的能量只能协调地分配到各种生活史对策中。一种生物如果把大部分能量分配到生活史某一方面,那么,它就不可能再把大部分能量用于生活史的其他方面,这种"能量分配原则"(principle of energy allocation)说明,一些生活史特征之间是相互对立的,生物只能选择这两种生活史特征之一,不可能二者都兼备。如终生一次生产(semelparity)的生物,如一些鲑鱼和竹类,把能量一次性地全部用于生殖;重复生产(iteroparity)的生物,如大部分哺乳类和乔木则把能量均匀地分配于多次繁殖。生殖多而小的后代与

生殖少而大的后代也是涉及繁殖方面的能量分配。

r-选择和K-选择

1962 年,麦克阿瑟(MacArthur)总结了前人对生物生活史的研究,认为在热带雨林,气候条件稳定,自然灾害较为罕见,动物的繁衍有可能接近环境容纳量,即近似于逻辑斯谛方程中的饱和密度(K)。所以在稳定的环境中,谁能更好地利用环境承载力,达到更高的 K,对谁就有利。相反,在环境不稳定和自然灾害经常发生的地方,只有较高的繁殖能力才能补偿灾害所造成的损失。因此,在不稳定的环境中,谁具有较高的繁殖能力谁就更有优势。通常用来表达繁殖力的测度之一是内禀增长率(r_m),所以,居住在不稳定环境中的物种,具有较大的 r_m 是有利的。有利于增大 r_m 的选择称为 r-选择,有利于竞争能力增加的选择称为 K-选择。麦克阿瑟和沃森(Wilson,1967)又从物种适应性出发,进一步把 r-选择的物种称为 r-策略者(r-strategistis),K-选择的物种称为 K-策略者(K-strategistis)。他们认为,物种总是面临两个相互对立的进化途径,各自只能择其一才能在竞争中生存下来。美国生态学家翩卡(Pianka,1970)将上述 r-选择和 K-选择理论推广到一切有机体,并将两种选择的特征总结于表 3-3。

表 3-3　r-选择和 K-选择的某些相关特征①

项　目	r-选择	K-选择
气候	多变,不确定,难以预测	稳定,较确定,可预测
死亡	具灾变性,无规律 非密度制约	比较有规律 密度制约
存活	幼体存活率低	幼体存活率高
数量	时间上变动大,不稳定 远远低于环境承载力	时间上稳定 通常临近 K 值
种内、种间竞争	多变,通常不紧张	经常保持紧张
选择倾向	1. 发育快 2. 增长力高 3. 提高生育 4. 体型小 5. 一次繁殖	1. 发育缓慢 2. 竞争力高 3. 延迟生育 4. 体型大 5. 多次繁殖
寿命 最终结果	短,通常少于 1 年 高繁殖力	长,通常大于 1 年 高存活力

① 引自李博等:《生态学》,高等教育出版社 2002 年版。

r-策略者是新生境的开拓者，但是，存活要靠机会，所以，在一定意义上，它们是机会主义者（opportunist），很容易出现“突然的暴发和猛烈的破产”。而 *K*-策略者是稳定环境的维护者，在一定意义上，它们又是保守主义者（conservatism），当生存环境发生灾变时很难迅速恢复，如果再有竞争者抑制，就可能趋向灭绝。

自 *r*-*K* 选择理论和概念提出以来，有关学者开展了广泛的研究。在实际应用中，这一理论既用于较大类群之间的比较，也用于近似物种之间的比较，甚至同一物种之内不同类型或不同环境个体之间的比较。尽管物种内在 *r*-选择和 *K*-选择的特征差异不会那么明显，但是它们对环境的反应体现在个体生态学特性上的差异总还存在着向 *r*-选择或 *K*-选择演化的趋势。应该说，*r*-*K* 选择只是有机体自然选择的两个基本类型。实际上，在同一地区，同一生态条件下都能找到许多不同的类型，大多数物种则是以一个、几个或大部分特征居于这两个类型之间。因此，将这两个类型看作是连续变化的两个极端更恰当。正如英国生态学家萨斯伍德等于 1976 年提出的那样，生物界的种类存在着“*r*-*K* 策略连续统”（*r*-*K* continuum of strategies），这种思想也得到了大量认证。经过更大范围生物类群的分析，发现从细菌到鲸，个体大小与世代时间之间有明显的正相关性；另外，同一物种分布在不同生态梯度上也可以形成一种 *r*-*K* 连续统特征。例如，云杉在低海拔属于偏 *r*-选择，中海拔为 *K*-选择，中高海拔为偏 *K*-选择，高海拔为 *r*-选择。

3.6.3 *R*-、*C*-和 *S*-选择的生活史式样

20 世纪 70 年代后期，英国生态学家格瑞姆（Grime）等在 *r*-和 *K*-选择的基础上，对生活史式样的分类作了有益的扩充。他的选择式样分类包括在资源丰富的临时生境中的选择，其选择适应等同于 *r*-选择的物种，称干扰型（Ruderal）；在资源丰富的可预测生境中的选择，称竞争型（Competition）；在资源胁迫生境中的选择，称胁迫忍耐型（Stress）。这 3 种生活史式样与 3 种可能的资源分配方式相一致，*R*-选择主要分配给生殖，*C*-选择主要分配给生长，*S*-选择主要分配给维持。

格瑞姆（Grime，1979）提出了三角形模型的设想，如图 3-10 所示。在该图中，竞争的、干扰的和胁迫忍耐的种群分别占据三角形的三个角，具有居间生活史式样的植物占据三角形的中心区。竞争杂草型（CR）出现

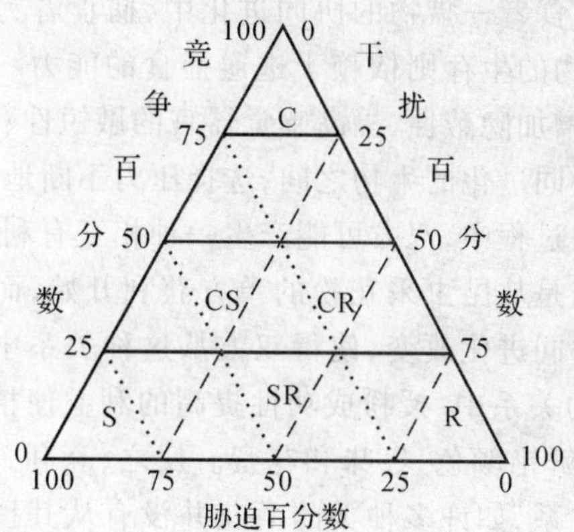

图 3-10　以竞争(实线)、干扰(长虚线)和胁迫(点虚线)的出现率为基础的 Grime 生活史式样变异模型①

在资源丰富的生境中,这里的干扰程度既足以防止激烈竞争又足以阻止非竞争性杂草占优势。CR 植物开花前有较长的营养生长期,植株较大,所以它们能利用竞争种的低生产力季节,或占据着有泛滥、强度放牧和其他干扰的场所。胁迫忍耐杂草型(SR)出现在非生产性生境,干扰水平中等,它们通常是一年生小型草本植物,或者是由于资源胁迫生长时间短的短命多年生植物。SR 植物在生长期间遭受强烈的资源胁迫,因而大大缩减了植株的总体大小。沙漠短命植物、沙漠地下芽植物、极地和高山的一年生植物,许多苔藓植物是胁迫忍耐杂草型的例子。胁迫忍耐竞争型(CS)出现在有足够资源用于适度生长和不受干扰的生境中。草本胁迫忍耐竞争型具有中等的生长速率,借助营养繁殖散布而具侵略性,叶常绿,其生物量的季节性变化很大,如湖沼生苔草。生长在非生产性生境中和群落演替后期的许多木本植物也可以归入胁迫忍耐竞争型。

3.6.4　协同进化

在大多数情况下,物种之间的进化是相互影响的,共同构成一个相互作用的协同适应系统。一个物种的性状作为对另一物种性状的反应而进化,而后一物种的这一性状本身又作为前一物种性状的反应而进化,这种方式的进化称为协同进化(coevolution)。协同进化的研究内容相当广泛,包括种间竞争的协同进化、捕食者—猎物的协同进化以及互利共生的

① 引自李博等:《生态学》,高等教育出版社 2002 年版。

协同进化等。在捕食者—猎物的协同进化中，捕食者为了生存必须成功地获得猎物，而猎物的生存则依赖于逃避捕食的能力。在捕食者的压力下，猎物必须通过增加隐蔽性、提高感觉器官的敏锐性和快速逃跑来减少被捕食的危险。协同进化的生物之间，选择压力不断地起作用，在这种适应与反适应的发展过程中，双方可能产生一种相互有利的稳定状态，如昆虫授粉作用可能只是从昆虫采花粉的单方获利开始，而后昆虫与其采花粉的植物之间的协同进化改变，使得双方从这种关系中共同获利，因此，在植物—授粉者的关系中，授粉成功性提高的利益使植物产生具有吸引昆虫的花，如花的鲜艳颜色、气味和花蜜。反之，互利关系也可能恶化成单方收益的寄生关系，如许多种类的兰花并没有从其授粉者身上获得回报，取而代之的是，这些兰花利用气味、形状或颜色模拟蜜蜂和胡蜂等雌性昆虫以减少这种寄生关系。

3.6.5 性选择

动物和植物中都存在性选择。

植物的选择受精(selective fertilization)是指具有特定遗传基础的精核与卵细胞优先受精的现象。选择受精主要表现为生理生化和遗传上的特征，包括自交不亲和性、远缘杂交不亲和性、多个花粉精核间竞争等现象。植物选择受精的生物学意义在于：一方面在同一物种中可以保证最适应的两性细胞的高度融合，从而增强其后代的存活能力；另一方面也限制了异种之间的自由交配，使种间生殖产生隔离，从而保证各个物种的相对稳定性。

动物的性选择(sexual selection)形式多种多样，主要以异性的外表和行为作为选择的依据。那些在婚配中适宜于表达给异性的特征，容易通过世代遗传而加强，所以在性选择的压力下，特别是在修饰(ornamentation)、色泽(coloration)、求偶行为(courtship behavior)等方面，通常形成明显的雌雄二形(sexual dimorphism)现象，如鸟类雌雄个体在颜色和修饰上的差异，总是雄性更为美丽，而且雄性个体之间的差异要比雌性的大等。又如，大多数鸟类的雌性都具有敏锐的洞察力，对色彩和声音都具有较高的鉴别力。而雄性大多数都非常好斗，往往装饰着各式各样的肉冠、垂肉、隆起物、鼓气的囊、顶结、裸羽轴、修长的尾羽及华丽的色彩。在繁殖季节，雄鸟以浮夸的姿态或激烈竞争的手段显示它们的魅力，雌鸟则选择并接受自己喜欢的雄鸟求偶。那些装饰最美丽的、鸣唱最动听的或表

演最出色的雄鸟对雌鸟最具诱惑力，最容易优先被雌鸟选作配偶而留下大量的后代，并将它们的各种特性和体质也一并遗传给后代，尤其在形态及行为特征的优势基因型，仅在后代的雄性个体上表现。雌性选择的目的是生产出健康优质的后代和提高繁殖成效。为避免近亲交配会带来后代的生存力和繁殖衰退现象，雌性优先选择奇异的雄性，这样的个体不仅具有优质的基因，而且也可以在很大程度上起到避免近亲交配的作用。当然，许多可以选择的特征，如明亮的色泽、美丽的装饰等，必然要给雄性带来极大的危险。尽管性选择对生物进化有着极大的促进作用，但是，它仍然受到自然选择即优胜劣汰进化规律的支配。

3.7 种群的数量波动和调节

3.7.1 种群的数量波动

自然种群的研究表明，种群数量具有波动性和稳定性。种群数量在相当长的时间内维持在一个水平上的情形称为种群平衡。平衡是相对的，变动是绝对的。种群波动的幅度取决于生物种类及其具体环境条件。如果环境条件经常改变，那么数量波动就比较明显。种群的数量波动也与生物种类本身有关，例如 r-对策者种群的数量波动比较明显，而 K-对策者则相对较为稳定。种群的数量波动可以是季节性的，或者是以几年为一周期。

季节波动（消长）是指种群数量在一年四季中的变化规律。如生活在中、高纬度地区的许多动物，它们在夏季和冬季之间的数量变化相当大。这种数量变化与其繁殖季节、生活史、季节性迁移等原因有关。一般来说，具有季节性生殖特点的动物种类，其种群的最大数量是在一年中最后一次繁殖之末；低纬度热带地区的动物种群，一些种类也有季节性波动，这种波动可能与降雨或食物（或果实）的供给有关，它们在雨季进行繁殖，种群数量高峰出现在雨季中后期。

年波动是指种群数量变动以几年为一周期。年波动可能是不规则的，不规则的年波动通常与环境条件有关，特别是气候因子对年波动的影响较大。例如，根据营巢统计结果，英国某地区的苍鹭，数量大致稳定，年波动不大。但是，在有严寒冬季的年份，苍鹭数量就下降；若连年冬季严寒，其数量就下降得更多。而当气候恢复正常后，其种群就能恢复到多年的平均水平。

3.7.2 种群调节

通常把影响种群调节的因素分为密度制约因素和非密度制约因素，也可以分为内源性和外源性两大类，即内因和外因。内因是指调节种群密度的动因是在种群的内部，如内分泌调节、行为调节和遗传调节等。外因则是指调节种群密度的动因是在种群的外部，如捕食、寄生、种间竞争等生物因素以及气候等非生物因素。在实际研究中，各类因素既有主次之分，又相互联系，共同作用。

第 4 章

群落生态学

4.1 生物群落的概念

4.1.1 生物群落的定义

正如种群是个体的集合体一样，群落是种群的集合体，即一个自然群落就是在一定空间内生活在一起的各种动物、植物和微生物种群的集合体(assemblage)。一片树林、一片草原、一片荒漠，都可以看作是一个群落。群落内的各种生物由于彼此间的相互影响、紧密联系和对环境的共同反应，而使群落构成一个具有内有联系和共同规律的有机整体。

早在 1807 年，近代植物地理学的创始人洪堡德首先注意到，自然界植物的分布不是杂乱无章的，而是遵循一定的规律集合而成的，并指出每个群落都有其特定的外貌，外貌是群落对生境因素影响的综合反应。1909 年，丹麦植物学家沃明在他的经典著作《植物生态学——植物群落研究引论》中对群落的定义为："一定的物种所组成的天然群聚就是群落"，"形成群落的物种具有同样的生活方式，对环境有大致相同的要求，或一个物种依赖于另一个物种而生存，有时甚至后者刚好能满足前者的需求，似乎在这些物种之间有一种明显的共生现象。"苏联苏卡乔夫院士在 1908 年将群落定义为："不同植物物种的有机组合，在这样的情况下，植物与植物之间以及植物与环境之间的相互影响、相互作用。"谢尔福德则将生物群落定义为："具一致的物种组成且外貌一致的生物群聚体。"美国著名生态学家奥德姆 1957 年在他的《生态学基础》一书中认为群落除物种组成与外貌一致外，还"具有一定的营养结构和代谢格局"，"是一个结构单元"，"是生态系统中具生命的部分"，并指出群落是生态学中最重

要的概念之一。

综上所述,生物群落可以定义为,特定空间或特定生境下生物种群有规律的组合。它们之间以及它们与环境之间彼此影响,相互作用,具有一定的形态结构与营养结构,执行一定的功能。也可以说,一个生态系统中具生命的部分就是生物群落(biome)。

4.1.2 群落的基本特征

从上述定义可以得出一个生物群落具有下列基本特征:

(1)具有一定的物种组成(composition of species)。每个群落都是由一定的植物、动物、微生物种群组成的,物种组成是区别不同群落的首要特征。一个群落中物种的多少以及每一物种个体的数量,是度量群落多样性的基础。

(2)不同物种之间的相互影响(interaction)。群落中的物种有规律地共处,即在有序状态下生存。研究群落中不同种群之间的关系是阐明群落形成机制的重要内容。一个群落的形成和发展必须经过生物对环境的适应和生物种群之间的相互适应。种群能够组合在一起构成群落,取决于两个条件:第一,必须共同适应它们所处的无机环境;第二,它们内部的相互关系必须取得协调和平衡。

(3)具有形成群落环境的功能(function)。生物群落对其居住环境产生重大影响,并形成群落环境。如森林中的环境与周围裸地就有很大的不同,包括光照、温度、湿度与土壤等都经过了生物群落的改造。即使生物非常稀疏的荒漠群落,生物群落对土壤等环境条件也有明显的改造作用。

(4)具有一定的外貌(physiognomy)和结构(structure)。生物群落是生态系统的一个结构单位,除了具有一定的物种组成外,还具有其外貌和一系列的结构特点,包括形态结构、生态结构与营养结构,如生活型组成、种的分布格局、成层性、季相、捕食者和被捕食者的关系等,但是,其结构常常是松散的,不像一个有机体结构那样清晰,因此,有人称之为松散结构。

(5)具有一定的动态(dynamic)特征。生物群落是生态系统中具有生命的部分,生命的特征是不停地运动,群落的运动形式包括季节动态、年际动态、演替与演化等。

(6)具有一定的分布(distribution)范围。任一群落都分布在特定的地段或特定的生境中,不同群落的生境和分布范围不同。无论从全球范围看,还是从区域角度看,不同生物群落都是按照一定的规律进行分

布的。

(7)群落的边界(boundary)特征。在自然条件下,有些群落具有明显的边界,可以清楚地加以区分;有的则不具有明显的边界,而处于连续的变化中。前者见于环境梯度变化较大,或者环境梯度突然中断的情形,如地势变化较陡的山地的垂直带,断崖上下的植被,陆地环境和水生环境的交界处,如池塘、湖泊、岛屿等,此外,火烧、虫害或人为干扰都可能造成群落的边界。后者见于环境梯度连续缓慢变化的情形。大范围的变化,如森林和草原的过渡带,草原和荒漠的过渡带等;小范围的变化,如沿一缓坡而渐次出现的群落替代等。但是,在多数情况下,不同群落之间都存在过渡带,也被称为群落交替区,并导致明显的边缘效应(edge effect)。

(8)群落中的各物种不具有同等的群落学重要性。根据物种在群落中的地位和作用,可以将物种分为优势种、建群种、亚优势种、伴生种以及偶见种或罕见种等。

生物群落可以从植物群落、动物群落和微生物群落这三个不同的角度来研究。由于大多数植物是绿色植物,属于群落或生态系统营养结构中的生产者,而复杂的食物网,包括各个营养级及其相互作用,有更高营养级的消费者——动物参加,所以最有成效的群落生态学研究,应该是动物、植物、微生物的有机结合。近代的食物网理论、生态系统的能量流动、物质循环等规律,都是这种整体研究的结果。

4.2　群落的物种组成

生态学将发展成为包括动物、植物、微生物的生态学的统一科学。但是,这并不排斥各类群落生态学特征的各异。本节的介绍,将以发展比较成熟的植物群落学资料为主。

物种组成是决定群落性质最重要的因素,也是鉴别不同群落类型的基本特征。群落学研究一般都从分析物种组成开始。记录群落的物种组成,首先要选择能代表所研究群落基本特征的一定地段或一定空间,所取样地应注意环境条件的一致性及与群落外貌的一致性。样地的大小以不小于群落的最小表现面积为宜,是指基本上能够表现出某群落类型植物种类的最小面积。通常以绘制种—面积曲线来确定最小面积的大小。首先逐渐扩大样方面积,随着样方面积的增大,样方内植物的种数也在增加,但是,当物种增加到一定程度时,曲线则有明显变缓的趋势,通常把曲线陡度开始变缓处所对应的面积，称为最小面积，如图 4-1。一般地说，组成群落的物种越丰富，对其进行研究的最小表现面积也就越大，如我国云南西双版纳的热带雨林，最小面积表现约为 $2500m^2$，亚热带常绿阔叶林约为 $1200m^2$，寒温带针叶林约为 $400m^2$，灌丛 $25 \sim 100m^2$，草原 $1 \sim 4m^2$。

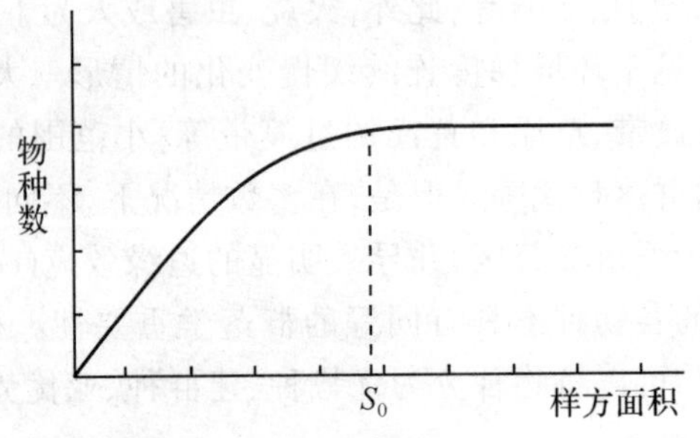

图 4-1　种—面积曲线示意图①

4.2.1　物种组成的性质分析

群落的物种组成情况在一定程度上能反映出群落的性质。可以根据各个物种在群落中的作用而划分群落成员类型。常见的群落成员类型有：

优势种和建群种

对群落的结构和群落环境的形成起主要作用的植物称为优势种(dominant species)，通常是那些个体数量多、投影盖度大、生物量高、体积较大、生活能力较强，即优势度较高的种类。群落的不同层次可以有各自不同的优势种，以马尾松林为例，分布在南亚热带的马尾松林其乔木层可能以马尾松占优势，灌木层可能以桃金娘占优势，草本层可能以芒萁占优势，层间植物可能以断肠草占优势。各层有各自的优势种，其中乔木层的优势种起着构建群落的作用，常称为建群种(constructive species)，如上例中的马尾松。

如果群落中的建群种只有一个，则称该群落为“单建群种群落”或“单优种群落”。如果具有两个或两个以上同等重要的建群种，就称该群落为“共优种群落”或“共建种群落”。热带森林，几乎全是共建种群落；北方森

① 引自孙儒泳等：《基础生态学》，高等教育出版社 2002 年版。

林和草原，则多为单建种群落，但是，有时也存在共建种，如由贝加尔针茅和羊草共建的草甸草原群落。

应该强调的是，生态学中的优势种对于整个群落具有控制性影响，如果把群落中的优势种去除，必然导致群落性质和环境的变化；若把非优势种去除，只会发生较小的或不显著的变化，因此，不仅要保护那些珍稀濒危物种，而且，也要保护那些建群物种和优势物种，因为它们对生态系统的稳态起着举足轻重的作用。

亚优势种

指个体数量与作用都次于优势种，但是，在决定群落性质和控制群落环境方面仍然起着一定作用的植物种。在复层群落中，它通常居于较低的亚层，如南亚热带雨林中的红鳞蒲桃和大针茅草原中的小半灌木冷蒿，在有些情况下成为亚优势种(subdominant species)。

伴生种

伴生种(companion species 或 common species)为群落的常见物种，它与优势种相伴存在，但是，不起主要作用，如马尾松林中的乌饭树、米饭花等。

偶见种或罕见种

偶见种(rare species)是那些在群落中出现频率很低的物种，多半数量稀少，如常绿阔叶林或南亚热带雨林中分布的观光木，这些物种随着生境的缩小濒临灭绝，应该加强保护。偶见种也可能偶然地由人们带入或随着某种条件的改变而侵入群落中，也可能是衰退中的残遗种。有些偶见种的出现具有生态指示意义，还可以作为地方性特征种来看待。

4.2.2 物种组成的数量特征和综合特征

各种群的数量特征

(1)密度(density)。密度指单位面积或单位空间内的个体数。一般对乔木、灌木和丛生草本以植株或株丛计数，根茎植物以地上枝条计数。样地内某一物种的个体数占全部物种个体数之和的百分比称作相对密度(relative density)或相对多度(relative abundance)。某一物种的密度占群落中密度最高的物种密度的百分比被称为密度比(density ratio)。

(2)多度(abundance)。这是对物种个体数目多少的一种估测指标，多用于群落内草本植物的调查。国内多采用 Drude 的七级制多度，即：

表 4-1 Drude 的七级制多度

Soc.（Sociales）	极多，植物地上部分郁闭，形成背景
Cop 3（Copiosae）	数量很多
Cop 2	数量多
Cop 1	数量尚多
Sp.（Sparsal）	数量不多而分散
Sol.（Solitariae）	数量很少而稀疏
Un.（Unicum）	个别或单株

(3)盖度(cover degree 或 coverage)。这是指植物地上部分垂直投影面积占样地面积的百分比，即投影盖度。后来又出现了“基盖度”的概念，即植物基部的覆盖面积。对于草原群落，常以离地面 2.54cm 高度的断面积来计算；对森林群落，则以树木胸高 1.3m 处的断面积计算。乔木的基盖度称为显著度(dominance)。盖度可以分为种盖度、层盖度、总盖度(群落盖度)。林业上常用郁闭度来表示林木层的盖度。通常，种盖度或层盖度之和大于总盖度。群落中某一物种的盖度或显著度占所有物种盖度或显著度之和的百分比，即为相对盖度(relative coverage)或相对显著度(relative dominance)。某一物种的盖度占群落中盖度最高的物种密度的百分比被称为盖度比(cover ratio)。

(4)频度(frequency)。某个物种在调查范围内出现的频率，指包含该种个体的样方占全部样方数的百分比。群落中某一物种的频度占所有物种频度之和的百分比，即为相对频度(relative frequency)。图 4-2 表明了频度和密度的关系。

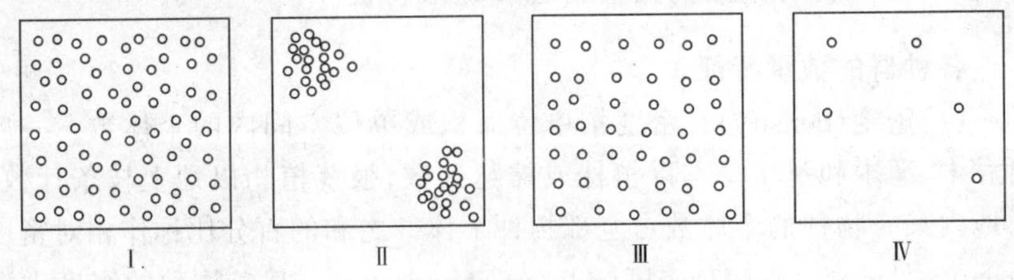

图 4-2 频度和密度之间的关系

注：Ⅰ.密度大而频度也大；Ⅱ.密度较大而频度小；Ⅲ.密度中等而频度较大；Ⅳ.密度小而频度也小。

劳恩卡尔(Raunkiaer)1934年在研究欧洲草地群落时,用1/10m² 的小样圆任意投掷,记录小样圆内的所有植物,如100次,就得到100个小样圆的植物名录,然后计算每种植物出现的次数与样圆总数100之比,得到各个种的频度。并根据8000多种植物的频度统计编制了一个标准频度图(standard frequency diagram),见图4-3。在该图中,凡频度在1%~20%的植物种归入A级,21%~40%者为B级,41%~60%者为C级,61%~80%者为D级,81%~100%者为E级。在他统计到的8000多种植物中,频度属A级的植物种类占53%,B级有14%,C级有9%,D级有8%,E级有16%,这样按其所占比例大小,5个频度级的关系是:A>B>C≥D<E。称为Raunkiaer频度定律(law of frequency)。

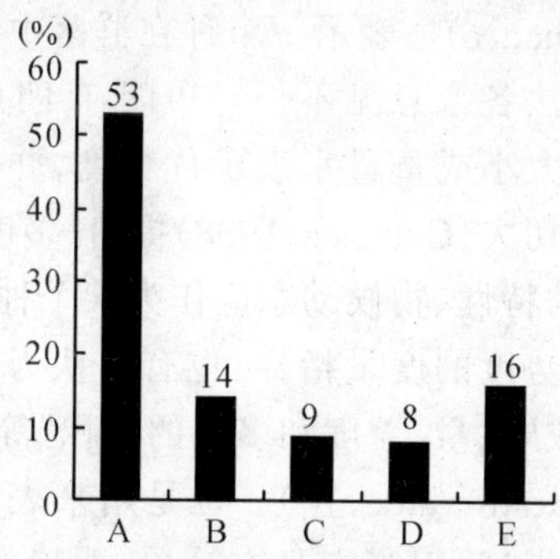

图4-3 Raunkiaer的标准频度①

这个定律说明:在一个物种分布比较均匀的群落中,属于A级频度的物种,亦即偶见种通常是很多的,这些物种较少出现于群落最小表现面积中,随着样方面积的扩大,它们才陆续出现。样方数越多,这些物种也越多。属于A级频度的种类多于B、C和D频度级的物种。这个规律符合群落中低频度物种的数目比高频度物种的数目多的事实。E级植物是群落中的优势种和建群种,其数目也较大,因此占有较高的比例。E级越高,群落的均匀性越大,如果B、C、D级的比例增高,说明群落中的种类分布不均匀,在一般的情况下,暗示着群落的分化和演替的趋势。

(5)高度(height)或长度(length)。常作为测量植物体的指标。测量时,取自然高度或绝对高度,藤本植物则测其长度。

(6)重量(weight)。用来衡量种群生物量(biomass)或现存量(stand-

① 引自孙儒泳等:《基础生态学》,高等教育出版社2002年版。

ing crop)多少的指标,可分干重与鲜重两种。在生态系统的能量流动与物质循环的研究中,这一指标特别重要。

(7)体积(volume)。生物所占空间大小的度量。在森林经营中,通过体积的计算可以获得木材生产量(称为材积)。单株乔木的材积 v 由胸高断面积 s、树高 h 和形数 f 三者的乘积,即 $v=s\times h\times f$。形数是树干体积与等高同底的圆柱体体积之比。因此,在用胸高断面积乘树高而获得圆柱体积之后,必须按不同树种乘以该树种的形数(可以从森林调查表中查到),就获得一株乔木的体积。草本植物或灌木体积的测定,可以用排水法进行。

综合特征

(1)优势度(dominance)。表示一个种在群落中的地位与作用,但是,其具体定义和计算方法各家意见不一。布朗-布朗克(Braun-Blanquet)主张,以盖度、所占空间大小或重量来表示优势度,并指出在不同群落中应采用不同指标。苏卡切夫(Сукачев,1938)提出,多度、体积或所占据的空间、利用和影响环境的特性、物候动态应作为某个种的优势度指标。有的以盖度和密度作为优势度的度量指标;也有的认为,优势度即"相对盖度和相对多度的总和"或"重量、盖度和多度的乘积"等。

(2)重要值(important value, Ⅳ)。也是用来表示某个种在群落中地位和作用的综合数量指标,因为它具有简单、明确的特点,所以近年来得到普遍采用。重要值是美国的柯蒂斯(Curtis)和麦金托什(McIntosh,1951)首先使用的,他们在 Wisconsin 州研究森林群落连续体(continuum)时,用重要值来确定乔木的优势度或显著度,计算的公式如下:

重要值Ⅳ=[相对多度 RA+相对频度 RF+相对优势度(相对基盖度)RD]/300

上式用于草原群落时,相对优势度可以用相对盖度代替:

重要值Ⅳ=(相对多度 RA+相对频度 RF+相对盖度 RC)/300

(3)综合优势比(summed dominance ratio)。其缩写形式为 SDR_2,是由日本学者提出的一种综合数量指标。包括两因素、三因素、四因素和五因素等4类。常用的为两因素的总优势比 SDR_2,即在密度比、盖度比、频度比、高度比和重量比这五项指标中,取任意两项求其平均值再乘以100%,如:

SDR_2=(密度比+盖度比)/2×100%

由于动物有运动能力,多数动物群落研究中以数量或生物量为优势

度的指标。水生群落中的浮游生物,多以生物量为指标。但一般说来,对于小型动物,以数量为指标易于高估其作用,而以生物量为指标,易于低估其作用;相反,对于大型动物而言,以数量为指标会低估了其作用,而以生物量为指标会高估了其作用。如果能同时以数量和生物量为指标,并计算出变化率和能流,其估计将比较可靠。

4.2.3 物种多样性

生物多样性(biological diversity 或 biodiversity)可以定义为“生物的多样化和变异性以及生境的生态复杂性”,包括植物、动物和微生物物种的丰富程度、变化过程以及由其组成的复杂的群落、生态系统和景观的多样性。生物多样性一般有四种水平,即遗传多样性(gene diversity),指地球上各个物种所包含的遗传信息之总和;物种多样性(species diversity),指地球上生物种类的多样化;生态系统多样性(ecosystem diversity),指生物圈中生物群落、生境与生态过程的多样化;景观多样性(landscape diversity),是指由不同类型的景观要素或生态系统构成的景观在空间结构、功能机制和时间动态方面的多样化或变异性。本节仅从群落特征角度来叙述物种多样性,不涉及生物多样性的其他领域。

物种多样性的定义

费舍尔(Fisher)等人于1943年第一次使用物种多样性一词时,他所指的是群落中物种的数目和每一物种的个体数目。后来生态学家有时也用其他的特性来说明物种的多样性,比如生物量、现存量、重要值、盖度等。通常物种多样性具有下面两方面涵义:

(1)种的数目(numbers)或丰富度(species richness),是指一个群落或生境中物种数目的多寡。

(2)种的均匀度(species evenness,或:equitability),指一个群落或生境中全部物种个体数目的分配状况,它反映的是各物种个体数目分配的均匀程度。

物种多样性的测定

测定物种多样性的公式很多,这里仅选取其中几种有代表性的加以说明。

(1)丰富度指数(richness indices)。由于群落中物种的总数与样本含量有关,所以这类指数应限定为可比较的。生态学上用过的丰富度指数

很多,现举两例:

①Gleason(1922)指数:

$$dG_l = S/\ln A \tag{4-1}$$

式中 A 为单位面积,S 为群落中物种数目,物种丰富度是最简单、最古老的物种多样性测定方法,至今仍为许多生态学家所应用,表明一定面积的生境内生物种类的数目。

②Margalef(1951,1957,1958)指数:

$$dM = (S-1)/\ln N \tag{4-2}$$

式中 S 同(4-1)式,N 为样方中观察到的个体总数(随样本大小而增减)。

(2)多样性指数(diversity indices)。它是丰富度和均匀性的综合指标,应用多样性指数时,具低丰富度和高均匀度的群落与具高丰富度与低均匀度的群落,可能得到相同的多样性指数。以下是两个最著名的计算公式:

①辛普森多样性指数(Simpson's diversity index):

辛普森多样性指数 = 随机取样的两个个体属于不同种的概率

= 1 - 随机取样的两个个体属于同种的概率

假设种 i 的个体数占群落中总个体数的比例为 P_i,那么随机取种 i 两个个体的联合概率应用 $P_i \times P_i$,或 P_i^2。如果将群落中全部种的概率合起来,就可以得到辛普森指数,即

$$D = 1 - \sum_{i=1}^{S} P_i^2$$

式中 S 为物种数目。

由于取样的总体是一个无限总体,P_i 的真值是未知的,所以它的最大必然估计量是:$P_i = N_i/N$,于是辛普森指数为:

$$D = 1 - \sum_{i=1}^{S} P_i^2 = 1 - \sum_{i=1}^{S} (N_i/N)^2$$

式中 N_i 为种 i 的个体数,N 为群落中全部物种的个体数。

例如,甲群落中 A、B 两个种的个体数分别为 99 和 1,而乙群落中 A、B 两个种的个体数均为 50,按辛普森多样性指数计算:

$$D_1 = 1 - \sum_{i=1}^{S} (N_i/N)^2 = 1 - \{(99/100)^2 + (1/100)^2\} = 0.0198$$

$$D_2 = 1 - \sum_{i=1}^{S} (N_i/N)^2 = 1 - \{(50/100)^2 + (50/100)^2\} = 0.5000$$

从计算结果可知,甲群落和乙群落的多样性指数分别为 0.0198 和 0.5,乙群落的多样性高于甲群落。造成这两个群落多样性指数差异的主

要原因是种的不均匀性，从丰富度来看，两个群落是一样的，但是均匀度明显不同。

②香农-维奈多样性指数(Shannon-Wiener diversity index)：信息论中熵的公式原来是表示信息的紊乱和不确定程度的，我们也可以用来描述物种个体出现的紊乱和不确定性，这就是物种多样性。香农-维奈指数即是按此原理设计的，其计算公式为：

$$H = -\sum_{i=1}^{S} P_i \log_2 P_i$$

式中 S 为物种数目，P_i 为属于种 i 的个体在全部个体中的比例，H 为物种的多样性指数。公式中对数的底可以取 2，e 和 10，但是，单位不同，分别为 nit，bit 和 dit。若仍以上述甲、乙两群落为例计算，则

$$H_1 = -\sum_{i=1}^{S} P_i \log_2 P_i = -(0.99 \times \log_2 0.99 + 0.01 \times \log_2 0.01) = 0.081 \text{ nit}$$

$$H_2 = -\sum_{i=1}^{S} P_i \log_2 P_i = -(0.50 \times \log_2 0.50 + 0.50 \times \log_2 0.50) = 1.00 \text{ nit}$$

可见，乙群落的多样性更高一些，其结果与用辛普森指数计算的结果是一致的。

在香农-维奈多样性指数中包含了两个因素：物种的数目或丰富度和物种中个体分配上的平均性(equitability)或均匀性(evenness)。物种的数目多，可以增加多样性；同样，物种之间个体分配的均匀性增加也会使多样性提高。

③皮耶罗均匀度指数(Pielou evenness index)：1969 年皮耶罗把均匀度 J 定义为，群落的实测多样性 H' 与最大多样性 H_{max}(即在给定物种数 S 下的完全均匀群落的多样性)之比，以香农—维奈指数 H 为基础的群落的均匀度为：

$$J = H / \log_2 S$$

式中 H 为香农-维奈指数，S 为物种数目。当 S 个物种每一种恰好只有一个个体时，$P_i = 1/S$，信息量最大，即 $H_{max} = \log_2 S$；当全部个体为一个物种时，则信息量最小，即多样性最小，$H_{max} = 0$，因此，$J = H/H_{max} = H/\log_2 S$。

物种多样性梯度(gradient of species diversity)

(1)物种多样性随纬度的变化。从热带到两极随纬度的增加，物种多样性有逐渐减少的趋势。在乔木树种、海产瓣鳃类、蚂蚁、蜥蜴和鸟、兽等许多类群中均有充分数据说明这一点，即无论在陆地，还是海洋和淡水环

境,都有类似的趋势。当然也有例外,如企鹅和海豹在极地物种最多,而针叶树和姬蜂在温带物种最丰富。以 Shannon-Wiener 指数等对比研究我国从东北到海南的阔叶林中木本植物的物种多样性,表明越靠近热带地区,单位面积内的物种越丰富,物种多样性指数也越高。

(2)多样性随海拔的变化。如果在赤道地区登山,随海拔的增高,能见到热带、温带、寒带等的环境,同样,也能发现物种多样性随海拔增加而逐渐降低。

(3)在海洋或淡水水体物种多样性有随深度增加而降低的趋势。显然,在大型湖泊中,温度低、含氧少、黑暗的深水层,其水生生物种类明显低于浅水区;同样,海洋中植物分布也仅限于光线能透入的光亮区,一般很少超过 30m。

决定多样性梯度的因素

(1)时间因素(time factor)。时间可以分为两个等级,进化时间等级和生态时间等级。热带群落比较古老,进化时间较长,并且在地质年代中环境条件稳定,很少遭受灾害性气候变化(如冰期),所以,群落的多样性较高。因此,从热带到极地,物种多样性逐渐降低。生态时间因素考虑更短的时间尺度,认为物种分布区的扩大也需要一定的时间,如从热带扩展到温带不仅需要足够的时间,有的物种还可能被某种障碍所阻挡,另一些物种可能已从热带进入温带。

(2)空间异质性因素(spatial heterogeneity factor)。由寒带经温带到热带,环境的复杂性随之增加,物理环境越复杂,或叫空间异质程度越高,动植物群落的复杂性也越高,物种多样性也越大。

(3)气候稳定因素(climatic stability factor),称为环境稳定因素。气候越稳定,变化越小,动植物的物种就越丰富,如热带的气候可能是最稳定的。

(4)竞争因素(competition factor)。在物理环境严酷的地区,例如,极地和温带,自然选择主要受物理因素的控制,但是,在气候温和而稳定的热带地区,生物之间的竞争则成为进化和生态位分化的主要动力。

(5)捕食因素(predation factor)。因为热带的捕食者比其他地区的捕食者多,较丰富的物种数又支持了更多的捕食者,派耐(Paine)认为捕食者促进物种多样性的提高。

(6)生产力因素(productivity factor)。如果其他条件相等,群落的生产力越高,生产的食物越多,通过食物网的能流量越大,物种多样性就越高。热带地区的生长季节较长,所以,热带群落的物种无论从时间上或空

间上，分隔环境资源的可能性都较大，从而使共存的物种数更多。

4.2.4　种间关联

在一个群落中，如果两个物种一同出现的次数高于期望值，它们就具有正关联。正关联可能是因为一个种依赖于另一个种而存在，或者两者受生物的和非生物的环境因子影响而生长在一起；如果两个物种共同出现的次数低于期望值，则它们具有负关联。负关联则是由于空间排挤、竞争、他感作用，或不同的环境要求而引起的。

种间是否关联，常采用关联系数(association coefficient)来表示。计算前要先列出 2×2 列联表，它的一般形式见表 4-1。

表 4-1　种间关系 2×2 列联表①

		种 *B*		
		+	−	
种 *A*	+	a	b	$a+b$
	−	c	d	$c+d$
		$a+c$	$b+d$	n

关联系数常用下列公式计算：

$$V=\frac{(ad-bc)}{\sqrt{(a+b)(c+d)(a+c)(b+d)}}$$

其数值变化范围是从 −1 到 1。然后按统计学的 λ^2 -检验法检验所求得关联系数的显著性。

在自然界中，绝对的正关联可能只出现在某些寄生物与单一宿主之间，以及完全取食于一种植物的单食性昆虫之间。大多数物种的生存只是部分地依存于另一物种，像昆虫取食若干种植物，捕食者取食若干种猎物。因此，部分依存关系是自然群落中常见的，并且其出现频率仅次于无相互作用的。同样竞争排斥也是群落中少数物种间的关联类型。

① 引自孙儒泳等：《基础生态学》，高等教育出版社 2002 年版。

4.3 生物群落的外貌和结构

4.3.1 群落的结构单元

群落空间结构取决于两个要素，即群落中各物种的生活型及相同生活型的物种所组成的层片，它们可以看作是群落的结构单元。

生活型

生活型(life form)是生物对外界环境适应的外部表现形式，同一生活型的生物，不但体态相似，而且在适应特点上也是相似的。植物的生活型是植物对综合环境条件的长期适应，而在外貌上反映出来的植物类型。其形成是植物对相同环境条件趋同适应的结果。

在同一类生活型中，常常包括了在分类系统上地位不同的许多种，因为不论各种植物在系统分类上的位置如何，只要它们对某一类环境具有相同(或相似)的适应方式和途径，并在外貌上具有相似的特征，它们就都属于同一类生活型，如生活于非洲、北美、澳洲和亚洲的许多荒漠植物，虽然它们可能属于不同的科，却都发展了叶子细小的特征。

根据休眠或复苏时芽所处位置的高低和保护的方式，高等植物可以划分为：①高位芽植物(phanerophytes)，其芽或顶端嫩枝是位于离地面25cm以上的较高处的枝条上，如乔木、灌木和一些生长在热带潮湿气候条件下的草本等。②地上芽植物(chamaephytes)，其芽或顶端嫩枝位于地表或很接近地表处，一般都不高出土表20～30cm，受到土表的残落物或积雪保护。③地面芽植物(hemicryptophytes)，在不利季节，植物体地上部分死亡，只是被土壤和残落物保护的地下部分仍然活着，并在地面处有芽。④地下芽植物(geophytes)，又称隐芽植物(cryptophytes)，芽埋在土表以下，或位于水体中度过恶劣环境。⑤一年生植物(therophytes)，是只能在良好季节中生长的植物，它们以种子的形式度过不良季节(图4-4)。在各类群之下，再按照植物体的高度、芽有无芽鳞保护、落叶或常绿、茎的特点以及旱生形态与肉质性等特征，细分为较小类群。

统计某个地区或某个植物群落内各类生活型的数量对比关系称为生活型谱(life form spectrum)。通过生活型谱可以分析一定地区或某一植物群落中植物与生境(特别是气候)的关系。

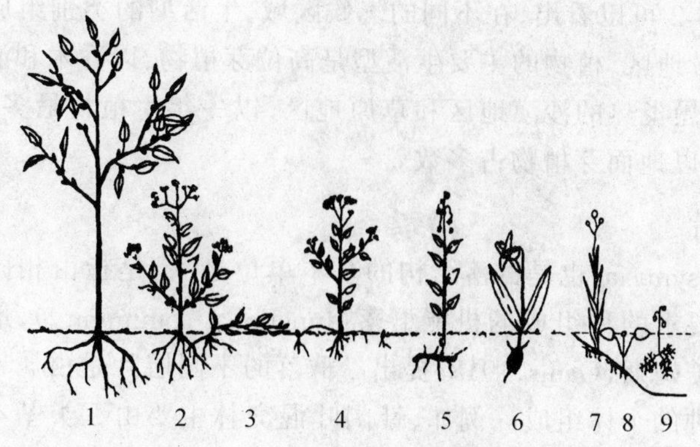

图 4-4 Raunkiaer 生活型图解①

1.高位芽植物；2～3.地上芽植物；4.地面芽植物；5～9.地下芽植物

制定生活型谱的方法，首先是弄清整个地区(或群落)的全部植物种类，列出植物名录，确定每种植物的生活型，然后把同一生活型的种类归到一起。按下列公式求算：

某一生活型的百分率＝该地区该生活型的植物种数/该地区全部植物的种数×100％

从各个不同地区或各个不同群落的生活型谱的比较可以看出，各个地区或群落的环境特点，特别是对于植物有重要作用的气候特点(如表4-2)。

表 4-2 各个不同气候区的生活型谱②

生活型谱	每一类在植物区系一般组成中的百分率/%				
	高位芽植物	地上芽植物	地面芽植物	地下芽植物	一年生植物
热带地区(赛谢尔群岛)	61	6	12	5	16
北极地区(斯匹次卑尔根)	1	22	60	15	2
沙漠地区(利比亚沙漠)	12	21	20	5	42
温带地区(丹麦)	7	3	50	22	18
地中海地区(意大利)	12	6	29	11	42

① 引自孙儒泳等：《基础生态学》，高等教育出版社2002年版。

② 引自曲仲湘等：《植物生态学》(第2版)，高等教育出版社1990年版。

从表4-2可以看出,在不同的气候区域,生活型的类别组成不同。在潮湿的热带地区,植物的主要生活型是高位芽植物,以乔木和灌木占绝大多数;在干燥炎热的沙漠地区和草原地区,以一年生植物最多;在温带和北极地区,以地面芽植物占多数。

层　片

层片(synusia)也是群落结构的基本单位之一,是指由相同生活型或相似生态要求的种组成的机能群落(functional community),最初由瑞典植物学家盖姆斯(Gams,1918)提出。群落的不同层片是由属于不同生活型的不同种的个体组成。例如,针阔叶混交林主要由五类基本的层片所构成:第一类是常绿针叶乔木层片,组成成分主要是松属(*Pinus*)、云杉属(*Picea*)、冷杉属(*Abies*)等植物;第二类层片是夏绿阔叶乔木层片,主要组成成分有槭属(*Acer*)、椴属(*Tilia*)、桦属(*Betula*)、杨属(*Populus*)、榆属(*Ulmus*)等植物;第三类是夏绿灌木层片;第四类是多年生草本植物层片;第五类是苔藓地衣层片。

4.3.2　群落的垂直结构

生物在整个群落中的分布是不均匀的。它们的分布可以从垂直面和水平面去考察。

垂直面的分布,在某些森林群落中很明显,即群落的分层现象。一般可以把森林群落分为乔木层、灌木层、草本层和地被层。北方的森林分层简单而明显。热带雨林很高,分层很不明显,各层还能分出2~3个亚层,由于到达地表的光照强度很弱,所以地被层不发达,林内有丰富的藤本植物和附生植物,这些植物难以归入某一层,被称为层间植物。灌丛或荒漠群落缺少乔木层。草原、草甸和冻原群落一般仅有草本层。对群落地下分层的研究,主要是研究植物根系分布的深度和幅度。地下成层性通常分为浅层、中层和深层,一般多在草本植物间进行。

成层现象是群落中各种群之间以及种群与环境之间相互竞争和相互选择的结果。它不仅缓解了植物之间争夺阳光、空间、水分和矿质营养(地下成层)的矛盾,而且由于植物在空间上的成层排列,扩大了植物利用环境的范围,提高了同化功能的强度和效率。成层现象越复杂,即群落结构越复杂,植物对环境利用越充分,提供的有机物质也就越多。各层之间在利用和改造环境中,具有层的互补作用。群落成层性的复杂程度,也是对生态环境的一种良好的指示。一般在良好的生态条件下,成层构造复

杂,如热带雨林。

动物在林间或土壤里的分布情况也有类似的成层现象。鸟类学家在野外观察时,能很清楚地看到鸟类的垂直分布。鸟类虽然能在不同高度的林间活动,但是,它们经常只在一定高度的林层营巢和取食。

在水域生态系统中,垂直分布也很明显。藻类分布在阳光能够透过的水上层;浮游动物生活在植物能延伸到的地区,并能在较深的水域活动;软体动物、环节动物和蟹类则生活在水的底层;鱼类依种类不同经常活动在特殊的水域,这种垂直分布都同水体的物理条件(温度、盐度和氧气含量)和生物条件(食物、天敌)有密切关系。陆地生态系统和水域生态系统的结构比较,见图 4-5。

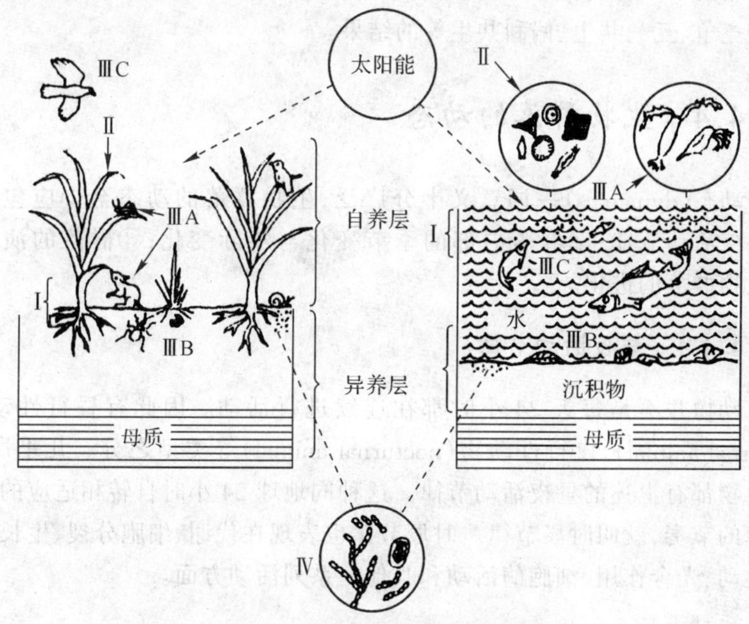

图 4-5　陆地生态系统(草地)和水域生态系统(池塘)的结构比较①

注:Ⅰ.非生物组分:光、水等;Ⅱ.初级生产者:陆地是绿色植物,水域中是浮游植物;Ⅲ.流通者:(A)陆地有蝗虫、田鼠等,水域中是浮游动物,(B)食碎屑动物,陆地土壤有无脊椎动物,水域中多为底栖无脊椎动物,(C)食肉动物(鹰或大鱼);Ⅳ.分解者:细菌和真菌。

① 仿 E. P. Odum:《生态学基础》,人民教育出版社 1982 年版。

4.3.3 群落的水平结构

植物群落的特征不仅表现在垂直方向上，不同群落在水平配置上也不一致。多数群落中的各个物种常形成斑块状镶嵌(mosaic)，是植物个体在水平方向上分布不均匀造成的。导致水平结构复杂性的原因有：①亲代的扩散分布习性，风布植物(wind dispersal)、动物传布植物(animal dispersal)、水布植物(water dispersal)分布可能广泛，而种子较重或进行无性繁殖的植物，往往在母株周围呈群聚状；②环境异质性，由于地形和土壤条件的不均匀性引起成土母质、土壤质地和结构、水分条件的异质性(heterogeneity)导致动植物形成各自的水平分布格局(pattern)；③种间相互作用的结果，如食草动物明显地依赖于它所取食的植物的分布。还依赖于竞争、互利共生、偏利共生等的结果。

4.4 生物群落的动态

动态(dynamics)一词意义十分广泛，生物群落的动态至少应包括：①昼夜活动节律；②群落内部的季节变化与年际变化；③群落的演替；④生物群落的进化。

4.4.1 昼夜活动节律

动物并不是每天 24 小时都在连续进行活动。因此有昼行性动物(diurnal animal)、夜行性动物(nocturnal animal)等类型之分。几乎所有的生物都有上述的昼夜活动节律。这种同地球 24 小时自转相适应的、有规律的节奏，就叫时辰节律。时辰节律也表现在代谢、细胞分裂、生长、心脏跳动、光合作用、细胞酶活动和其他一系列活动方面。

4.4.2 季节动态与年变化

生物群落的季节变化受环境条件(特别是气候)周期性变化的制约，并与生物的生活周期相关联。特别是在温带地区，气候的季节变化极为明显，植物春天发芽、生长，夏秋开花、结果、产生种子，冬季则进行休眠或死去。动物也同样有周期活动：青蛙、刺猬和蝙蝠到冬季就进行冬眠，春天来了就苏醒过来。

群落的季节动态是群落本身内部的变化，并不影响整个群落的性质，

故称为群落的内部动态。植物群落的外貌在不同季节是不同的，因此，把群落的季节性外貌称之为季相（seasonal aspect）。如我国北方羊草草原一般5月初植物萌动返青，7月开花结果，8月中旬地上生物量达到高峰值，9月下旬植物地上部分枯黄并停止生长。

在不同年度之间，生物群落常有明显的变动。这种变化反映于群落内部的变化，不产生群落的更替现象，一般称为波动（fluctuation）。群落的波动多数是由群落所在地区气候条件的不规则变化引起的，其特点是群落区系成分的相对稳定性，群落数量特征变化的不定性以及变化的可逆性。在波动中，群落在生产量、各成分的数量比例、优势种的重要值以及物质和能量的平衡方面，也会发生相应的变化。如我国北方较湿润的草甸草原地上产量的年度波动为20%，典型草原达40%，干旱的荒漠可达50%。这种量上的积累到一定程度就会发生质的变化，从而引起群落的演替，即群落基本性质的改变。

4.4.3 演　替

演替的概念

演替（succession），就是指某一地段上一种生物群落被另一种生物群落所取代的过程。

裸地的存在是群落形成的最初条件和场所之一。没有植物生长的地段即为裸地（或称荒原），有原生裸地（primary bare area）和次生裸地（secondary bare area）。前者是指从来没有植物覆盖的地面，或者是原来存在过植被，但是被彻底消灭了（包括原有植被下的土壤）的地段，如冰川的移动等造成的裸地；后者是指原有植被虽然已经不存在了，但是，原有植被下的土壤条件基本保留，甚至还有曾经生长在此的植物的种子或其他繁殖体的地段，如森林砍伐、火烧等造成的裸地。一般将发生在原生裸地上的演替称为原生演替（primary succession），发生在次生裸地上的演替称为次生演替（secondary succession）。

对植物群落演替的理解有两种观点：一种是广义的理解，它包括植物群落的一些变化，如植物群落的形成、季节性变化、年变化以及植物群落的演替等，这种理解称为动态的；另一种理解是狭义的，指的是地点相同时间不同，植物群落的出现与消失，最后形成顶极群落的过程，多数学者对演替的理解是狭义的。

控制演替的几种主要因素

生物群落的演替是群落内部关系(包括种内和种间关系)与外界环境中各种生态因子综合作用的结果。目前,人们对演替的机制了解得还不够。在此列出的仅是部分原因:

(1)植物繁殖体(孢子、种子、鳞茎、根状茎)的迁移、散布和动物的活动性,植物的定居包括植物的发芽、生长和繁殖三个方面,缺一不可,植物繁殖体的迁移和散布是群落演替的先决条件。动物的活动受到植物群落为它们提供的取食、营巢、繁殖场所的制约。

(2)群落内部环境的变化,是由群落本身的生命活动造成的,与外界环境条件的改变没有直接的关系。在有些情况下,是群落内物种生命活动的结果,为自己创造了不良的居住环境,使原来的群落解体,为其他植物的生存提供了有利条件,从而引起演替。

(3)种内与种间关系的改变,组成一个群落的物种在其内部以及物种之间都存在特定的相互关系。这种关系随着外部环境条件和群落内环境的改变而不断地进行调整。

(4)外界环境条件的变化,虽然决定群落演替的根本原因存在于群落内部,但是,在群落之外的环境条件诸如气候、地貌、土壤和火等,可以成为引起演替的重要条件。

(5)人类的活动,人类有意识、有目的的社会活动对自然环境中的生态关系起着促进、抑制、改造和建设的作用。

演替的基本类型

演替类型的划分可以按照不同的原则进行。

(1)按照演替发生的时间进程(Ramensky,1938)划分:

• 世纪演替。延续时间相当长久,一般以地质年代计算。常伴随气候的历史变迁或地貌的大规模改变而发生。

• 长期演替。延续达几十年,有时达几百年,云杉林被采伐后的恢复演替可作为长期演替的实例。

• 快速演替。延续几年或十几年。草原弃耕地的恢复可以作为快速演替的例子,但是要以撂荒面积不大和种子传播来源就近为条件;否则,弃耕地的恢复过程就可能延续达几十年。

(2)按演替发生的起始条件(Clements,1916;Weaver 和 Clements,1938)划分:

• 原生演替(primary succession)。开始于原生裸地或原生芜原上的

群落演替。

• 次生演替(secondary succession)。开始于次生裸地或次生芜原上的群落演替。

(3)按基质的性质(Cooper,1913)划分:

• 水生演替系列(hydroseres)。开始于水生环境中的演替,一般都发展到陆地群落。

• 旱生演替系列(xeroseres)。从干旱缺水的基质上开始的演替,如裸露的岩石表面上生物群落的形成过程。

• 中生演替系列(mesoseres)。从中生湿润的基质上开始的演替,如沙丘上生物群落的形成过程。

(4)按控制演替的主导因素(Sukachev,1942,1945)划分:

• 内因性演替。群落中生物生命活动的结果首先使它的生境得到改造,然后被改造了的生境又反作用于群落本身,如此相互促进,使演替不断向前发展。一切源于外因的演替最终都是通过内因生态演替来实现,因此,内因生态演替是群落演替的最基本和最普遍的形式。

• 外因性演替。是由于外界环境因素的作用所引起的群落变化。其中包括气候发生演替、地貌发生演替、土壤发生演替、火成演替和人为发生演替。

(5)按群落代谢特征划分:

• 自养性演替。自养性演替中,群落的初级生产量 P 与群落的总呼吸量 R 的比率大于1,光合作用所固定的生物量积累越来越多,是表示群落演替方向的良好指标。

• 异养性演替。异养性演替中,群落的初级生产量 P 与群落的总呼吸量 R 的比率小于1,如出现在有机污染的水体中,由于细菌和真菌分解作用特别强,有机物质随演替而减少,是表示污染程度的指标。

多数群落的演替具有一定的方向性,但是,也有一些群落有周期性的变化,即由一个类型转变为另一个类型,然后又回到原有类型,称为周期性演替。

演替系列

演替系列(sere),是指从生物侵入开始直至顶极群落的整个顺序演变过程。如图4-6所示,通常对原生演替系列的描述都是采用从岩石表面开始的旱生演替和从湖底开始的水生演替。这是因为岩石表面和湖底

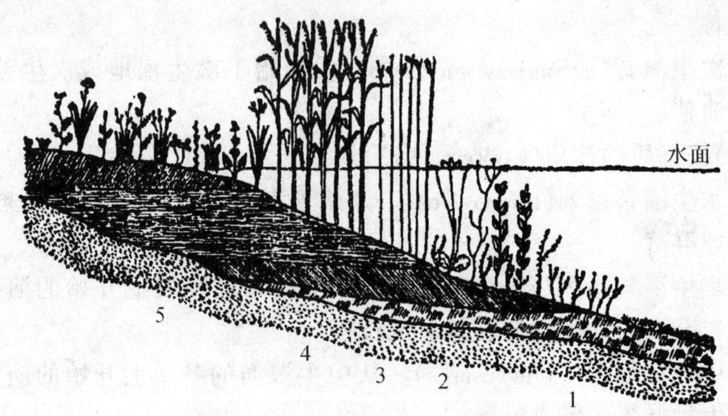

图 4-6 池塘水生植物带的演替[①]

1.沉水植物带;2.浮叶植物带;3.藨草带;4.芦苇带;5.苔草带

代表了两类极端类型,即一个极干,一个多水。在这样的生境上开始的群落演替,在其早期阶段的群落中,植物生活型的组成很类似。因此,可以把它看作为一个模式来加以描述。

(1)水生演替系列(hydroseres)。根据淡水湖泊中湖底的深浅变化,将演替阶段分为:

• 自由漂浮植物阶段:植物是漂浮生长的,如浮萍、满江红以及一些藻类植物等,其死亡残体将增加湖底有机质的聚积,同时湖岸雨水冲刷而带来的矿物质微粒的沉积也逐渐提高了湖底。

• 沉水植物阶段:在水深 5~7m 处,湖底裸地上最先出现的先锋植物是轮藻属的植物,其生物量相对较大,使湖底有机质积累较快,使湖底的抬升作用加快。当水深至 2~4m 时,金鱼藻、眼子菜、黑藻、茨藻等高等水生植物开始大量出现,这些植物生长繁殖能力更强,垫高湖底的作用也更强。

• 浮叶根生植物阶段:随着湖底的日益变浅,浮叶根生植物开始出现,如莲、睡莲等。由于这些植物自身生物量较大,残体对进一步抬升湖底有很大的作用,同时由于这些植物叶片漂浮在水面上,当它们密集时,就使得水下光照条件很差,不利于水下沉水植物的生长,迫使沉水植物向较深的湖底转移,这样又起到了抬升湖底的作用。

• 直立水生植物阶段:浮叶根生植物使湖底大大变浅,为直立水生植

① 引自常杰、葛滢编著:《生态学》,浙江大学出版社 2004 年版。

物的出现创造了良好的条件。最终直立水生植物，如芦苇、香蒲、泽泻等取代了浮叶根生植物。这些植物的根茎极为茂密，常纠缠交织在一起，使湖底迅速抬高而且有的地方甚至可以形成一些浮岛。原来被水淹没的土地开始露出水面与大气接触，生境开始具有陆生植物生境的特点。

• 湿生草本植物阶段：新从湖中抬升出来的地面，不仅含有丰富的有机质而且还含有近于饱和的土壤水分。喜湿生的沼泽植物开始定居在这种生境上，如莎草科和禾本科中的一些湿生性种类。若此地带气候干旱，则这个阶段不会持续太长，很快旱生草类将随着生境中水分的大量丧失而取代湿生草类。若该地区适于森林的发展，则该群落将会继续向森林方向进行演替。

• 木本植物阶段：在湿生草本植物群落中，最先出现的木本植物是灌木，随着树木的侵入，便逐渐形成了森林，其湿生生境也最终改变成中生生境。

(2)旱生演替系列(xeroseres)。导致一个阔叶林出现的原生演替，会依次出现下列几个演替阶段：

• 地衣阶段：在一些裸露的地方，地衣往往是首先立足的植物，因此，被称为开拓植物。在岩石表面，地衣只能微微地潜入岩石的基质。风化作用会使岩石分解为土壤微粒。地衣通过代谢酸和其死后所产生的腐殖酸加速岩石风化为土壤的过程，但是，只有薄薄的一层。

• 苔藓阶段：苔藓开始生长在上述的这些浅薄的土壤上，并逐渐取代了先行的地衣，由于苔藓较高大，可以接受大部分日光而把地衣排挤掉，直至完全替代。苔藓死后形成的腐殖质能使岩石进一步分解，并建立起一个由细菌和真菌组成的丰富的微生物系统。

• 草本植物阶段：当土壤厚度增加到能保持足够湿度的时候，草本植物的幼苗就以苔藓取代地衣的同样方式取代了苔藓，此时禾草、野菊、紫菀和矮小的木本植物等占据优势。这时，小型哺乳动物、蜗牛和各种昆虫开始侵入这个地域。由于土壤中的营养物质越来越丰富，通气性越来越好，使得小气候条件更适合于生物的生存。

• 灌木阶段：土壤条件进一步改善，灌木和小树逐渐代替了草本植物，比较高大的灌木和小树，使整个地面得到更好的遮荫，同时，也起着风障的作用。动植物组成和数量发生变化，对以浆果为食的鸟类和以灌丛作为掩蔽所的鸟类更为有利。此时，环境条件变得更加适中。

• 乔木阶段：各种树木在潮湿的、遮荫的地面上生长起来，最终占据优势，树冠连成一片，并留下一些灌木。地表重新长满了苔藓。在这样的环境里，腐食生物把枯倒的树木分解，形成丰富的腐殖质。达到相对稳定的演替阶段。

演替方向和顶级学说

(1)演替方向。生物群落的演替，按演替方向可以分为进展演替(progressive succession)和逆行演替(regressive 或 retrogressive succession)。进展演替是指随着演替的进行，生物群落的结构和种类成分由简单到复杂；群落对环境的利用由不充分到充分；群落生产力由低到逐步增高；群落逐渐发展为中生化；生物群落对外界环境的改造逐渐强烈。而逆行演替的进程则与进展演替相反。例如，某个区域植物群落的演替，若从稀疏的植被逐渐演变为森林群落，则为进展演替。而当条件发生改变时，森林群落演变为稀疏的植被，则为逆行演替。封山育林往往导致进展演替，而过度放牧与乱砍滥伐森林常会导致逆行演替。

(2)演替过程的理论模型。在群落演替研究过程中，存在两种不同的观点：一是经典的演替观，二是个体论演替观。经典的演替观有两个基本点：①每一演替阶段的群落明显不同于下一阶段的群落；②前一阶段群落中物种的活动促进了下一阶段物种的建立。

当代的演替观强调个体生活史特征、物种对策、以种群为中心和各种干扰对演替的作用。柯内尔(Connell)和斯莱耶(Slatyer)在 1977 年总结演替理论中认为，机会种对开始建立群落有重要作用，并提出了 3 种可能的和可检验的模型：①促进模型：物种替代是由于先来物种改变了环境条件，使它不利于自身生存，而促进了后来其他物种的繁荣，因此，物种替代有顺序性、可预测性和方向性。②抑制模型：演替具有很强的异源性。植物种的取代不一定是有序的，每一个种都试图排挤和压制任何新来的定居者，使演替带有较强的个体性。演替并不一定总是朝着顶极群落的方向发展。③耐受模型：早期演替物种先锋种的存在并不重要，任何种都可以开始演替。植物替代伴随着环境资源的递减，较能忍受有限资源的物种将会取代其他种。演替就是靠这些种的侵入使原来定居物种逐渐减少而进行的，主要取决于初始条件。

上述三类模型的共同点是，演替中的先锋物种最先出现，它们具有生长快、种子产量大、有较高的扩散能力等特点。这类易扩散和移植的物种一般对相互遮荫和根间竞争的环境是不易适应的，所以，在三种模型中，早期进入的物种都是比较易于被挤掉的。而上述三种模型的区别表明，演替机制的重要性，是促进或抑制，还是现存物种对替代影响不大，而演

替机制取决于物种间的竞争能力。

(3)演替顶级学说。演替的顶级学说(climax theory)是英美学派提出来的。演替顶极(climax)是指每一个演替系列都是由先锋阶段开始,经过不同的演替阶段到达中生状态的最终演替阶段。有关演替顶级理论主要有:①单元顶极论(monoclimax hypothesis)。在任何一个地区内,一般的演替系列的终点取决于该地区的气候性质,主要表现在顶极群落的优势种,能够很好地适应于地区的气候条件,这样的群落称之为气候顶极群落(climatic climax community)。②多元顶极论(polyclimax theory)。如果一个群落在某种生境中基本稳定,能自行繁殖并结束它的演替过程,就可以看作顶极群落。在一个气候区域内,群落演替的最终结果,不一定都汇集于一个共同的气候顶极终点,还有土壤顶极(edaphic climax)、地形顶极(topographic climax)、火烧顶级(fire climax)、动物顶极(zootic climax)等;还可能存在一些复合型的顶极,如地形—土壤顶极(topoedaphic climax)和火烧—动物顶极(fire-zootic climax)等。③顶极—格局假说(climax-pattern hypothesis)。实际是多元顶极的一个变型,该假说认为,在任何一个区域内,环境因子都是连续不断地变化的。随着环境梯度的变化,各种类型的顶极群落不是截然呈离散状态的,而是连续变化的,因而形成连续的顶极类型(continuous climax type),构成一个顶极群落连续变化的格局。在这个格局中,分布最广泛且通常位于格局中心的顶极群落,叫做优势顶极(prevailing climax),它是最能反映该地区气候特征的顶极群落,相当于单元顶极论的气候顶极。

4.5 植物群落分布规律

植物群落的分布与自然地理环境条件有密切的关系,地理环境条件的差异是导致不同植物群落类型及其分布规律的重要原因,不同地区分布的不同植物群落,都是植物群落对该地区环境条件的综合反应,是植物群落对该地区环境条件长期适应的历史产物。

地球表面的热量,随着所在纬度位置的变化而变化,水分则随着距离海洋的远近,以及大气环流和洋流特点而变化。水热的结合导致了气候、植被、土壤等的地面分布,沿着纬度方向成带状发生规律的更替,称为纬度的地带性;另一方面,从沿海向内陆方向呈带状发生有规律的更替,称为经度地带性。此外,随着海拔高度的增加,气候、土壤和动植物也发生有规律的更替，称为垂直地带性。纬度地带性、经度地带性、垂直地带性三者结合起来，综合地影响并决定着一个地区的基本特点，称为"三向地带性学说(三维观点)(three-dimensional view-point)"。

地球上植被的分布，基本上取决于热量与水分因素，并遵循着纬度地带性、经度地带性和垂直地带性而成带地有规律地分布，因此，植被基本上是与整个自然带相吻合。

4.5.1 水平地带性

植被的水平地带性是纬度地带性和经度地带性的统称。在经纬度上，不仅温度有变化，雨量、水分蒸发、风向等均有差异，这些都影响着植被的分布。由于阳光照射的角度和距离不同，地面上所受的热量不同，因此，由赤道沿纬度向南北两极分为热带、亚热带、温带、寒温带和寒带五个不同的气候区域，如在欧亚大陆东部太平洋沿岸，植被由北向南更替为冻原→针叶林→针阔混交林→落叶阔叶林→落叶常绿阔叶混交林→常绿阔叶林→热带雨林→赤道雨林。在经度上，由海洋向内陆，气候也呈现有规律性的变化，由于越向大陆内部，温度的恒定性越差，越易于趋向极端，年较差和日较差也就越大，如在北美，雨量从东南向西北递减，相应地依次出现森林→草原→荒漠。

4.5.2 垂直地带性

海拔高度不同，气候差异明显。通常海拔高度每上升 100m，气温平均下降 0.5℃左右。在一定范围内，海拔越高，湿度越大，风力越猛，紫外光越强。因此，植被在高山上也表现出与水平面分布的相似的成带现象。垂直地带性是山地植被的重要特点，随着海拔的上升，更替出不同的植被类型。通常一个足够高度的山地，从山麓到山顶更替的植被系列，大致上与从该地所在的水平地带到极地的水平地带的植被系列相似，见图 4-7，由山下向山顶分别为森林带→灌木林带→草原带→冻原带→雪线。

但是，垂直带与水平带间仅是植被类型间的相似，而非等同。随着山地由南向北延伸，山下植被基带也会发生变化，而且不同纬度起点的山地植被带多寡不同，越接近赤道地区，高山上的垂直带越多，逐渐向极地推移，则山地的植被带的数目越趋减少。因此，某处山系上的植被垂直带谱，是反映着该山系所处的一定纬度和一定经度的水平地带的特征，也就

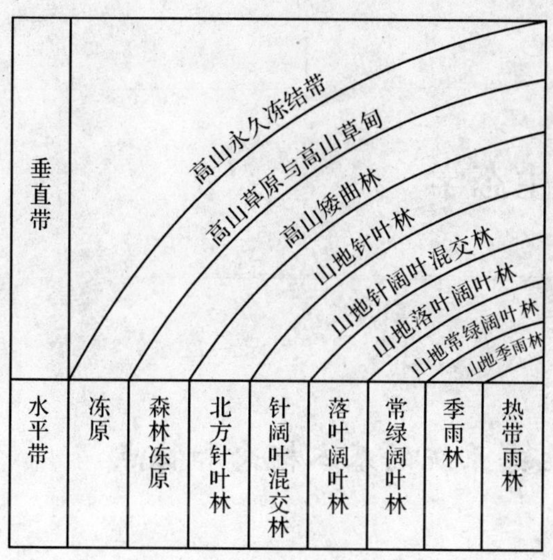

图 4-7　植被垂直带和水平带相应示意图①

是说植被垂直地带性是从属于水平地带性的特征。在水平地带性和垂直地带性的相互关系中,水平地带性是基础,它决定着山地垂直地带的系统。

① 引自孙儒泳:《基础生态学》,高等教育出版社 2002 年版。

第 5 章

生态系统生态学

5.1 生态系统的基本概念和特点

5.1.1 生态系统的概念

生态系统(ecosystem),是由英国生态学家坦斯利(Tansley,1935)提出的,即在一定空间中共同栖居着的所有生物(即生物群落)与其环境之间由于不断地进行物质循环和能量流动过程而形成的统一整体。如森林、草原、荒漠、湿地、海洋、湖泊、河流等都是生态系统,但是,它们在外貌和生物组成上各有其特点,在生物和非生物的相互作用、物质循环、能量流动等方面都有不同。生态系统是主要的功能单位。

近几十年来,生态系统研究已经成为生态学研究的主流,与人类社会的持续发展有着密切关系。地球上大部分自然生态系统具有维持稳定、持久、物种间协调共存等方面的特点,是长期进化的结果。然而,人类赖以生存的地球环境已经受到严重威胁,温室效应、臭氧层破坏、酸雨、全球性气候变化等问题已经严重地影响了地球这个生命维持系统的持续存在。因此,探索建立持续性生态系统的机理,是研究生态系统规律的主要目的。同时,生态系统的概念和原理,已经为许多学科和许多实践领域所接受。

5.1.2 生态系统的特点

尽管生态系统形式多样,大小相差极大,却都具有以下几个方面的共同特性:①是生态学上的一个主要结构和功能单位。②生态系统内部具有自我调节能力,生态系统结构越复杂、物种数目越多、自我调节能力就

越强，但是，自我调节有一个限度，超过这个限度，生态系统就很难自我调节到原来的平衡点。③能量流动、物质循环、信息传递是生态系统的三大功能，能量流动(energy flow)是单方向的；物质循环(material cycle)是循环式的；信息传递(information transfer)则包括营养信息、化学信息、物理信息、行为信息等多方面信息，构成了信息网。④生态系统中营养级的数目受限于生产者固定的最大能量值和这些能量在流动过程中的巨大损失，因此，生态系统中的营养级数目不会超过5～6个。⑤生态系统是一个动态系统，要经历一个从简单到复杂、从不成熟至成熟的发育过程，其早期和晚期阶段具有不同的特性。

5.1.3　生态系统的组成及三大功能类群

生态系统是由生物与非生物成分组成的，具体分为四大类：即非生物环境、生产者、消费者、分解者。非生物环境包括：①无机物，如O、N、CO_2、H_2O、各种无机盐等；②有机化合物，如蛋白质、糖类、脂类、腐殖质等；③气候因素等环境因素。

生态系统的三大功能群为：①生产者(producer)是能够利用简单的无机物制造食物的自养生物(autotroph)，包括各种绿色植物、蓝绿藻、光合细菌等，是生态系统中最基本和最关键的生物成分。光合作用将光能转化为化学能，最后将能量贮存于碳水化合物中。②消费者(consumer)指不能利用无机物制造有机物，而是直接或间接地依赖生产者制造的有机物质，属于异养生物(heterotroph)，主要是以其他生物为食的各种动物，包括草食性动物(herbivore)、肉食性动物(carnivore)、杂食性动物(omnivore)和寄生性动物(zooparasite)等，它们归根到底是以植物为食的。食草动物又统称为一级消费者(primary consumer)；食肉动物二级消费者(secondary consumer)；大型食肉动物或顶级食肉动物(top carnivore)，统称为三级消费者(tertiary consumer)。③分解者(decomposer)也是异养生物，将植物、动物死亡后的残体分解为比较简单的无机物，并释放到环境中去，供生产者重新吸收利用，同时释放出能量，其作用与生产者相反。主要包括细菌、真菌、专吃兽尸的白蚁、粪类金龟子、蚯蚓、软体动物等。

图5-1可以代表生态系统结构的一般性模型。生产者通过光合作用合成复杂的有机物质，使生产者植物的生物量增加，称为生产过程。消费者摄食植物已经制造好的有机物质，通过消化、吸收并再合成为自身所需

的有机物质,增加动物的生产量,所以也是一种生产过程,所不同的是生产者是自养的,消费者是异养的。一般把自养生物的生产过程称为初级生产(primary production,或第一性生产),其提供的生产力称为初级生产力(primary productivity),而把异养生物再生产过程称为次级生产(secondaryproduction,或第二性生产),提供的生产力称次级生产力(secondaryproductivity)。分解者的主要功能与光合作用相反,把复杂的有机物质分解为简单的无机物,称为分解过程。由生产者、消费者和分解者这三个亚系统的生物成员与非生物环境成分之间,通过能量流动和物质循环而形成的高层次的生物学系统,是物种间、生物与环境间协调共生,并能维持持续生存和相对稳定的系统。

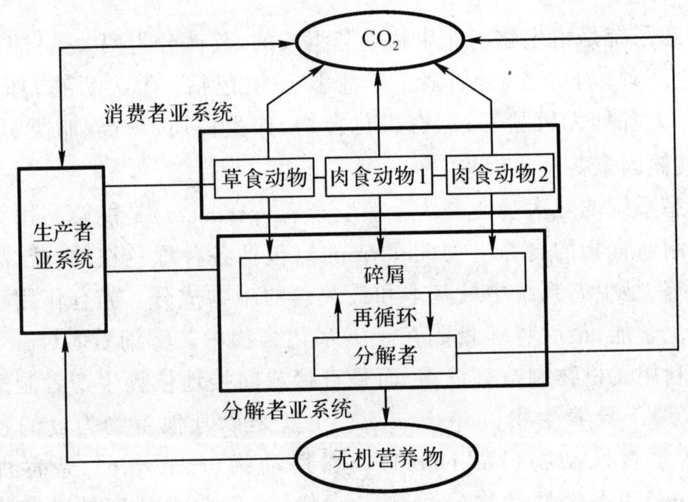

图 5-1 生态系统结构的一般性模型[①]

图中粗线包围的三个大方框表示三个亚系统,连线和箭头表示系统成分间物质传递的主要途径。有机物质库以方块表示,无机物质库以椭圆表示。

5.1.4 食物链和食物网

生产者固定的能量和物质通过一系列取食和被取食关系在生态系统中传递,各种生物按其取食和被食的关系而排列的链状顺序称为食物链(food chain)。例如,水体生态系统中浮游植物→浮游动物→食肉性鱼

① 引自孙儒泳等:《基础生态学》,高等教育出版社 2002 年版。

类;草→昆虫→小鸟→蛇→鹰。食物链的长度一般不超过5~6个环节。

食物链类型包括捕食食物链(grazing food chain)和碎屑食物链(detrital food chain)或称腐食食物链。前者以植食动物吃植物的活体开始,后者以分解动植物尸体或粪便中的有机物质颗粒开始。生态系统中的寄生物和食腐动物形成辅助食物链。许多寄生物有复杂的生活史,与生态系统中其他生物的食物关系也很复杂,有的寄生物还有超寄生现象,组成寄生食物链。在生物系统中,大部分生物量不是被取食,而是死后被微生物分解掉,因此,能量是以通过腐食食物链为主的,如在盐沼生态系统中,仅有10%的植物被动物取食,90%是死后被腐食动物和小分解者所利用。

在生态系统中,不同生物之间的取食与被取食关系形成一个网络,称为食物网(food web)。食物网越复杂,生态系统越稳定,抵抗外力的能力就越强。

5.1.5　营养级和生态金字塔

食物链和食物网是物种和物种之间的营养关系,错综复杂,无法用图解的方法完全表示,为了便于进行定量的能量流动和物质循环的研究,生态学家提出了营养级(trophic level)的概念。一个营养级是指处于食物链某一环节上的所有生物种的总和。例如,绿色植物和所有自养生物都位于食物链的起点和第一环节,共同构成第一营养级;所有以生产者(主要是绿色植物)为食的动物都属于第二营养级,即植食动物营养级;第三营养级包括所有以植食动物为食的肉食动物。以此类推,还可以有第四营养级和第五营养级等。营养级的位置越高,归属于这一营养级的生物种类数量越少,当少到一定程度时,就不能维持一个营养级的生物存在了。实际上某些动物不可能机械地归于某一营养级。

生态系统中的能流是单向的,通过各个营养级的能量是逐级减少的,减少的原因包括:①各营养级消费者不可能百分之百地利用前一营养级的生物量,总有一部分会自然死亡和被分解者所利用;②各营养级的同化率也不是百分之百的,总有一部分变成排泄物而留于环境中,为分解者所利用;③各营养级生物要维持自身的生命活动,总要消耗一部分能量,这部分能量变成热能而耗散掉(见图5-2)。因此,生态系统要维持正常的功能,就必须有永恒不断的太阳能的输入,用以平衡各营养级生物维持生命活动的消耗。

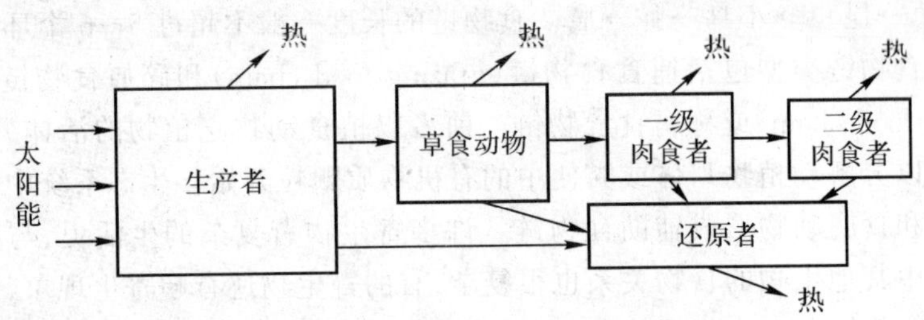

图 5-2 生态系统的营养结构(能量流动)

生态金字塔(pyramid of ecology),是指各营养级之间的数量关系,由低到高绘制成图,就成为一个金字塔形。可以用生物量、能量、个体数目为单位,并分别称为生物量金字塔(pyramid of biomass)、能量金字塔(pyramid of energy)、数量金字塔(pyramid of numbers)。从一个营养级流入另一个营养级,能量总是逐渐减少的。

5.1.6 生态效率

在关于生产力生态学的研究中,估计各个环节的能量传递效率是很有价值的。能流过程中各个不同点上能量的比值,称为传递效率(transfer efficiency),奥德姆曾称之为生态效率(ecological efficiency),但是一般把林德曼效率称为生态效率。

为了便于比较,首先要对能流参数加以明确,其次要指出的是,生态效率是无维的,在不同营养级间各个能量参数应该以相同的单位来表示。能流参数包括:①摄食量(Ingestion energy,I),表示一个生物所摄取的能量。它代表植物光合作用所吸收的日光能和动物吃进的食物的能量。②同化量(Assimilation energy,A),是植物光合作用所固定的能量、动物消化后吸收的能量和分解者在细胞外的吸收能。③呼吸量(Respiration energy,R),是生物在呼吸等新陈代谢和各种活动中消耗的全部能量。④生产量(Production energy,P),指生物在呼吸消耗后净剩的同化能量值,它以有机物质的形式累积在生物体内或生态系统中。对于植物来说,它是净初级生产量。对于动物来说,它是同化量扣除呼吸量以后的净剩的能量值,即 $P=A-R$。

用以上参数就可以计算出生态系统能流的各种生态效率:①同化效率(assimilation efficiency),指植物吸收的日光能中被光合作用所固定的能量比例,或被动物摄食的能量中被同化了的能量比例,即:$A_e=A_n/I_n$,

其中 n 为营养级数。②生产效率(production efficiency),指形成新生物量的生产能量占同化能量的百分比,即 $P_e = P_n / A_n$。③消费效率(consumption efficiency),指 $n+1$ 营养级消费(即摄食)的能量占 n 营养级净生产能量的比例,即 $C_e = I_{n+1} / P_n$。

所谓林德曼效率(Lindemans efficiency)是指 $n+1$ 营养级所获得的能量占 n 营养级获得能量之比,它相当于同化效率、生产效率和消费效率的乘积,即:

林德曼效率=$(n+1)$营养级摄取的同化量/n 营养级摄取的同化量

即:$L_e = \frac{I_{n+1}}{I_n} = \frac{A_n}{I_n} \times \frac{P_n}{A_n} \times \frac{I_{n+1}}{P_n}$

林德曼效率,一般在陆地生态系统为10%左右;在热带雨林、温带阔叶林、草原、大洋、海水上涌带中,被动物利用的净初级生产量分别为7%、5%、10%、40%、35%。因此,生态系统大部分的生产量通向了腐食食物链。

5.1.7 生态系统的反馈调节与生态平衡

自然生态系统是开放的系统,必须依赖于外界环境的输入,一旦输入停止,系统也就失去了功能。自然生态系统的一个重要特点是趋向于达到一种稳态或平衡状态,使系统内所有成分都相互协调。开放系统多具有反馈机制(feedback mechanism),反馈即系统输出影响系统未来功能的输入,包括正反馈(positive feedback)和负反馈(negative feedback)。负反馈在生态系统中常见,能够使生态系统达到和保持平衡或稳态,见图5-3;正反馈在生态系统中少见,能够使生态系统远离平衡态,如湖泊遭受污染,导致鱼类数量减少,结果鱼体腐烂加重了湖泊的污染程度,使鱼类的死亡速度加快。

生态平衡(ecological balance)指生态系统通过发育和调节达到的一种稳定状态,包括结构上的稳定、功能上的稳定和能量输入输出的稳定。在生态系统中,能量流动和物质循环每时每刻都在生产者、消费者、分解者之间进行,是一种动态平衡。当生态系统达到动态平衡的最稳定状态时,它能够进行自我调节和维持自身的正常功能,并能在很大程度上克服和消除外来的干扰,保持自身的稳定性。但是,生态系统的这种自我调节功能是有一定限度的,当外来干扰因素,如火山爆发、地震、泥石流、雷击火烧、人类修建大型工程、排放有毒物质、喷洒大量农药、人为引入或消灭

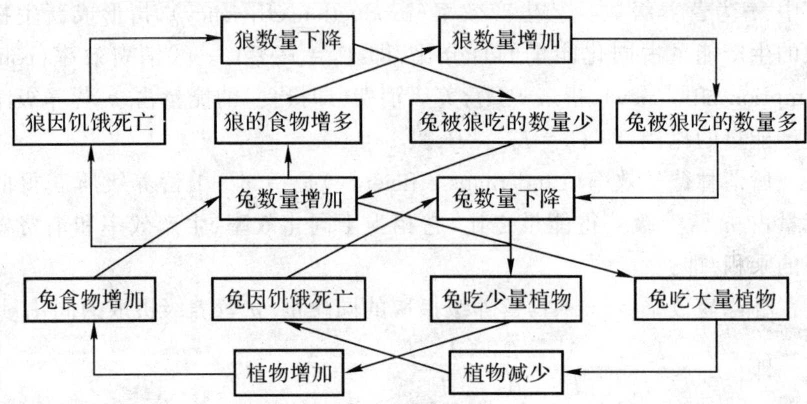

图 5-3 两个负反馈之间的相互关系

某些生物等超过一定限度的时候，生态系统自我调节功能本身就会受到损害，从而引起生态平衡失调，甚至导致发生生态危机。生态危机（ecological crisis）是指由于人类盲目活动而导致局部地区甚至整个生物圈结构和功能的失衡，从而威胁到人类的生存。为了正确处理人和自然的关系，必须认识到整个人类赖以生存的自然界和生物圈是一个高度复杂的具有自我调节功能的生态系统，保持这个生态系统结构和功能的稳定是人类生存和发展的基础。因此，人类的活动除了要讲究经济效益和社会效益外，还必须特别注意生态效益和生态后果，以便在改造自然的同时能基本保持生物圈的稳定和平衡。

5.2 生态系统的初级生产和次级生产

5.2.1 生态系统的初级生产

初级生产量和生物量的基本概念

生态系统中的能量流动是从绿色植物的光合作用对太阳能的固定开始的。因为，这是生态系统中第一次能量固定，所以，植物所固定的太阳能或所制造的有机物质称为初级生产量（primary production）或第一性生产量。

在初级生产过程中，植物固定的能量有一部分被植物自己的呼吸消耗掉，剩下的可以用于植物生长和生殖，这部分生产量称为净初级生产量（net primary production）。而包括呼吸消耗在内的全部生产量，称为总初

级生产量(gross primary production)。总初级生产量(GP),呼吸所消耗的能量(R)和净初级生产量(NP)三者之间的关系是:

$$GP = NP + R \text{ 或 } NP = GP - R$$

净初级生产量可以提供生态系统中其他生物(主要是各种动物以及人)所利用的能量。生产量通常用每年每平方米所生产的有机物质干重[$g/(m^2 \cdot a)$]或每年每平方米所固定的能量值[$J/(m^2 \cdot a)$]来表示。所以初级生产量也可以称为初级生产力,它们的计算单位完全一样,但是,在强调率的概念时,应当使用生产力。生产量和生物量(biomass)是两个不同的概念,生产量含有速率的概念,是指单位时间单位面积上的有机物质生产量,而生物量是指在某一定时刻调查时,单位面积上积存的有机物质的干重,其单位是 g/m^2。

对生态系统中某一营养级来说,总生物量不仅因生物呼吸而消耗,同时,也由于受到更高营养级动物的取食和生物的死亡而减少,所以

$$dB/dt = NP - R - H - D$$

其中的 dB/dt 代表某一时期内生物量的变化,H 代表被较高营养级动物所取食的生物量,D 代表因死亡而损失的生物量。

按惠特克(Whittaker)1975 年作出的估计,全球陆地净初级生产总量为年产 115×10^9t 干物质,海洋为年产 55×10^9t 干物质。由热带雨林向温带常绿林、落叶林、北方针叶林、稀树草原、温带草原、寒漠和荒漠生产量依次减少。水体和陆地生态系统的生产量都有垂直变化,例如,在森林中,一般乔木层生产量最高,灌木层次之,草本层更低,而地下部分反映了同样的情况。水体也有类似的规律,不过水面由于阳光直射,生产量不是最高,最高的是在水深数米左右,并随水的清晰度而发生变化。

初级生产的生产效率

对初级生产的生产效率的估计,可以一个最适条件下的光合效率为例,如在热带一个无云的白天,或温带仲夏的一天,太阳辐射的最大输入量可达 $2.9 \times 10^7 J/(m^2 \cdot d)$。扣除 55% 属紫外和红外辐射的能量,再减去一部分被反射的能量,真正为光合作用利用的能量只占辐射能的约 40.5%,再除去非活性吸收(不足以引起光合作用机理中电子的传递)和不稳定的中间产物,能形成糖的能量约为 $2.7 \times 10^6 J/(m^2 \cdot d)$,相当于 $120g/(m^2 \cdot d)$ 的有机物质,这是最大光合效率的估计值,约占总辐射能的 9%。但是实际测定的最大光合效率的值只有 $54g/(m^2 \cdot d)$,接近理论值的1/2,大多数生态系统的净初级生产量的实测值都远低于此。所以,净

初级生产力不是受到光合作用固有的转化光能的能力所限制，而是受到其他生态因素的限制。

对四个生态系统初级生产效率的比较（表 5-1）可以看出，虽然荒地的总初级生产效率比人类经营的玉米田总初级生产效率低，但是，它把总初级生产量转化为净初级生产的比例却比较高。两个湖泊生态系统的总初级生产效率要比两个陆地生态系统的总初级生产效率低得多，这种差别主要是因为入射日光能是按到达湖面的入射量计算的，当日光穿过水层到达实际进行光合作用位置的时候，已经损失了相当大一部分能量。而且，两个湖泊和玉米田中植物的呼吸消耗大致相等，但是，却都明显高于荒地的呼吸消耗。

表 5-1 四个生态系统初级生产效率的比较①

生态系统（研究者，时间）	玉米田（Transeau，1926）	荒地（Golley，1960）	Meadota 湖（Lindeman，1942）	Ceder Bog 湖（Lindeman，1942）
总初级生产量/总入射日光能	1.6%	1.2%	0.4%	0.1%
呼吸消耗/总初级生产量	23.4%	15.1%	22.3%	21.0%
净初级生产量/总初级生产量	76.6%	84.9%	77.7%	79.0%

20 世纪 40 年代以来，对各生态系统的初级生产效率所做的大量研究表明，在自然条件下，总初级生产效率很难超过 3%，虽然，人类精心管理的农业生态系统中曾经有过 6%～8% 的记录。一般说来，在富饶肥沃的地区，总初级生产效率可以达到 1%～2%；而在贫瘠荒凉的地区，大约只有 0.1%，就全球平均水平来说，总初级生产效率约为 0.2%～0.5%。

初级生产量的限制因素

(1)陆地生态系统。光、CO_2、水和营养物质是初级生产量的基本资源，温度是影响光合效率的主要因素，而食草动物的捕食却会减少光合作用的生物量，如图 5-4 所示。

在一般情况下，植物有充分的可利用的光辐射，但是，并不是说不会成为限制因素，例如，冠层下的叶子接受光辐射可能不足，白天有时光辐射低于最适光合强度，对 C_4 植物来说可能达不到光饱和点。水最易成为限制因子，各地区降水量与初级生产量有最密切的关系。在干旱地区，植物的

① 引自李博等：《生态学》，高等教育出版社 2002 年版。

净初级生产量几乎与降水量有线性关系。温度与初级生产量的关系比较复杂，温度上升，总光合速率升高，但是，超过最适温度则又转为下降；而呼吸率随着温度上升而呈指数上升，其结果是净生产量与温度呈驼背状曲线。营养物质是植物生产力的基本资源，最重要的是N、P、K。对各种生态系统施加氮肥都能增加初级生产量。近年研究发现一个普遍规律，即地面净初级生产量与植物光合作用中氮的最高积聚量呈密切的正相关。

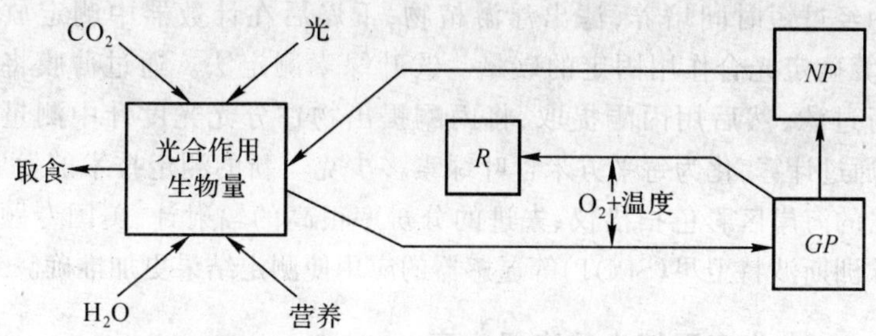

图5-4　初级生产量的限制因素图解[①]

(2)水域生态系统。光是影响水体初级生产力的最重要的因子。瑞瑟(Ryther)于1956年提出了预测海洋初级生产力的公式：$P=(R/k)\times C\times 3.7$。其中，$P$为浮游植物的净初级生产力；$R$为相对光合率；$k$为光强度随水深度而减弱的衰变系数；$C$为水中的叶绿素含量。

这个公式表明，海洋浮游植物的净初级生产力，取决于太阳的日总辐射量、水中的叶绿素含量和光强度随水深度而减弱的衰变系数。实践证明该公式应用范围较广。水中的叶绿素含量是一个重要因子，营养物质的多少是限制浮游植物生物量(其中包括叶绿素)的原因。在营养物质中，最重要的是N和P，有时还包括Fe。IBP研究提供的数据表明，世界湖泊的初级生产量与P的含量相关最密切。

初级生产量的测定方法

初级生产量的测定方法包括：①收获量测定法。用于陆地生态系统。定期收割植被，干燥，然后以每年每平方米的干物质重量来表示。取样测定干物质的热当量，并将生物量换算为J/(m^2.a)。②氧气测定法或黑白瓶法。多用于水生生态系统，用三个玻璃瓶，其中一个用黑胶布包上，再包以铅箔。从待测的水体深度取水，保留一瓶(初始瓶IB)以测定

---

① 引自孙儒泳等：《基础生态学》，高等教育出版社2002年版。

水中原来溶氧量。将另一对黑白瓶沉入取水样深度,经过适宜时间,取出进行溶氧测定。根据初始瓶(IB)、黑瓶(DB)、白瓶(LB)溶氧量,即可求得:净初级生产量 = LB - IB;呼吸量 = IB - DB;总初级生产量 = LB - DB。③CO_2 测定法。用塑料帐将群落的一部分罩住,测定进入和抽出的空气中 CO_2 含量,类似黑白瓶方法。④放射性标记物测定法。把放射性 ^{14}C 以碳酸盐($^{14}CO_3^{2-}$)的形式,放入含有自然水体浮游植物的样瓶中,沉入水中经过短时间培养,滤出浮游植物,干燥后在计数器中测定放射活性,计算确定光合作用固定的碳量。⑤叶绿素测定法。通过薄膜将自然水进行过滤,然后用丙酮提取,将丙酮提出物在分光光度计中测量光吸收,再通过计算,化为每平方米含叶绿素多少克。新的测定技术的发展,如最著名的海岸区彩色扫描仪、先进的分辨率很高的辐射计、美国专题制图仪或欧洲斯波特卫星(SPOT)等遥感器的应用使测定结果更加准确。

5.2.2 生态系统中的次级生产

次级生产过程

净初级生产量是生产者以上各营养级所需能量的唯一来源。从理论上讲,净初级生产量可以全部被异养生物所利用,转化为次级生产量,如动物的肉、蛋、奶、毛皮、骨骼、血液、蹄、角以及各种内脏器官等,但是,实际上,任何一个生态系统中的净初级生产量都可能流失到这个生态系统以外的地方去,如植物生长在动物所达不到的地方、或不可食、或动物种群密度低等,使相当一部分未被利用;即使是被动物吃进体内的植物,也有一部分通过动物的消化道排出体外。在被同化的能量中,有一部分用于动物的呼吸代谢和生命的维持,并最终以热的形式消散掉,剩下的部分才能用于动物各器官组织的生长和新的个体繁殖,即转化为次级生产量。当一个种群的出生率最高和个体生长速度最快的时候,也就是这个种群次级生产量最高的时候,这时往往也是自然界初级生产量最高的时候。次级生产量的一般生产过程见图 5-5。

图 5-5 展示的是一个普适模型。它可以应用于任何一种动物,包括植食动物和肉食动物。肉食动物捕到猎物后往往不是全部吃下去,而是剩下毛皮、骨头和内脏等。所以能量从一个营养级传递到下一个营养级时往往损失很大。

次级生产量的测定

(1)按代谢量估计测定。这是指按同化量和呼吸量估计生产量,即:

$P = A - R$；按摄食量扣除粪尿量估计同化量，即：$A = C - Fu$，式中 Fu 为排泄量。

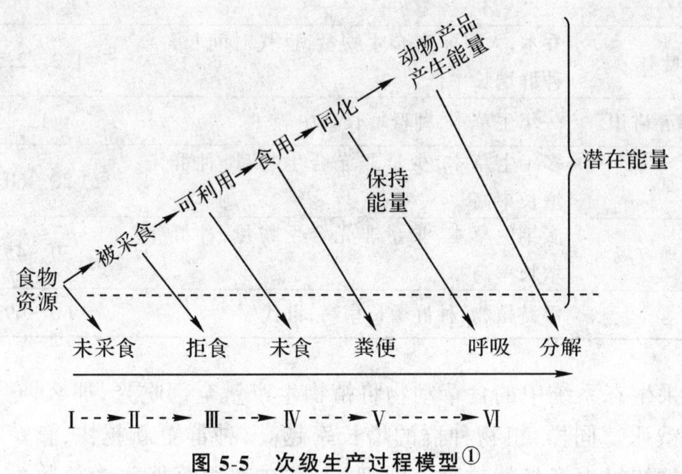

图 5-5　次级生产过程模型①

测定动物摄食量可以在实验室内或野外进行，按 24 小时的饲养投放食物量减去剩余量求得。摄食食物的热量用热量计测定。在测定摄食量的试验中，同时可以测定粪尿量。用呼吸仪测定耗氧量或二氧化碳排出量，转换为热量，即呼吸能量。上述的测定通常是在个体的水平上进行的，因此，要与种群数量、性比、年龄结构等特征结合起来，才能估计出动物种群的净生产量。

(2)测定次级生产力的另一途径：$P = P_g + P_r$。式中：P_r 代表生殖后代的生产量，P_g 是个体增重的部分。净生产量 = 生长 + 出生；或净生产量 = 生物量变化 + 死亡损失。

(3)次级生产的生态效率。如前面所指出，Lindeman 效率是消费效率、同化效率与生产效率的乘积，这是营养级间的能量传递效率。

• 消费效率。各种生态系统中的食草动物利用或消费植物净初级生产量的效率是不相同的，有一定的适应意义，如植物种群增长率高、世代短、更新快，所以其消费效率就比较高；草本植物的支持组织比木本植物的少，能提供更多的净初级生产量为食草动物所利用，因此，其消费效率就更高；小型的浮游植物的消费者（浮游动物）密度很大，利用净初级生产量比例最高，见表 5-2。

① 引自卢升高等：《环境生态学》，浙江大学出版社 2004 年版。

表 5-2　几种生态系统中食草动物利用植物净生产量的比例①

生态系统类型	主要植物及其特征	被捕食百分比(%)
成熟落叶林	乔木,大量非光合生物量,世代时间长,种群增长率低	1.2～2.5
1～7年弃耕田	一年生草本,种群增长率中等	12
非洲草原	多年生草本,少量非光合生物量,种群增长率高	28～60
人工管理牧场	多年生草本,少量非光合生物量,种群增长率高	30～45
海　洋	浮游植物,种群增长率高,世代短	60～69

如果生态系统中的食草动物将植物生产量全部吃光,那么,它们就必将全部饿死。同样,植物种群的增长率越高,种群更新越快,食草动物利用植物的初级生产量就越多。同理,人类在利用草地作为放牧牛羊的牧场时,不能片面地追求牛羊的生产量而忽视牧场中草本植物的状况。草场中草本植物质量的降低,就预示着未来牛羊生产量的降低。

• 同化效率。食草动物和碎食动物的同化效率较低,而食肉动物的较高。在食草动物所吃的植物中,含有一些难消化的物质,因此,通过消化道排泄出去的食物是很多的。食肉动物吃的是动物的组织,其营养价值较高,但是,食肉动物在捕食时往往要消耗许多能量。因此,就净生长效率而言,食肉动物反而比食草动物的净生长效率低。动物活动的减少是促进快速生长和提高净生长效率的有效措施,用于人工饲养上,可以提高生长效率。

• 生产效率。生产效率随动物类群而异,一般说来,无脊椎动物有较高的生产效率,外温性脊椎动物居中,而内温性脊椎动物很低。动物的生产效率与呼吸消耗呈明显的负相关。表 5-3 是七类动物的平均生产效率。

林德曼(Lindeman)最初研究的能量传递效率的结果大约是 10%,后人曾经称之为“十分之一”法则,即每通过一个营养级,其有效能量大约为前一营养级的 1/10。但是,在生物界中不可能有如此精确的能量传递效率。保利(Pauly)和克利斯坦森(Christensen)根据 40 个水生群落的能量传递研究总结出,营养级间能量传递效率的变化范围是2%～24%,平均

① 引自孙儒泳等:《基础生态学》,高等教育出版社 2002 年版。

表 5-3 各类群动物及其生产效率①

类 群	生产效率(P_n/A_n)
食虫兽	0.86
鸟	1.29
小哺乳类	1.51
其他兽类	3.14
鱼和社会性昆虫	9.77
无脊椎动物(昆虫除外)	25.0
非社会性昆虫	40.7

为10.13%。说明食物链越长,消耗于营养级间的能量就越多。从这个意义上来讲,人如果直接以植物为食品,就比以动物(如牛肉)为食品,可以供养多10倍的人口。世界粮农组织统计,富国人均直接谷物消耗低于穷国,但是,以肉乳蛋品为食品的粮食间接消耗量高于穷国数倍。缩短食物链的例子在自然界也可以看到,如巨大的须鲸以最小的甲壳类为食。

5.3 生态系统中的分解

5.3.1 分解过程的性质

生态系统的分解(decomposition)是死亡生物有机物质的逐步降解过程。分解时,无机元素从有机物质中释放出来,称为矿化(mineralization),它与光合作用时无机营养元素的固定正好是相反的过程。从能量而言,分解与光合也是相反的过程,前者放能,后者贮能。

分解作用是一个很复杂的过程,包括:①碎裂(crack),由于物理和生物的作用,把尸体分解为颗粒状的碎屑;②异化(dissimilation),有机物质在酶的作用下分解,从聚合体变成单体,例如,由纤维素变成葡萄糖,进而成为矿物成分;③淋溶(eluviate),是可溶性物质被水淋洗出来,是一种纯物理过程。在尸体分解过程中,这三个过程是交叉进行、相互影响的。

① 仿:Begon M *et al.*, *Ecology*: *individuals*, *populations and communities*. Boston:Blackwell Scientific Publications,1996.

所以,分解者亚系统实际上是一个很复杂的食物网,包括食肉动物、食草动物、寄生生物和少数生产者。图 5-6 所示就是森林枯枝落叶层中的一部分食物网,包括千足虫、甲形螨、蟋蟀、弹尾目等食草动物,它们又供养食肉动物。

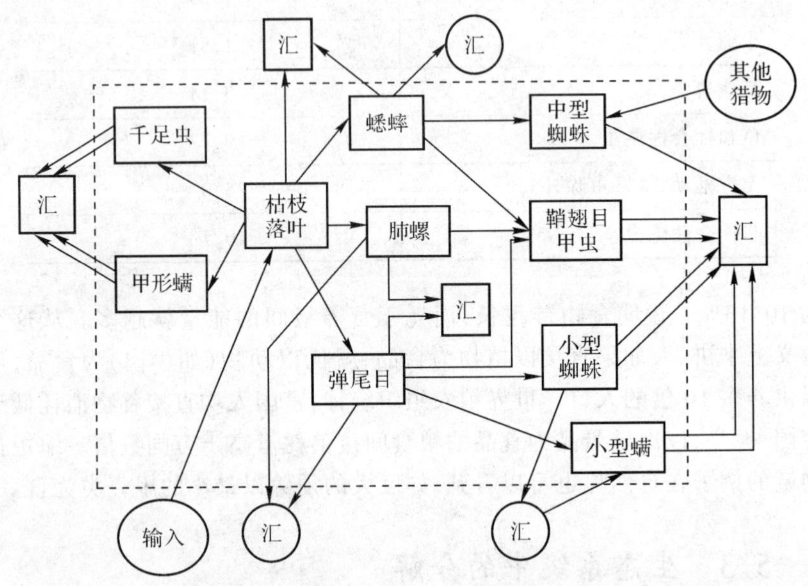

图 5-6 森林落叶层中的部分食物网①

分解过程是由一系列阶段所组成的,分解开始后,物理的和生物的复杂性一般随时间流逝而增加,分解者生物的多样性也相应地增加。这些生物中有些具特异性,只分解某一类物质,另一些无特异性,对整个分解过程起作用。随着分解过程的进行,分解速率逐渐降低,待分解的有机物质的多样性也降低,直到最后只有矿物元素存在。最不易分解的是腐殖质(humus),是一种无构造、暗色、化学结构复杂的物质,其基本成分是胡敏素(humin)。植物的残落物从土壤表层的枯枝落叶到下面的矿质层,随着土壤层次的加深,死有机物质不断地为新的分解生物群落所分解,各层次的理化条件不同,有机物质的结构和复杂性也依次改变。微生物呼吸率随深度逐渐降低,反映了被分解资源的相应变化。但是,水体系统底泥中分解过程的这种时序变化一般不易被观察到。

分解者亚系统的能量流动(和物质循环)的基本原理与消费者亚系统

① 引自孙儒泳等:《基础生态学》,高等教育出版社 2002 年版。

是相同的，进入分解者亚系统的有机物质也通过营养级而逐级传递，但是，未利用物质、排出物和一些次级产物，又可以通过营养级的输入而再次被利用，称为再循环(recycle)。这样，有机物质每通过一种分解者生物，其复杂的能量、碳和可溶性矿质营养再释放一部分，如此一步步释放，直到最后完全矿化为止。

5.3.2 分解者生物

微生物通过分泌细胞外酶，把底物分解为简单的分子状态，然后再吸收。这种营养方式与动物的有很大不同，动物的摄食消耗很多能量，能量消费效率很低。因此，微生物的分解过程是很节能的营养方式，大多数真菌具有分解木质素和纤维素的酶，它们能分解植物性死有机物质，而细菌中只有少数种类具有这种能力。但是，在缺氧和一些极端环境中，只有细菌能起分解作用。所以，细菌和真菌在一起，就能利用自然界中绝大多数有机物质和许多人工合成的有机物，成为有效的分解者之一。

虽然微生物在分解过程中十分有效，但是，它们只能应对细碎的物质。动植物残体的碎裂和转化的第一步是由动物完成的。通常根据身体大小把陆生生态系统的分解者动物分为：①小型土壤动物(microfauna，体宽＜100μm)，包括原生动物、线虫、轮虫、最小的弹尾和螨，不能碎裂枯枝落叶，属粘附类型；②中型土壤动物(mesofauna，100μm～2mm)，包括弹尾、螨、线蚓、双翅目幼虫和小型甲虫，大部分都能进攻新落下的枯叶，但是，对碎裂的贡献不大，主要是调节微生物种群的大小和对大型动物粪便进行处理和加工；③大型土壤动物(macrofauna，2～20mm)；④巨型(megafauna，＞20 mm)土壤动物，包括食枯枝落叶的节肢动物，如千足虫、等足目和端足目、蛞蝓、蜗牛、较大的蚯蚓，是碎裂植物残叶和翻动土壤的主力，对分解作用和土壤结构有明显影响。

水生生态系统的分解者动物的功能主要有：①碎裂落入水中的枯枝落叶；②搜集颗粒状有机物质；③在石砾表面刮取藻类和死有机物；④取食藻类。由陆地输入的树叶等残落物，其碎片构成粗有机颗粒，其中可溶性有机物通过淋溶而释放，其余部分通过机械碎裂作用、微生物活动、碎裂者生物的活动等途径转变为细有机颗粒。可溶性有机物质同样可以通过结絮作用或微生物活动而成为细有机颗粒。沉积或粘附在石砾表面的有机物质及藻类则被食草者和刮食者生物所取食，而在水中的细有机颗粒被搜集者生物所取食，此二类生物又供更高营养级的捕食者取食。此外，所有的各类动物还向水体排出粪便，含有很多有机颗粒。在陆地土壤中蚯蚓是重要的碎裂者生物，而在水体底泥中各种甲壳纲生物起同样的作用。当然，水中生活的滤食生物是陆生生态系统所没有的。

5.3.3 资源质量

对于分解者来说，待分解的有机物质是一种资源。资源的物理和化学性质影响着分解的速率。资源的物理性质包括表面特性和机械结构，资源的化学性质则随其化学组成的不同而有变化。如单糖分解很快，一年后失重达99%；半纤维素其次，一年后失重90%；然后，依次为纤维素、木质素、酚类。

因为腐生微生物的分解活动，尤其是合成其自身生物量需要有营养物的供应，所以营养物的浓度常成为分解过程的限制因素。分解者微生物身体组织中含N量高，其C:N比约为10:1。但大多数待分解的植物组织的含N量比该值低得多，C:N比为(40～80)∶1。因此，N的供应量就经常成为限制因素，分解速率在很大程度上取决于N的供应。

5.3.4 理化环境对分解的影响

一般地，温度高、湿度大的地带，其土壤中的分解速率高，而低温和干燥的地带，其分解速率低，因而，土壤中易于积累有机物质。由湿热的热带森林经温带森林到寒冷的冻原，其有机物分解速率随纬度增高而降低，而有机物的积累速率则随纬度升高而增高；由湿热的热带雨林到干热的热带荒漠，分解速率迅速降低。温度和湿度制约着各类分解者生物的分布，从而决定不同分解者生物的相对作用，以及分解者生物的活性。热带土壤中除微生物分解外，无脊椎动物也是分解者功能群的重要成员，其对分解的贡献明显高于温带和寒带，并且起主要作用的是大型土壤动物。相反，在寒温带和冻原土壤中多分布着小型土壤动物，它们对分解过程的贡献甚小，土壤有机物的积累主要决定于低温等理化环境因素。在同一气候带内，局部地区的分解速率也有区别，它可能取决于该地的土壤类型和待分解资源的特性。

生态系统分解情况可用分解指数(k)衡量：$k = I/X$，其中 k 为分解指数，I 为死有机物输入年总量，X 为系统中死有机物质总量(现存量)。因为要分开土壤中活根和死根很不容易，所以可以用地面残落物输入量(IL)与地面枯枝落叶现存量(XL)之比来计算 k 值。例如，湿热的热带

雨林中的 k 值往往大于 1,这是因为其年分解量高于输入量;温带草地的 k 值高于温带落叶林,甚至与热带雨林接近,这是因为禾草类枯枝落叶的木质素和酚的含量都低于落叶林,所以分解速率高。

表 5-4 各生态系统类型的分解特点比较①

分解情况	冻原	北方针叶林	温带落叶林	温带草地	稀树草原	热带雨林
净初级生产($t \cdot hm^{-2} \cdot a^{-1}$)	1.5	7.5	11.5	7.5	9.5	50.0
生物量($t \cdot hm^{-2}$)	10.0	200.0	350.0	18.0	45.0	300.0
枯叶输入($t \cdot hm^{-2} \cdot a^{-1}$)	1.5	7.5	11.5	7.5	9.5	50.0
枯叶现存量($t \cdot hm^{-2}$)	44.0	35.0	15.0	5.0	3.0	5.0
$K_L(a^{-1})$	0.03	0.21	0.77	1.5	3.2	6.0
$3/K_L(a^{-1})$	100.0	14.0	4.0	2.0	1.0	0.5

惠特克(Whittaker,1975)等曾对 6 类生态系统的分解过程进行比较,见表 5-4,大致呈现上述地带性规律。每年输入的枯枝落叶量要达到 95%(相当于 $3/k$ 值)的分解,在冻原需要 100a,北方针叶林需 14a,温带落叶林 4a,温带草地 2a,而热带雨林仅需半年。热带雨林虽然年枯枝落叶量高达 $30t/hm^2 \cdot a$,但是,由于分解快,其现存量有限;相反,冻原的枯叶年产量仅为 $1.5\ t/hm^2 \cdot a$,但是,其现存量则高达 $44\ t/hm^2$。

5.4 生态系统的能量流动

5.4.1 生态系统中能量流动的热力学原理

非生命系统发生的变化都不必借助外力的帮助而能自动实现,热力学把这样的过程称为自发过程(spontaneity process)或自动过程(automatism process)。例如,热自发地从高温物体传递到低温物体,直到两者的温度相同为止,而与此相反的过程都不能自发地进行,可见自发过程的共同规律就在于单向趋于热力学平衡状态,绝不可能自动逆向进行或者说任何自发过程都是热力学的不可逆过程。当然自发过程借助外功是可逆

① 仿:Swift M J *et al.*, *Decomposition in Terrestrial Ecosystem*. Oxford: Blackwell Scientific Publications,1979.

向进行的。例如,生态系统中复杂的有机物质分解为简单的无机物质是一种自发过程,但是,无机物质绝不可能自发地合成为有机物质,必需借助于外功——太阳能来实现(光合作用)。为了判断自发过程进行的方向和限度,可以用自发过程共同特征的状态函数——熵(entropy)和自由能(free energy)这两个热力学中最重要的状态函数来表示,它们只与体系的始态和终态有关,而与过程的途径无关。

与封闭系统的性质不同,开放系统倾向于保持较高的自由能而使熵较小,只要不断有物质和能量输入和不断排出熵,开放系统便可维持一种稳定的平衡状态。生态学过程遵从热力学定律,生物体、生态系统和全球生命系统都是维持在一种稳定状态的开放系统。在生态系统中,由复杂的生物量结构所规定的"有序"是靠不断光合来吸收负熵,和"排掉无序"的总群落呼吸来维持的。各种各样的生命表现都伴随着能量的传递和转化,像生长、自我复制和有机物质的合成这些生命的基本过程都离不开能量的传递和转化。总之,生态系统与太阳能的关系,正如这些规律控制着非生物系统一样,生态系统内生产者与消费者之间,及捕食者与猎物之间的关系都受到热力学基本规律的制约和控制。

当能量以食物的形式在生物之间传递时,食物中相当一部分能量被降解为热而消散掉(熵增加),其余的能量则用于合成新的组织作为潜能储存下来。所以,一个动物在利用食物中的潜能时,常常把其中大部分能量转化成热能,只把小部分转化为新的潜能。因此,能量在生物之间每传递一次,一大部分的能量就被降解为热而损失掉,这也就是为什么食物链的环节和营养级的级数一般不会多于5~6个,以及能量金字塔必定呈尖塔形的热力学解释。

5.4.2 生态系统中的能流途径及其特点

能流途径

太阳光能从植物的固定开始进入生态系统,成为生物能,各营养级动物不断利用生物能,同时以呼吸方式不断损耗,能量逐级损失,直至最后完全以热能形式散发出生态系统之外,为牧食途径(grazing track);在牧食途径中,任何一个环节都产生残体、分泌物、排泄物、遗弃物以及死亡有机体,这些物质能都会被其他生物取食或直接通过化学反应,最终转变为热能,释放到环境中去,为腐解途径(detrital track);生态系统中的一些组分在特定的条件下会保留一部分能量,暂时不流动(如高大的木本植物体

中和沼泽泥炭中贮存的能量),但是,这些能量最终也要进入能流过程,只是经历时间长短不同而已,因而是暂时贮存。能量的暂时贮存是必然存在的,它是生态系统繁荣程度的标志。

能流特点

能量在生态系统中不论是通过哪种途径,也不管能量在流动过程中转换为何种形式的能和维持时间多长,最终都要以热能形式消散于环境中,且分散为匀态(热力学平衡态)。因此,可以得出下面的结论:①能流从初级生产者到各级异养生物,越流越细,最后全部消失到环境中;②能流总是从初级生产者流向各级异养生物,是单方向、不可逆的。

生态系统中能量的损耗在生态系统内,能量在被生物有机体固定、转换和传递的过程中均有损耗。有机体在生存、繁衍过程中必须支付的能量,如呼吸和排泄等,称为维持能(maintaining energy)。在营养级内,各种消费者都必须支付维持能,来保证有机体生命活动的正常进行,满足被损伤组织的恢复、补充以及动物觅食、求偶等活动的能量需要。维持能量的大小随地区、种群、年龄的不同而有很大差异,最适生境中维持能消耗最小,如热带地区种群的维持能消耗高于温带,常温动物的维持能消耗高于变温动物。

5.4.3　普适的生态系统能流模型

奥德姆曾把生态系统的能量流动概括为一个普适的模型,如从图5-7可以看出外部能量的输入情况以及能量在生态系统中的流动路线及最后的归宿。普适的能流模型是以一个个分室(cell,即图中的方框)表示各个营养级和贮存库的,并用粗细不等的能流通道把这些分室按能流的路线连接起来,能流通道的粗细代表能流量的多少,而箭头则表示能量流动的方向。最外面的大方框表示生态系统的边界。自外向内有两个能量输入通道,即日光能输入通道和现成有机物质输入通道。这两个能量输入通道的粗细将依具体的生态系统而有所不同,如果日光能的输入量大于有机物质的输入量,则大体上属于自养生态系统;反之,如果现成有机物质的输入构成该生态系统能量来源的主流,则被认为是异养生态系统。大方框自内向外有三个能量输出通道,即在光合作用中没有被固定的日光能、生态系统中生物的呼吸以及现成有机物质的流失。

生态学家在建立一个适于某个生态系统的具体能流模型时,要考虑自然生态系统中的很多可变因素,他们在实验室内用电子计算机对各种

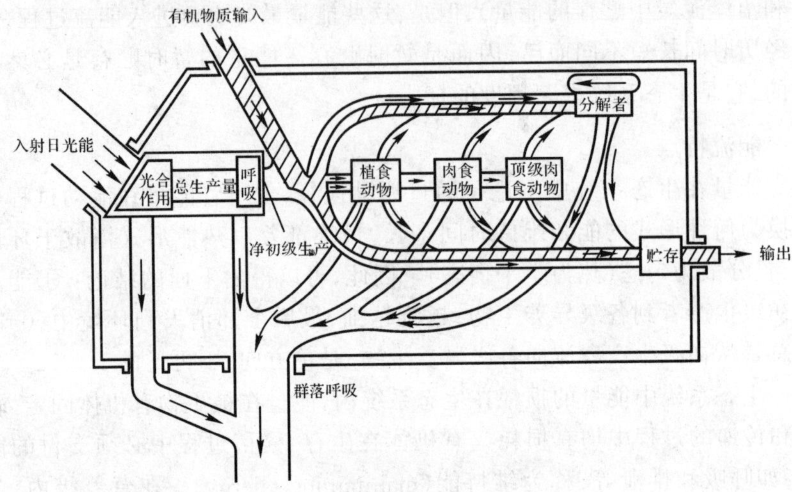

图 5-7 一个普适的生态系统能流模型①

生态系统进行模拟,对某些可以控制和调节的重要变量进行分析。实践表明,通过这种室内模拟研究所获得的结果,常常和在自然条件下进行研究所获得的结果非常一致。

5.5 生态系统的物质循环

5.5.1 物质循环的一般特征

能量流动和物质循环是生态系统的两大基本功能。生态系统的能量来源于太阳,而生命必需物质(各种元素)的最初来源是岩石或地壳。物质循环具有下面几个特点。

物质循环和能量流动总是肩并肩地相伴发生的。如光合作用在把 CO_2 和水合成为葡萄糖的同时也就固定了能量,即把日光能转化为葡萄糖内贮存的化学能;呼吸作用在把葡萄糖分解为 CO_2 和水的同时也就释放出其中的化学能。但是,能量流动与物质循环也有一个重要区别,即生物固定的日光能量流过生态系统通常只有一次,并且逐渐地以热的形式耗散,而物质在生态系统的生物成员中能被反复地利用。换言之,当同化过程把以无机形式存在的营养元素合成为具有高能含量的有机化学物,

① 引自李博等:《生态学》,高等教育出版社 2002 年版。

或异化过程在分解这些高能含量的有机化学物时释放出能量的时候，被初级生产过程固定的能量在通过生态系统各种生物成员时逐渐地减少和以热能的形式耗散，而生命元素则可以被生态系统的生物成员反复多次地利用。图5-8描述了物质循环与能量流动的这种相互关系。

人们在研究生态系统物质循环过程及其规律中，经常要用由一组分室所组成的模型进行模拟。每一次生物化学转变都有一个或多个元素从一种状态转变为另一种状态，我们可以把生态系统中元素的各种状态，看作不同的分室，而元素的进出分室，就好比物理和生物过程改变了元素的状态。例如，光合作用把碳从无机碳分室转移到有机碳分室，呼吸作用又使其回到无机分室。这样的生态系统分室模型还可以有层次结构，即分室中有亚分室。例如，无机碳分室可以包括大气中CO_2、水中溶解碳和沉积物中碳酸钙和碳酸氢钙等亚分室；有机碳分室可以有自养生物、动物、微生物和碎屑等亚分室。当一种生物吃另一种生物时，它们能够使碳元素在分室之间转移。

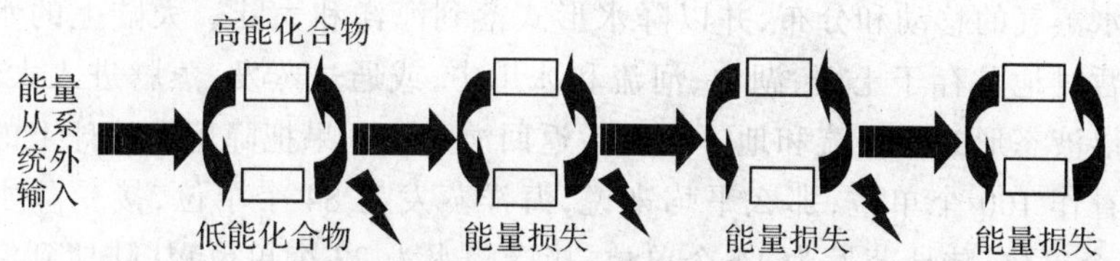

图5-8 生态系统中能量流动与物质循环的相互关系①

元素在分室之间的移动速率很不相同，在某些分室间元素流动的速度很快，有些分室则很慢，有时还进入不易离开的分室，如含有大量有机碳的煤和石油，长久地离开了生态系统的元素，只有像火山活动、地壳上升和人类开采后才能再次回到快速循环状态。

对生物元素循环研究通常从两个尺度上进行，即全球循环和局域循环。全球循环，即全球生物地球化学循环(global biogeochemical cycle)，代表了各种生态系统局域事件的总和。生态系统物质循环分室模型的两个基本概念就是库(pool)和流通率(flux rate)，至于分室的多少，可以随研究者的目的而设置。各种局域生态系统在物质循环上也不是完全封闭的，营养物可以通过气候、地质和生物等的种种过程而彼此联系。全球生物地球化学循环是从全球尺度对物质循环的大尺度研究，对于深入分析

① 引自孙儒泳等：《基础生态学》，高等教育出版社2002年版。

人类活动对全球气候变化的影响,特别是全球碳循环,有十分重要的意义。

全球生物地球化学循环分为三大类型,即水循环、气体型循环和沉积型循环。在气体循环中,大气和海洋是主要贮存库,有气体形式的分子参与循环过程,如O、CO_2、N等循环。而参与沉积型循环的物质,其分子和化合物没有气体形态,并主要通过岩石风化和沉积物分解成为生态系统可利用的营养物质,如磷、钙、钠、镁等。气体型循环和沉积型循环都受太阳能所驱动,并都依托于水循环。

5.5.2 全球水循环

水是生态系统中生命必需元素得以不断运动的介质,没有水循环也就没有生物地球化学循环。水也是地质侵蚀的动因,侵蚀和沉积,都要通过水循环。因此,了解水循环是理解生态系统物质循环的基础。

海洋是水的主要来源,太阳辐射使水分蒸发并进入大气,风推动大气中水蒸气的移动和分布,并以降水形式落到海洋和大陆。大陆上的水可能暂时地贮存于土壤、湖泊、河流和冰川中,或通过蒸发、蒸腾进入大气,或以液态形式经河流和地下水最后返回海洋。如果把降落在地球上的水量看作100个单位,那么平均来说,海洋蒸发为84个单位,接受降水为77个单位;陆地蒸发为16个单位,接受降水为23个单位;从陆地到海洋的径流为7个单位;在高空环流的大气水分为7个单位。虽然海洋上的蒸发量大于海洋上的降水量,但是,从陆地流入海洋的径流,又使海洋和陆地的水循环达到平衡,见图5-9。

地球表面的总水量大约为$1.4\times10^9km^3$,其中大约有97%包含在海洋库中。其余的库含量两极冰盖为$29000km^3$,地下水为$8000km^3$,湖泊河流为$100km^3$,土壤水分为$100km^3$,大气中水为$13km^3$,生物体中水为$1km^3$。

对流通率而言,陆地的降水量为$111000km^3/a$,超过了蒸发—蒸腾量($71000km^3/a$),超过量达到$40000km^3/a$。相反,海洋的蒸发量($425000km^3/a$)却超过了降水量($385000km^3/a$),达到$40000km^3/a$。因此,许多海洋蒸发的水分被风带到大陆上空,以降水的形式落到地面,并最后流回到海洋而达到平衡。

据估计,大气中水蒸气含量(即库大小)相当于平均2.5cm厚的水均匀地覆盖在地球表面上,而每年输入或输出大气的水流通率相当于每年

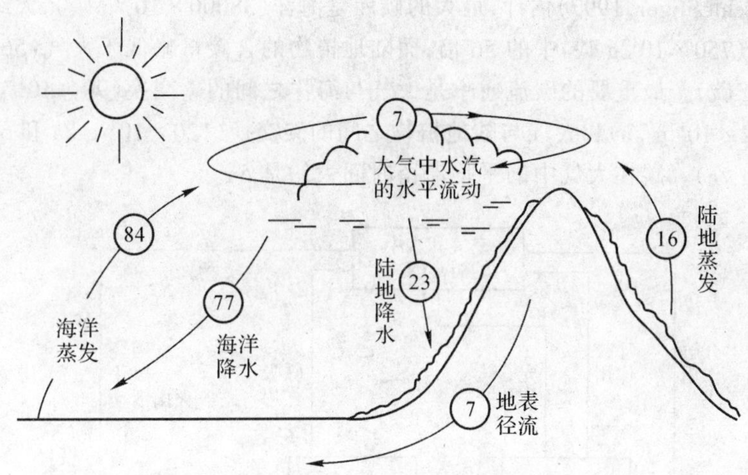

图 5-9 全球水循环(global water cycle)中主要库含量和流通率图①

65cm 的覆盖厚度。因此,可以估算,水在大气中的平均滞留时间大约为 0.04a,即约为两周时间。从陆地(包括土壤、湖泊和河流的水)到达海洋的水与大气库水含量是相等的,但是,它们所含有的总水量是大气的万倍。因此,水在地球表面的滞留时间同样是大气的万倍,即大约是 2800a。

人类活动可能影响全球水循环,从而改变局域的资源。森林砍伐、农业活动、湿地开发、河流改道、建坝,以及影响局域蒸发、蒸腾和降水的种种活动,都可能改变全球的和局域的水循环。

5.5.3 碳循环

碳循环研究的重要意义在于:①碳是构成生物有机体的最重要元素,因此,生态系统碳循环研究成为系统物质循环的核心问题;②人类活动通过化石燃料的大规模使用,从而造成对于碳循环的重大影响,可能是当代气候变化的重要原因。

碳循环包括的主要过程是:①生物的同化过程和异化过程,主要是光合作用和呼吸作用;②大气和海洋之间的二氧化碳交换;③碳酸盐的沉淀作用。

图 5-10 为全球碳循环(global carbon cycle)示意图。碳库主要包括大气中的二氧化碳、海洋中的无机碳和生物机体中的有机碳。根据史勒辛

① 引自卢升高等:《环境生态学》,浙江大学出版社 2004 年版。

格(Schlesinger,1997)估计,最大的碳库是海洋(38000×10^{15}g 碳),大约是大气(750×10^{15}g 碳)中的 56 倍,而陆地植物的含碳量略低于大气(560×10^{15}g 碳)。最重要的碳流通率是大气与海洋之间的碳交换(90×10^{15}g /a 和 92×10^{15}g /a)和大气与陆地植物之间的碳交换(120×10^{15}g /a 和 60×10^{15}g /a)。碳在大气中的平均滞留时间大约是 5a。

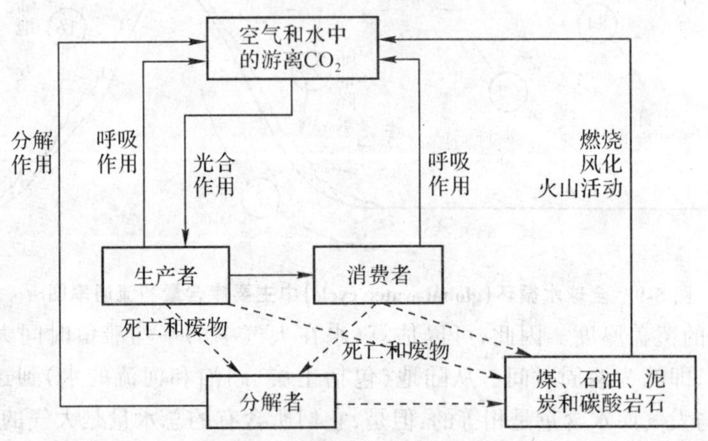

图 5-10 全球碳循环示意图①

大气中的 CO_2 含量是有变化的。根据南极冰芯中气泡分析的结果,在最后一次冰河期(20000~50000 年前)的大气 CO_2 的体积分数为 $180\times10^{-6}\sim200\times10^{-6}$,而公元 900~1750 年间的平均值是 $270\times10^{-6}\sim280\times10^{-6}$。但是,从 1750 年工业革命开始以后,大气 CO_2 体积分数连续而迅速地上升,如图 5-11 所示。这显然与工业革命后人类使用化石燃料的急骤增加有关。大气 CO_2 含量除了有长期上升趋势以外,还显示有规律的季节性变化:夏季下降,冬季上升。其原因可能是人类的化石燃料使用量的季节差异和植物光合作用 CO_2 利用量的季节差异导致的。

碳库含量单位为 10^{15}g;流通率单位为 10^{15}g/a;*GPP* 为总初级生产率,R_p 为生产者的呼吸量;*Rd* 为植被破坏中的呼吸率;*DOC* 为溶解的有机碳,*DIC* 为溶解的无机碳。

在碳循环研究中,把释放二氧化碳的库称为源(source),吸收二氧化碳的库称为汇(sink)。史勒辛格(Schlesinger,1997)提供的当今全球碳循

① 引自卢升高等:《环境生态学》,浙江大学出版社 2004 年版。

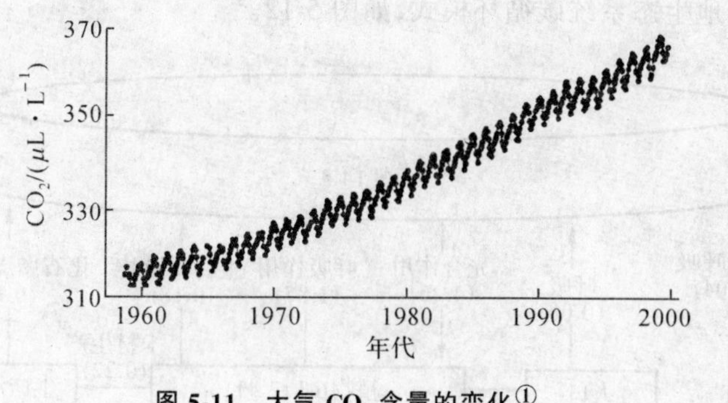

图5-11 大气CO_2含量的变化①

环收支(global carbon budget)情况如下：

净释放量			碳循环的净变化				
化石燃料	+ 陆地植被破坏	=	大气中含量上升	+	海洋吸收	+	未知的汇
6.0	0.9		3.2		2.0		1.7

由上式可知，人类活动向大气净释放碳大约为6.9×10^{15}g/a，其中，使用化石燃料释放碳6.0×10^{15}g/a，陆地植被破坏释放碳0.9×10^{15}g/a。由于人类活动释放的CO_2中，导致大气CO_2含量上升的为3.2×10^{15}g/a，被海洋吸收的为2.0×10^{15}g/a，而未知去向的汇达到了1.7×10^{15}g/a，即人类活动释放的CO_2有大约25%的全球碳流的汇是科学尚未研究清楚的，这就是著名的失汇(missing sink)现象，它已经成为当今生态系统生态学研究中最令人感兴趣的热点问题之一。

为了维持当今全球碳平衡，其焦点不是各个库的碳贮存总量，而是每年碳的去处和动态问题。海洋是最大的碳库，但是，它与大气的碳交换主要发生在海洋表面，而海洋表层与深层水之间的碳交换是很缓慢的。荒漠土壤的碳酸盐的含碳量比全部陆地植物还要高，但是，荒漠土壤与大气之间也几乎没有碳的交换。最近有学者注意到陆地植被作为CO_2汇的意义。如果说大气CO_2增高像“肥料”一样能够提高陆地植物的生产量，并且其速度足够快，那么也许全球碳循环的失汇现象可能从这里找到答案。这就促进了人们开展植物群落对于大气CO_2上升响应的研究。有许多科学家投入到了研究中，以确定全球碳循环各种流通率的极限，确定作为CO_2的源和汇的各种局域生态系统的碳流。方精云等(2000)提出

① 引自卢升高等：《环境生态学》，浙江大学出版社2004年版。

了中国陆地生态系统碳循环模式，如图 5-12。

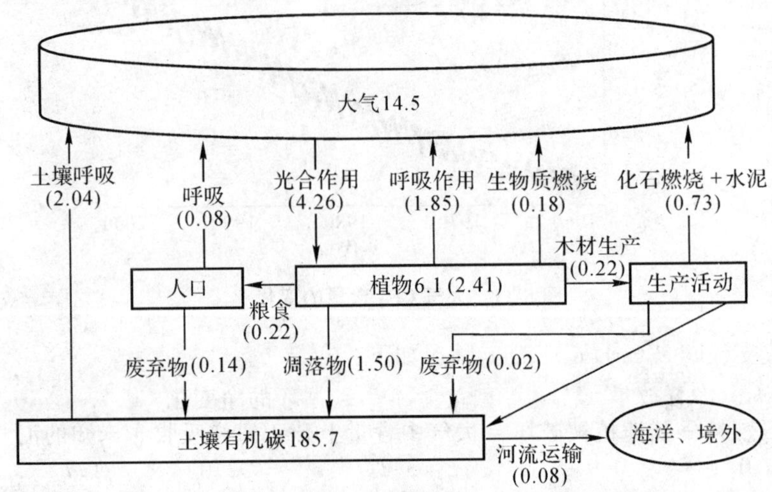

图 5-12　中国陆地生态系统的碳循环(以 1991 年为基础)①

生态系统的碳收入和碳支出的差值被定义为生态系统的净生产量(net ecosystem production, *NEP*), *NEP* 若为正值，则表明生态系统是 CO_2 的汇，如果相反，则表明生态系统是一个 CO_2 的源。在仅考虑中国植被生态系统的 CO_2 收支平衡时，中国陆地生态系统起着一个大气 CO_2 汇的作用；如果考虑人为影响等因素，中国陆地生态系统则起着 CO_2 源的作用；作为源，中国大陆每年向大气层中释放的 CO_2 占全球总释放量的 6.4%。如果从国土面积考虑，该值约是全球平均的 1～2 倍，但是，若从人口总数考虑，中国所释放的 CO_2 比全球平均 CO_2 释放的值要小得多。

5.5.4　氮循环

氮是蛋白质的基本组成成分，一切生物结构的原料。虽然大气中有 79%的氮，但是，一般生物不能直接利用，必须通过固氮作用将氮与氧结合成为硝酸盐和亚硝酸盐，或者与氢结合形成氨以后，植物才能利用。图 5-13 是全球氮循环(global nitrogen cycle)。大气是最大的氮库(3.9×10^{21}g)，土壤和陆地植被的氮库比较小(3.5×10^{15}g 和 $95\times10^{15}\sim140\times$

① 引自方精云等：《全球生态学》，高等教育出版社 2000 年版。其中加括号者为碳年变化量(10^9t/a)，未加括号者为碳库存量(10^9t)。

10^{15}g)。天然固氮包括生物固氮和闪电等高能固氮,生物固氮大约为140 $\times 10^{12}$g/a,而闪电固氮接近3×10^{12}g/a。当代人工固氮率已经接近或超过了天然固氮。人工固氮包括氮肥生产(大约80×10^{12}g/a)和使用化石燃料的释放(20×10^{12}g/a)。每年这些固定的氮通过河流运输进入海洋的大约36×10^{12}g,陆地植被吸收利用1200×10^{12}g/a,还有陆地生态系统的反硝化作用估计在$12\times 10^{12}\sim 233\times 10^{12}$g/a,特别是湿地,可能占其中一半以上。生物物质的燃烧可以释放N_2到大气高达50×10^{12}g/a。海洋除接受陆地输入的氮以外,通过降水接受30×10^{12}g/a,生物固氮15×10^{12}g/a。通过海洋反硝化返回大气的大约110×10^{12}g/a,沉埋于海底达10×10^{12}g/a。海洋是一个巨大的无机氮库,高达570×10^{12}g,但因沉埋于海底,长久地离开了生物循环。

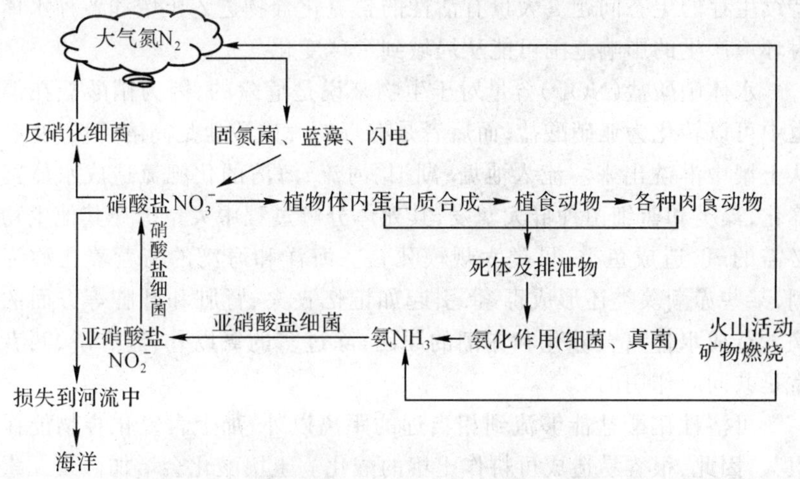

图5-13 全球氮循环(单位:10^{12}gN/a)示意图①

氮循环是一个复杂的过程,包括有许多种类的微生物参加。

固氮作用(nitrogen fixation),是一个需要能量的过程,自由生活的自生固氮菌通过氧化有机碎屑获得能量,根瘤菌通过共生的植物提供能量,蓝细菌利用光合作用固定能量。固氮作用的重要意义在于:①在全球尺度上平衡反硝化作用;②在像熔岩流过和冰河退出后的缺氮环境里,最初的入侵者就属于固氮生物,所以固氮作用在局域尺度上也是很重要的;③大气中的氮只有通过固氮作用才能进入生物循环。

① 引自方精云等:《全球生态学》,高等教育出版社2000年版。

氨化作用(ammonification),是蛋白质通过水解降解为氨基酸,然后氨基酸中的碳被氧化而释放出氨(NH_3)的过程。

硝化作用(nitrification),是氨的氧化过程。首先通过土壤中的亚硝化毛杆菌或海洋中的亚硝化球菌,把氨转化为亚硝酸盐(NO_2^-);然后进一步由土壤中的硝化杆菌或海洋中的硝化球菌进一步氧化为硝酸盐(NO_3^-)。

反硝化作用(denitrification),首先把硝酸盐还原为亚硝酸盐,释放NO,在陆地上有渍水和缺氧的土壤中,或水体生态系统底部的沉积物中,由异养类细菌,如假单孢杆菌完成;然后亚硝酸盐进一步还原产生 N_2O 和分子氮(N_2),两者都是气体。

人工固氮对于供养世界上不断增加的人口作出了重大贡献,同时,它也通过全球氮循环带来了不少不良后果,其中有些是威胁人类在地球上持续生存的生态问题。大量有活性的含氮化合物进入土壤和各种水体后对环境产生的影响范围可能从局域到全球变化。

水体硝酸盐(NO_3^-)含量对于生物来说是危险的,因为硝酸盐在消化道中可以转化为亚硝酸盐,而后者是有毒的。硝酸盐是高溶解性的,容易从土壤中淋洗出来。流入池塘、湖泊、河流、海湾的化肥氮造成水体富营养化,藻类和蓝细菌种群大暴发,其死体分解过程中大量掠夺其他生物所必需的氧,造成鱼类、贝类大规模死亡。海洋和海湾的富营养化称为赤潮,某些赤潮藻类还形成毒素,引起如记忆丧失、肾脏和肝脏等方面的疾病。造成水体富营养化和赤潮的原因,除过多的氮以外,还有磷,两者经常是共同起作用的。

可溶性硝酸盐能够流到相当远的距离以外,加上含氮化合物能保持很久,因此,很容易造成可耕作土壤的酸化。土壤酸化会增加微量元素流失,并增加作为重要饮水来源的地下水的重金属含量。一般说来,氮污染使土壤和水体的生物多样性下降。

过多地使用化肥不仅污染土壤和水体,并能把一氧化二碳(N_2O,又称笑气)送入大气。N_2O 是由于细菌作用于土壤中的硝酸盐而生成的,它在大气中含量虽然不高,但是,有两个过程值得重视:(1)它在同温层中与氧反应,破坏臭氧,从而增加大气中的紫外辐射;(2)它在对流层作为温室气体,促进气候变暖。N_2O 在大气中的寿命可以超过一个世纪,每个分子吸收地球反射能量的能力要比 CO_2 分子高大约200倍。此外,大气中的含氮化合物在日光作用下,对于光化学烟雾的形成起促进作用;含氮化合物还与 SO_2 在一起形成酸雨,酸雨增多使水体酸化加速,引起长期

的渔获量下降；而陆地土壤的酸化使陆地和水体生态系统中的植物和动物多样性减少。

人类从合成氮肥中获得巨大的好处，但是，没有预见其对环境的不良后果，至今，人类对于这些不良后果注意得仍然不足，远不如对大气 CO_2 含量上升的关注。进一步对大气中的含氮化合物进行监测，并加强科学研究是当前全球生态学的重要任务之一。

5.5.5　磷循环

虽然生物有机体的磷含量仅占体重 1% 左右，但是，磷是构成核酸、细胞膜、能量传递系统和骨骼的重要成分。因为磷在水体中通常下沉，所以它也是限制水体生态系统生产力的重要因素。磷在土壤内也只有在 pH 值 6～7 时才可以被生物所利用。全球磷循环见图 5-14。

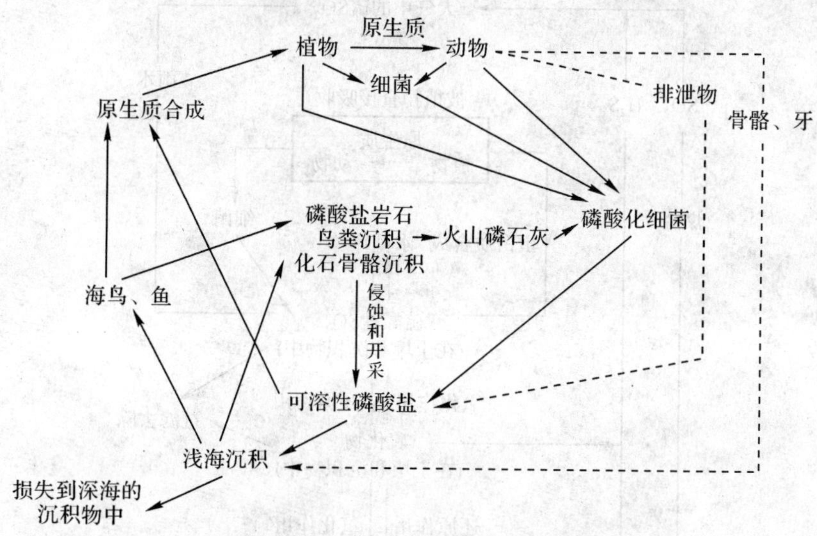

图 5-14　全球磷循环示意图[①]

因为磷在生态系统中缺乏氧化—还原反应，所以在一般情况下，磷不以气体形式参与循环。虽然土壤和海洋库的磷总量相当大，但是，能为生物所利用的量却很有限。生物与土壤之间和生物与海水之间的磷流通率

---

① 引自卢升高等：《环境生态学》，浙江大学出版社 2004 年版。其中，库含量以 10^{12}gP 为单位，流通率以 10^{12}gP/a 为单位。

分别约为 200×10^{12} g/a、$50\times10^{12}\sim120\times10^{12}$ g/a。全球磷循环的最主要途径是磷从陆地土壤库通过河流运输到海洋，流通率达 21×10^{12} g/a。磷从海洋再返回陆地是十分困难的，海洋中的磷大部分以钙盐的形式沉淀，因此，长期地离开循环。一般的水体上层往往磷缺乏，而深层却为磷所饱和。

由此可见，磷循环是不完全的循环，有很多磷在海洋沉积起来。人类开采磷矿和鸟粪以补其不足。磷与氮一起，成为水体富营养化的重要原因。

5.5.6 硫循环

硫是蛋白质和氨基酸的基本成分，对于大多数生物的生命至关重要。人类使用化石燃料大大改变了硫循环，其影响远大于对碳和氮，最明显的就是酸雨。硫在自然界中有八种状态，其中最重要的有元素硫、+4 价亚硫酸盐、+6 价硫酸盐(见图 5-15)。

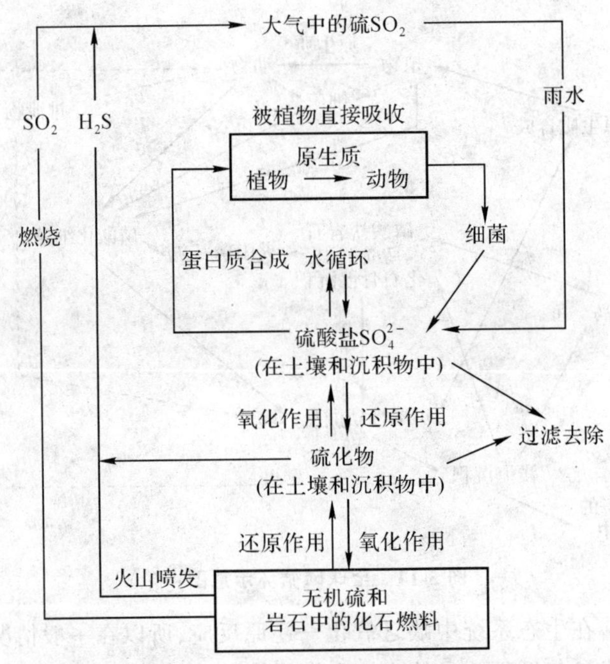

图 5-15 全球硫循环示意图①

全球硫循环是一个复杂的元素循环，既属沉积型，也属气体型。它包

① 引自方精云等：《全球生态学》，高等教育出版社 2000 年版。库含量以 10^{12}gS 为单位，流通率以 10^{12}gS/a 为单位。

括长期的沉积相,即束缚在有机和无机沉积物中的硫,通过风化和分解而释放,以盐溶液的形式进入陆地和水体生态系统。还有的硫以气态的形式参加循环。

硫从陆地进入大气有4条途径:火山爆发释放硫,平均达到5×10^{12} g/a;由沙尘带入大气的硫约为8×10^{12}g/a;化石燃料释放$50\times10^{12}\sim100\times10^{12}$g/a,平均为$90\times10^{12}$g/a;森林火灾和湿地等陆地生态系统释放$4\times10^{12}$g/a。大气中硫大部分以干沉降和降水形式返回陆地,约90×10^{12}g/a,剩下的约20×10^{12}g/a被风传到海洋,另外4×10^{12}g/a的硫经大气传到陆地。

人类活动深刻地影响着河流中硫的运输,当代从河流输入到海洋的硫通量可达130×10^{12}g/a,是工业革命前的两倍。

硫从海洋进入大气,包括以海盐形式进入的为144×10^{12}g/a;生物产生的16×10^{12}g/a;海底火山产生的5×10^{12}g/a;海洋吸收的180×10^{12}g/a。

全球硫循环的定量还有较大的不确定性,一些参数有待于进一步修正。

5.5.7 有毒有害物质的循环

重金属、有毒化学物质和放射性核素在生态系统中的迁移和转化。这里仅以农药DDT循环和重金属中的汞循环、镉循环为例。

农药循环

农药是环境中分布很广的污染物。目前全世界常用农药种类有420种,主要是有机氯、有机磷和氨基甲酸酯化合物。每年农药总投入量超过1.8×10^{6}t。虽然,农药为世界农业生产做出了重大贡献,但是,农药对环境产生的负面影响也是十分明显的。由于连年大量使用农药,特别是有些农药化学性质稳定,不易在环境和生物体内分解,因而造成大气、水体、土壤的污染。同时,有机氯农药还可以从外界进入动、植物体内,通过食物链,危害牲畜和人体健康。因此,农药对环境的污染问题引起了人们的普遍关注。

一般说来,使用化学农药时,粘附在作物上的只占约10%,其余约90%则通过各种方式扩散出去,或落于土壤,或飞散于大气,或溶解、悬浮于水体,流入湖、河,随水蒸气蒸发进入大气中,再溶于雨水,然后又降落到地面上来。这样,它们可在水体、土壤和生物中进行迁移转化。农药在生态系统中的循环过程包括迁移、扩散、降解和生物富集等重要过程。它们进入环境之后,发生一系列的化学、光化学和生物化学的降解作用,残

留量减少。环境中不同类型的农药由于其降解速度和难易程度不同，它们在环境中的持久性也是不同的。一般用半衰期和残留期两个概念来说明农药在土壤中的持续性。半衰期(half life)指施入土壤中的农药因降解等原因使其浓度减少一半所需要的时间；残留期(residual life)指土壤中的农药因降解等原因含量减少75%～100%所需要的时间，如DDT的半衰期在一年以上。

农药的生物富集作用是农药在生态系统循环中的重要方面。在生态系统中各种动物为了维持其本身的生命活动，必须以其他动物或植物为食。农药就是在这种生态系统的食物链关系中被生物富集，积累在生物体的一定部位，进而沿食物链转移，并逐级积累浓缩。食物链越复杂，逐级积累浓度就越高，呈倒金字塔形。人类在这方面已对DDT的生物富集作用进行过详细的研究。

DDT是一种人工合成的有机氯杀虫剂，它的问世对农业的发展起了很大的作用，瑞典人米勒(Müller)由于发明DDT而荣获1944年诺贝尔奖。但是，DDT是一种易溶于脂肪、难分解、残留性强、易扩散的一种化学物质。现在生物圈内几乎到处都有DDT的存在，在远离使用地点的南极动物企鹅和北极一些无脊椎动物体内也有发现，证明DDT已进入了全球性的生物地球化学循环。

由于DDT化学性质与脂肪类似，因而很容易被吸收而积累于生物体内，通过食物链逐级浓缩。如美国的密歇根湖，湖底淤泥中的DDT浓度为0.014 mg/L，浮游藻类干物质中的DDT明显升高，在浮游动物体内已增加10倍，最后在吃鱼的水鸟体内，DDT浓度已升高到98mg/L，比湖底淤泥中的DDT浓度高出1000倍。显然，营养级越高，富集能力越强，积累量越大；又如水草—蜗牛—燕鸥食物链中，水草中的DDT质量分数为0.08×10^6，蜗牛体中升高到0.26×10^6，到燕鸥体内就升高到了3.15×10^6～6.40×10^6，燕鸥中的DDT质量分数比水草中的高出40～80倍。

根据对各大洲人体脂肪的抽样分析，发现人体脂肪组织中已普遍含有DDT，英格兰人脂肪中DDT的浓度为2.2 mg/kg，德国人2.3 mg/kg，法国人5.2 mg/kg，美国人11 mg/kg，印度人12.8～31.0 mg/kg，加拿大人5.3mg/kg。根据我国各地调查表明，在各大中城市人体脂肪中也含有不同浓度的DDT。

在陆地生态系统中，农药还会通过植物的吸收作用转移至植物体内，如吸收了农药的牧草被马、牛、羊等草食动物吃掉后，农药就在它们的肉

里和奶里富集，再被人所食，污染人体，对人类健康造成威胁。在草原上喷洒低浓度有机氯杀虫剂 BHC，土壤中含量为 0.93 mg/kg，再加上前一年的残留量 0.05 mg/kg，总计为 0.98 mg/kg。其量虽然微不足道，但被牧草吸收后，在茎叶中含量为 5.98 mg/kg，浓缩了 6 倍多；牛吃牧草，牛肉含量为 13.36 mg/kg，浓缩了 14 倍；牛奶中含有 9.82 mg/kg，浓缩 10 倍；而奶油中含有 65.1 mg/kg，浓缩 66 倍多；对食用奶油的人进行分析，检出 BHC 为 171mg/kg，浓缩 174 倍。

重金属循环

汞、镉、铬、砷、铜等重金属污染已经成为人类面临的严重环境问题之一。重金属污染物在环境中不能被微生物降解，而只能发生各种形态之间的相互转化，以及分散和富集的过程。从重金属的毒性及对生物和人体的危害方面来看，重金属污染有下列特点：①在环境中，只要有微量重金属即可产生毒性效应。一般重金属产生毒性的范围，在水体中大约为 1～10mg/L，毒性较强的金属如汞、镉产生毒性的浓度范围在 0.01～0.001 mg/L。②环境中的某些重金属可在微生物作用下转化为毒性更强的重金属化合物。③生物从环境中摄取重金属可以经过食物链的生物放大作用，逐级在较高级的生物体内成千上万倍地富集起来，然后通过食物进入人体，在人体的某些器官中累积造成慢性中毒。

(1)汞循环。日本水俣病和瑞典野鸭突然灭迹是汞造成的国际惊人污染事件，因而汞被认为是有毒物质污染环境的“元凶”。

汞循环(mercury cycle)是重金属元素在生态系统中循环的典型代表。汞通过两条途径进入生态系统：一是通过火山爆发、岩石风化、岩熔等自然运动；二是经人类活动，如开采、冶炼、农药使用等。工业化以来，由于工业过程输入的汞不断增加，世界上大约有 80 多种工业把汞作为原料之一或作为辅助原料，每年通过工业释放至环境中的汞约 15000～30000t，超过火山喷发和岩石风化等天然释放量的 4.5～9 倍。环境中的汞有三种价态：元素汞(Hg)、一价汞(Hg^{+})和二价汞(Hg^{2+})，其中主要是元素汞和二价汞影响最大。

土壤对汞有固定和释放作用。由于大部分汞被固定在土壤中，因此，环境中的可溶性汞含量很低。从各污染源排放的汞主要富集在排污口附近的底泥和土壤中。部分可溶性汞经植物吸收后进入食物链或进入水体。进入食物链的汞经由排泄系统或生物分解，返回到非生物环境，参与再循环(见图 5-16)。

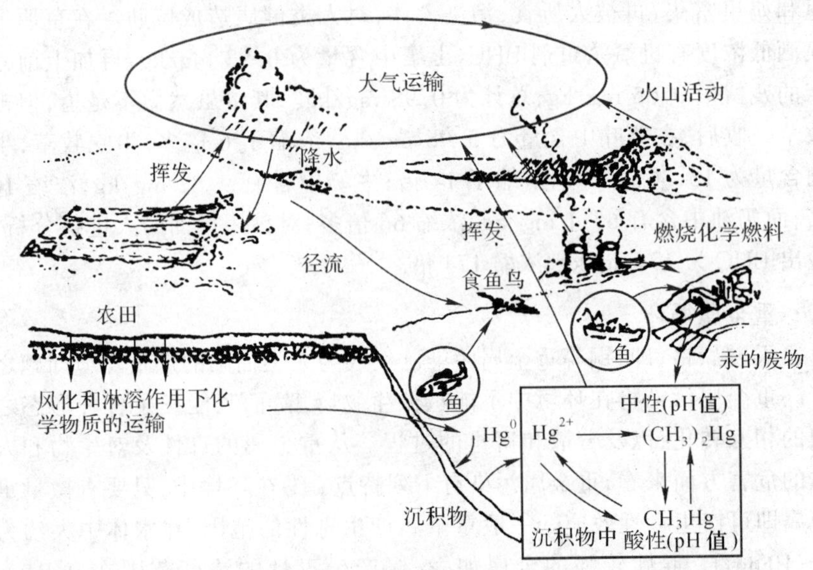

图 5-16 自然界中的汞循环①

进入水体的汞可以随水的流动而运动，或沉降于水底并吸附在底泥中。在微生物的作用下，金属汞和二价离子汞等无机汞转化为甲基汞和二甲基汞，这种转化被称为汞的生物甲基化作用(biological methylation of mercury)。汞的甲基化，在厌氧条件下，主要转化为二甲基汞，具有挥发性，易于逸散到大气中，而后分解成甲烷、乙烷和汞，其中元素汞又沉降到土壤或水域中；在有氧条件下，主要转化为一甲基汞，是水溶性的，易于被生物吸收而进入食物链。

元素的生物甲基化是生命系统中重要的生物化学过程。铝、铂、锡、砷和硒等均可发生这样的反应，毒性也有所增大。因此，金属和类金属的甲基化过程的研究，受到了广泛关注。汞循环的另一重要途径是生物富集作用。实验证明，水域中藻类对汞和甲基汞的浓缩系数高达 5000～10000 倍。通过食物链，受汞污染的水域中的鱼体内甲基汞浓度可比水中高上万倍。在日本水俣事件中，螃蟹体内含有 24 mg/L 汞，受害人体肾中含汞 14mg/L，而鱼的正常允许水平为 0.5mg/L 以下。

甲基汞易被人体吸收，而且毒性大。这是因为，甲基汞易溶于脂类中，毒性比无机汞高 50～100 倍；汞在体内不易分解，由于其分子结构中

① 引自蔡晓明：《生态系统生态学》，科学出版社 2001 年版。

有碳-汞键(C-Hg),不易切断;是高神经毒剂,多在脑部积累。

(2)镉循环(见图5-17)。镉中毒的典型病症是肾功能破坏,引发尿蛋白症、糖尿病;进入肺呼吸道引起肺炎、肺气肿;还有贫血、骨骼软化等症。大气、土壤、河湖中都有一定量镉污染物输入。由废物处理和施用肥料输入到陆地的镉可以达到 1.4×10^9g/a,大多数是通过人类活动获得的。镉每年由陆地生物引起的迁移和转化的量并不大,通过人体的镉流量一般并不高,但是在局部地方的陆地生态系统中,例如冶炼厂的周围,大气中的镉有时会超过500ng/m^3,表土也可超过500μg/g,附近的动植物体内含镉量也有增高现象。

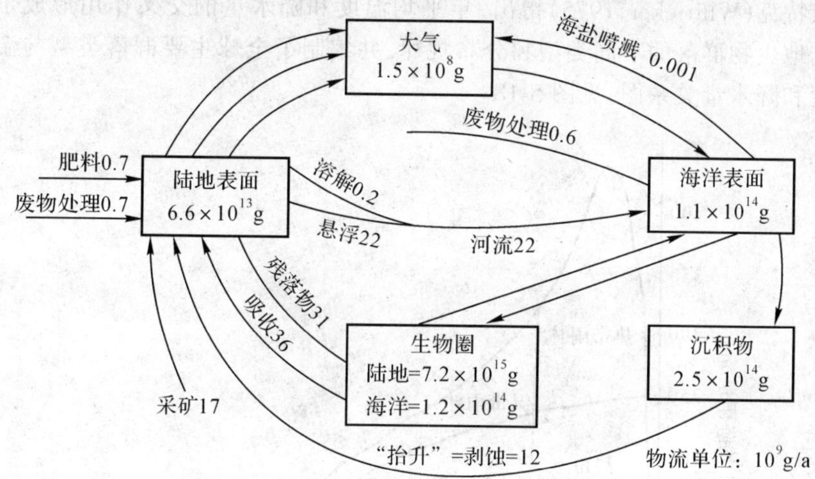

图5-17 自然界中的镉循环①

前面分别介绍了碳、氮、磷、硫等元素的循环,但是,这并不意味着它们是彼此独立的,实际上,自然界中的元素循环是密切关联和相互作用着的,而且表现在不同的层次上。例如,在光合作用和呼吸作用中,碳和氧循环是互相联结的;海洋生态系统的初级生产的速率受到浮游植物的氮/磷比的影响,从而使碳循环与氮和磷循环联结起来;淡水生态系统中磷的有效性也受到底部沉积物中的硝酸盐和氧多少的间接影响。正由于这些联结,人类对于碳、氮和磷循环的干预,将会使这些元素的生物地球化学循环变得很复杂,并且,其后果又常常是难以预测的。因此,要了解

① 引自孙儒泳等:《基础生态学》,高等教育出版社2002年版。

人类活动导致全球营养元素循环的后果,人类就必须充分了解这些元素循环的彼此相互作用,还有很长的路要走。

5.6 自然生态系统分类

地球上自然生态系统首先可以划分为陆地生态系统(terrestrial ecosystem)和水域生态系统(aquatic ecosystem)。在陆地生态系统和水域生态系统之间还存在着湿地生态系统(wetland ecosystem)。

陆地生态系统生物群落空间分布格局表现为水平分布和垂直分布。威特克(Whitteker,1975)指出,年平均温度和降水量的交叉作用形成了陆地生物群落的不同类型和分布规律,并编制了全球主要群落类型与温度和降水量关系图,见图 5-18。

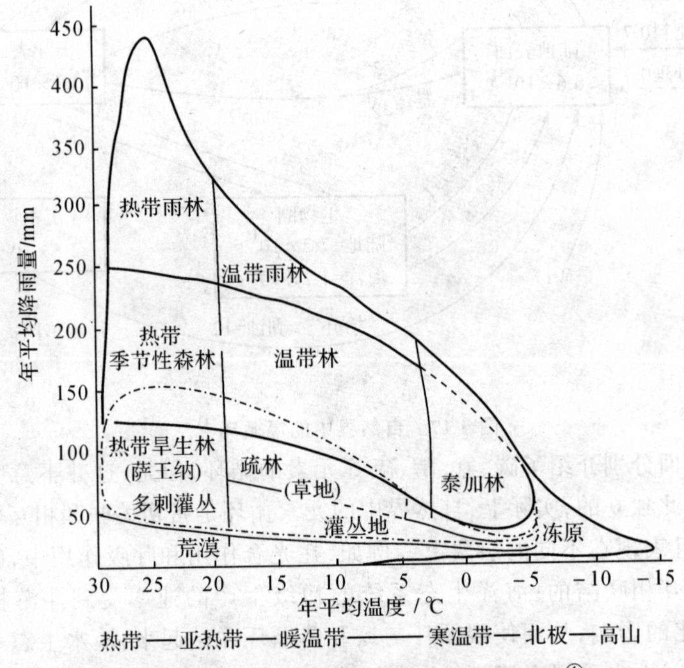

图 5-18 主要群落类型与温度和降水量的关系①

全球自然生态系统的类型也随之而变化,从赤道到极地依次出现:热带雨林生态系统、常绿阔叶林生态系统、落叶阔叶林生态系统、针叶林生

① 引自常杰、葛滢编著:《生态学》,浙江大学出版社 2004 年版。

态系统和常绿落叶阔叶混交林生态系统等;草甸草原生态系统、典型草原生态系统和荒漠草原生态系统;荒漠生态系统;苔原生态系统等。

水生生物群落的结构比陆地的简单,一般分为海洋生态系统和淡水生态系统。

我国位于欧亚大陆东南部的太平洋西岸,西北部深入大陆腹地。冬季常有寒潮由北向南运行,夏季盛行的季风带着湿气吹向大陆。又由于地形的复杂性,我国从东南到西北依次有湿润、半湿润、半干旱、干旱和极端干旱的气候。植被相应的变化,依次反映了经度地带性分布。

地球上陆地生物群落还表现出因高度不同而呈现垂直分布的现象。山地植被随海拔升高发生了垂直地带性变化,其排列是有一定秩序的,沿山地形成山地垂直带谱。一个山体有一个山体特有的植被垂直带谱。

5.6.1　森林生态系统

森林生态系统的主要特征

森林是以乔木为主体,具有一定面积的密度的植物群落,是陆地生态系统的主干。森林群落与其环境在功能流的作用下形成一定结构、功能和自我调控的自然综合体就是森林生态系统。

森林生态系统(forest ecosystem)是陆地生态系统中面积最大、最重要的自然生态系统。据专家估测,历史上森林生态系统的面积曾经达到 $7.6\times10^9hm^2$,覆盖着世界陆地面积的 2/3,覆盖率为 60%。在人类大规模砍伐之前,世界森林约为 $6\times10^9hm^2$,占陆地面积的 45.8%。至 1985 年,森林面积下降到 $4.147\times10^9hm^2$,占陆地面积的 31.7%。至今,森林生态系统仍为地球上分布最广泛的系统。它在地球自然生态系统中占据首要地位。在净化空气、调节气候、保护环境等方面起着重大作用。

森林生态系统结构复杂,类型多样,但是,森林生态系统仍具有一些主要的共同特征:

(1)森林生态系统物种繁多、结构复杂。森林生态系统是个巨大的基因库。世界上所有森林生态系统都保持着最高的物种多样性,是世界上最丰富的生物资源和基因库。仅热带雨林生态系统就约有 200~400 万种生物。我国种子植物有 339 科,3280 属,26450 种,特有种约有 15000~18000 种。

森林生态系统比其他生态系统复杂。一般分为乔木层、灌木层、草本层和地面层 4 层次,有的多至 7~8 个层次。明显的层次结构,层与群纵横交织,显示出系统的复杂性。

森林中生存着大量的野生动物。如象、野猪、羊、牛以及啮齿类、昆虫和线虫等植食动物;有田鼠、蝙蝠以及鸟类、蛙类、蜘蛛和捕食性昆虫等一级肉食动物;有狼、狐、鼬和蟾蜍等二级肉食动物;有狮、虎、豹、鹰等凶禽猛兽。此外还有杂食和寄生动物等。因此,以林木为主体的森林生态系统是个多物种、多层次、营养结构极为复杂的系统。

(2)类型多样。森林生态系统在全球各地区都有分布,并在气候条件和地形地貌的共同作用和影响下,呈现出三项地带性分布规律,是生态系统中类型最多的。如我国云南亚热带山地的高黎贡山(腾冲境内海拔3374m)森林有明显的垂直分布规律,见图5-19。

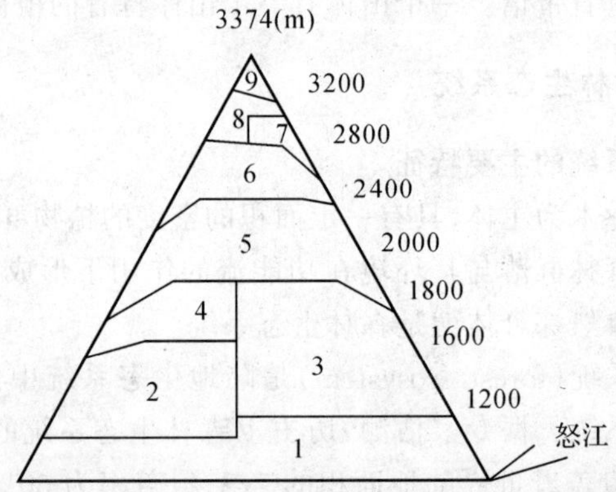

1.干热河谷稀树灌草丛;2.季风常绿阔叶林;3.半湿性常绿阔叶林;
4.针阔叶林混交林;5.湿性常绿阔叶林;6.苔藓矮林;7.铁杉林;8.亚高山灌丛;
9.草甸及流石滩植被

图5-19 高黎贡山森林垂直分布示意图①

森林生态系统具有的丰富多样性,地球上种类繁多的野生动物绝大多数就生存在森林之中。古老稀有的大熊猫以箭竹为食物,并居住在森林中;猴子在我国有20多种,20世纪50年代在海南岛热带林中还有数千只黑长臂猿,后因森林的破坏变得无家可归,现在只有数十只;素有森林之王称号的老虎现在也十分少见。

(3)系统的稳定性高。森林生态系统具有很高的自我调控能力,能自行调节和维持系统的稳定结构与功能,保持着系统结构复杂、生物量大的

① 仿蔡晓明:《生态系统生态学》,科学出版社2001年版。

属性。这表明,系统内部的能量、物质和物种的流动途径通畅,系统的生产潜力得到充分发挥,对外界的依赖程度很小,保持输入、存留和输出等各个生态过程。森林植物从环境中吸收其所需的营养物质,一部分保存在机体内进行新陈代谢活动,另一部分形成凋谢的枯枝落叶将其所积累的营养元素归还给环境。通过这种循环,森林生态系统内大部分营养元素得到收支平衡。

(4)生产力高、现存量大,对环境影响大。森林生态系统是地球上生产力最高,现存量最大的生态系统,是生物圈的能量基地。据统计,每公顷森林年生产干物质是12.9t,而农田是6.5t,草原是6.3t。森林生态系统不仅单位面积的生物量最高,约1.680×10^9t,占陆地生态系统总量的90%左右。森林在全球环境中发挥着重要的作用:森林是养护生物最重要的基地;森林可大量吸收CO_2;森林是重要的经济资源;森林在防风沙、保水土、抵御水旱、风灾方面有重要生态作用等。森林在生态系统服务方面所发挥的作用也是无法替代的。

森林生态系统的主要类型和特点

依据不同气候特征和相应的森林群落,世界森林生态系统可以划分为热带雨林生态系统、常绿阔叶林生态系统、落叶阔叶林生态系统和针叶林生态系统等主要类型:

(1)热带雨林生态系统。

• 热带雨林(tropical rain forest)分布。热带雨林主要分布在赤道南北的热带界线内,是目前地球上面积最大,对人类生存环境影响最大的森林生态系统。列斯(Lieth,1972)估算,热带雨林面积接近$17\times10^6km^2$,约占地球上现存森林面积的一半。常分为三个区域,即南美洲的亚马逊盆地、非洲热带雨林区和印度-马来西亚热带雨林区,往北可以延至我国西双版纳和海南岛。热带雨林生态系统气候的主要特征是全年温度高而温差小,雨量充沛而均匀。热带平地年均温在20～28℃之间。不同地点的平均温度变化非常小。全年降水分布均匀。相对湿度很高,有的可达90%以上。

• 热带雨林生态系统特点。a.物种组成极为丰富。热带雨林绝大部分是木本植物,高等植物有45000种以上。层次复杂,乔木高大挺直、有板状根和茎花现象。热带森林中具有大量藤本植物和附生植物。b.能量流动和物质循环等生态过程速率高、生产力也特别高,呼吸消耗量很大,由于热带物质循环特点,分解后的矿质元素可以很快被植物再吸收,所以

土壤中元素的积累相对较少。c.与植物根共生的真菌发挥作用。

(2)季雨林生态系统。季雨林(monsoon forest)生态系统是不连续地分布于亚洲、非洲和美洲的热带地区。它在亚洲分布面积最大。它的特点是在干旱季节部分落叶或全部落叶。种类成分、结构和高度等均不及热带雨林发达。季雨林的生活型以木本高位芽植物为主。其中落叶成分占一定的比例,这有别于热带雨林。

(3)常绿阔叶林生态系统。常绿阔叶林(evergreen broad-leaved forest),又称樟叶林生态系统,主要处于欧亚大陆东岸北纬22°~40°之间。此外,非洲东南部、美国东南部、大西洋中的加那利群岛等地也有少量分布。中国的常绿阔叶林是世界上分布面积最大,发育最好的。

常绿阔叶林生态系统处于明显的亚热带季风气候区。夏季炎热而多雨,冬季稍寒冷,春秋温和,四季分明。年降水量1000~1500mm,冬季降水少,但无明显干旱。

常绿阔叶林生态系统终年常绿,物种丰富,由常绿双子叶植物构成,较热带雨林简单,乔木一般分为两层,高度在16~20m左右,很少超出25m,藤本植物和附生植物仍常见,主要是草质和木质小藤本。常绿阔叶林生态系统地上生物量和生产力仅次于热带雨林生态系统,居第二位。

(4)落叶阔叶林生态系统。落叶阔叶林生态系统(deciduous broad-leaved forest ecosystem),其植物群落为落叶阔叶林,又称夏绿林(summer green forest)或夏绿木本群落(aestilignosa)。它是温带地区湿润海洋性气候条件下的植被。

落叶阔叶林生态系统分布于中纬度湿润地区。在世界范围内主要分布在三个区域:北美的大西洋沿岸、西欧和中欧海洋性气候的温暖区和亚洲中部。

落叶阔叶林生态系统最显著的特征是有了明显的季节更替,夏季炎热多雨,冬季寒冷。年降水量一般为500~1000mm。由于冬季寒冷,时间长,植物在秋季落叶是防止干旱和寒冷的一种适应。冬季光秃的树干,林内明亮、干燥。夏季呈现一片绿色。落叶阔叶林的结构简单而清晰。多为乔木层、灌木层、草本层和地被层。林内木质藤本植物和附生植物均不多见,以草质和半木质藤本为主,攀援能力不强。

落叶阔叶林生态系统的消费者中哺乳动物有鹿、麞、獾、棕熊、野猪、狐、松鼠等,鸟类有野鸡、莺等,还有各种各样的昆虫。

(5)针叶林生态系统。针叶林生态系统(coniferous forest ecosystem)

处于北半球高纬度地区,面积约 $12\times10^6km^2$,仅次于热带雨林生态系统,居第二位,是寒温带地带性生态系统,它也是森林群落分布的最北界。

针叶林生态系统处于寒温带,由于纬向跨度辽阔,气候状况多样。一般地说,大陆性气候明显。多集中在夏季降雨,年降水量 400～500mm。土壤主要为棕色针叶林土,土层浅薄。有永冻层,不适于耕作。

针叶林生态系统生物成分贫乏。乔木以松、杉为主,有云杉和冷杉、西伯利亚松和西伯利亚落叶松)等。多为单优种森林,树高 20m 左右,这与阔叶林有明显区别。林下灌木稀疏,以常绿小灌木和草本植物组成的地被层很发达,常有多种藓类。林下落叶层很厚,分解缓慢。下部常与藓类组成毡状层。树木根系较浅,这是对土壤冻结层的适应。

其消费者有驼鹿、马鹿、驯鹿、貂、猞猁、雪兔、松鼠、鼯鼠、松鸡和榛鸡等及大量的土壤动物。而昆虫中一些害虫常对针叶林造成威胁,猖獗年份将针叶吃得精光。许多动物有季节性迁徙现象,多数有休眠。

(6)常绿、落叶阔叶混交林生态系统。常绿、落叶阔叶混交林生态系统的植物群落是北亚热带丘陵、低山地区的地带性植被,是过渡类型。由于冬季气温低而绝对低温尚高,因而形成了混交林。这种生态系统中树木一般无明显的优势种,林冠郁茂,参差不齐。因有落叶阔叶树的存在,因此常有明显的季节性。群落结构通常分为乔木层、灌木层和草本层。乔木层又可分为 2～3 个亚层,最高一层由落叶阔叶树组成,主要树种为壳斗科的栎属和水青冈属植物等。

5.6.2 草原生态系统

草原生态系统的分布和特点

草原生态系统(grassland ecosystem)是以各种多年生草本占优势的生物群落与其环境构成的功能综合体,是最重要的陆地生态系统之一。草原是内陆半干旱到半湿润气候下的产物,这里降水不足以维持森林的生长,却能支持耐旱的多年生草本植物的生长。

世界草地总面积约 $50\times10^6km^2$,占陆地总面积的 33.5%(Lieth,1975),仅次于森林生态系统。草原是一种地带性的植被类型,地球上的分布可以分为温带草原与热带草原两类生态系统。温带草原生态系统分布在南北两半球的中纬度地带,主要分布在欧亚大陆草原、北美和南美。地球上最辽阔的欧亚大陆草原,自欧洲多瑙河下游起,经匈牙利,分布的植被称为"普斯塔"(puszta)草原,分布在罗马尼亚、苏联、蒙古,并直达中国境内,有干草原(steppe)之称;北美大陆草原,分布也极辽阔,北起加拿大,南延美国得克萨斯州,这里是普列里草原(prairie);南美草原主要分布在阿根廷中部平原,称为潘帕斯草原(pampas)。这些地区夏季温和,冬季寒冷,春季或晚夏有一明显的干旱期。由于低温少雨,草群低矮,其地上部分高度多不超过 1m,耐寒旱生禾草占优势。

热带、亚热带生态系统主要分布于非洲,南美洲和澳洲的半干旱地区。是以高大禾本科植物(常达 2~3m)为主,其中常散生一些不高的乔木和灌木,故称稀树草原或者叫萨瓦纳(savanna)。这些地区终年温暖,降水量常达 1000mm 以上。土壤受到高温多雨的影响,强烈淋溶,以砖红壤化过程占优势,比较贫瘠。一年中存在一个到两个干旱期。此外,草原生态系统还分布在高山和高原。

草原生态系统的形成与其气候有密切关系。草原生态系统所处地区的气候大陆性较强,降水量少,日温差和年温差变化都大。草原气候的主要标志是水分和温度。热带草原年降水量 800~1000mm,而温带则为 200~450mm,高寒草原则为 100~300mm。水分与热量的组合状况是影响草原分布的决定性因素。从地理分布可以看出,草原处于湿润的森林区与干旱的荒漠区之间。靠近森林一侧,气候半湿润,草木茂盛,种类丰富;靠近荒漠一侧,雨量减少,气候变干,草群低矮、种类组成简单。草原上没有大片森林,主要原因就在于降水量较少。

中国草原生态系统是欧亚大陆温带草原生态系统的重要组成部分。它的主体是东北—内蒙古的温带草原,绵延约 4500km,南北延伸纬度 17°(N35°~52°),东西跨越经度 44°(E83°~127°)。面积 4×10^6 km^2,占国土面积的 1/5。在此空间范围内,生态条件复杂多样,加之海拔高度的差别,由东向西气候变得干燥,可将草原生态系统分为三种类型,它们在生态系列中的位置是:

$$\text{荒漠草原}\xleftarrow[\text{辐射量增加}]{\text{降水减少}}\text{典型草原}\xrightarrow[\text{辐射量减少}]{\text{降水增加}}\text{草甸草原}$$

草甸草原(meadow steppe)生态系统是最湿润的类型,如呼伦贝尔等地,多分布在森林与干草原的中间地带,优势植物有贝加尔针茅、羊草和线叶菊等。亦称“高草草原”(tall grass prairie),生产力较高,是优质草场。

典型草原(typical steppe)生态系统是草原中的典型类型。分布于比草甸草原更干燥的地区,以锡林郭勒草原为代表的类型,建群种为旱密丛禾草植物。

荒漠草原(desert grassland)生态系统是草原中最旱的类型。分布在锡林郭勒往西到二连浩特、鄂尔多斯西部一带。建群种由强旱生丛生小禾草组成。

在上述三个东西并列的中温型草原生态系统以南,即阴山山地以南、鄂尔多斯高原中部和东部等地,分布有暖温型草原。建群种为本氏针茅、短花针茅和多叶隐子草等。

中国西北和西南地区,还有山地草原(指新疆原来是气候非常干旱的荒漠地区,优势种是羽茅、狐茅等)和荒漠草原生态系统(在高山和青藏高原寒冷条件下,由非常耐寒的旱生矮草本植物为优势,如在藏北草原有紫花针茅、荒漠蒿等;在青海湖周围地区有异花针茅和蒿属等植物)。

草原生态系统的结构和功能

草原生态系统中生产者的主体是禾本科、豆科和菊科等草本植物。尤其是禾本科现有约4500种,建群植物只有45～50种。其中有些是草原植被的主要建成者,针茅属(*Stipa*)有"草原之王"的称号,植物最为丰富,"steppe"一词就是由此得来。莎草科、藜科等植物亦占相当大的比重。

草原优势植物如禾本科植物叶片能够充分利用阳光,忍受环境的激烈变化,对营养物质的需求比其他植物少。它还具有耐割、耐放牧和对火的忍耐力。具有耐旱的形态和生理,如有绒毛、卷叶、叶面狭窄、气孔下陷、机械组织发达等。依其草的高度,群落结构一般分为3层:高草层、中草层和矮草层(下层)。植物的地下部分强烈发育,其郁闭度和层次结构远远超过地上部分。

气候(温度)对草原植物有明显的影响。不同地带的草原物种组成有很大差异。不同草原生态系统植物种类的多样性不同。生态条件越适宜种类越丰富,群落结构也较复杂,有地上及地下层的分化。反之,生态条件越严酷,种类越简单,群落结构也较简化。

广阔的草原上有许多大型植食动物,如热带稀树草原上的长颈鹿、斑马、瞪羚;温带草原上野驴、黄羊、野骆驼等。啮齿类动物很多,如黑线仓鼠、达乌尔鼠兔、五趾跳鼠、达乌尔黄鼠、莫氏田鼠,它们既可采食植物茎、叶、果实也取食植物地下部分。是草原生态系统食物链的主要成分和环节,在整个草原生态系统中具有重要意义。

草原上数量最多的鸟类是云雀、百灵和毛腿沙鸡等。草原爬行动物以沙蜥、麻蜥、锦蛇和游蛇为常见种类;两栖动物种类较少,只有蟾蜍比较常见。无脊椎动物,尤其是昆虫种类和数量都很丰富,同翅目、鞘翅目、鳞翅目、膜翅目等昆虫占优势;草原蝗科中许多种蝗虫则是草原的大害虫。双翅目中除蚊蝇外,还有蠓、虻等卫生、畜牧害虫。

草原食肉动物以狼、狐、猫、黄鼬、香鼬及鹰等占优势,它们可以调节某些植食动物的种群数量,从而维持草原生态系统的稳定。至于热带草原上的雄狮、猎豹等食肉动物在该生态系统中也起着显著的作用。草原猛禽以苍鹰、雀鹰、草原雕、鸢和大鵟最为常见,它们以小型食草动物为食。

高寒草原分布的野生动物主要为藏羚、野牦牛、雪豹和啮齿类。家畜主要是牦牛。山地草原野生动物主要有鹅喉羚、狍和岩羊,家畜主要是细毛羊。

草原植物在生长季的光能利用率大约在 0.1%～1.4%。草原生态系统的初级生产量在所有陆地生态系统中居中等或中等偏下水平。它的生产力主要受到水分条件的限制。因此,从草甸草原至荒漠草原,随雨量减少,初级生产力也随之有规律地下降。稀树草原的生产力显然要比温带草原高,平均达 $1600g/(m^2 \cdot a)$。最高可达到 $4000g/(m^2 \cdot a)$。

5.6.3 荒漠生态系统

荒漠生态系统的分布、基本特征

荒漠生态系统(desert ecosystem)是地球上最为干旱的地区,其气候干燥,蒸发强烈,由超旱生的小乔木、灌木和半灌木占优势的生物群落与其周围环境所组成的综合体。荒漠有石质、砾质和沙质之分。人们习惯称石质和砾质的荒漠为戈壁(gobi)或戈壁沙漠(gobi desert);沙质的荒漠为沙漠(sandy desert)。世界性土地荒漠化或沙漠化(desertification)在发展。所谓荒漠化是指在干旱、半干旱地区和一些半湿润地区,生态环境遭到破坏,植被稀少或缺乏,土地生产力有明显的衰退或丧失,呈现荒漠或类似荒漠景观的变化过程。全球荒漠化土地面积有 3600 万 km^2,占地球陆地面积的 28%。主要分布于亚热带干旱区,往北可伸达温带干旱区。世界上最广阔的荒漠区是在北半球,包括非洲北部的大西洋岸,往东的撒哈拉沙漠;亚洲的阿拉伯半岛、伊朗、印度和巴基斯坦的沙漠,原苏联的中亚沙漠、中国西北和蒙古的大戈壁等连续的干旱区,约占世界总的荒漠面积的 67%。南半球有澳大利亚中部沙漠、智利和南非的一些沙漠。荒漠生态系统的生态环境严酷。极端干旱是其最重要的一个特征。一般年平

均降水量只有 50～150mm,少的不到 20mm,最多也不超过 200～300mm。降水少而且不稳定,年变率大。降水少蒸发却极为强烈,一般,年蒸发量在 2500～3000mm,超过降水的 10 倍,数十倍甚至上百倍。最热月平均温度达 40℃,最高温度高达 46～57℃。日照充足,热量丰富。有的全年日照时数在 2500～3500 小时,气温变化大,冷热剧变,日温差大,一般在 10～20℃,可达 40℃以上。

植物群落以超旱生小乔木和半木本植物为优势物种。超旱生草本植物和短生植物也具有一定季节的优势,荒漠生态系统生物种类极度贫乏,种群密度稀少,脆弱而不稳定。由于人类的不合理开发和利用,很容易引发整个生态系统的破坏。土地荒漠化已成为十大全球性生态环境问题之一(详见第 11 章)。

荒漠生态系统的结构与功能

荒漠生态系统的生产者首先是一些高等绿色植物,分布稀疏,几乎全为旱生类型,种类较为贫乏,但是,植物的生态类型仍是多种多样,中国荒漠植被区系超过 91 科,420 种的荒漠植物具有一系列旱生的生态特性:①叶面有密的绒毛,以减少蒸腾作用,如蒿属;②叶面积大大缩小,如驼绒藜属;③有的植物近于无叶,以绿色茎干营光合作用,如麻黄属;④叶面角质层加厚,气孔密度小而下陷,以减少蒸腾作用,如桉属等;⑤荒漠多年生植物有强大根系,以增加对干旱土壤中水分的吸收,侧根可以向四方扩展,通常植物根深和根幅都比株高冠幅大几倍、几十倍,如白琐琐;⑥一些一年生植物的根都很浅,只要降很少的雨滴,地表湿润,它们就能充分利用来生长、开花、结果,在夏季干旱来临以前,完成其生活周期,如禾本科、莎草科、百合科等;⑦有些生长在盐化土壤上的植物,其叶、茎肉质化而含盐,可以从盐度高的土壤中吸收水分,如假木贼属、猪毛菜属等;⑧还有许多植物的萌蘖性强,能耐风沙袭击,如柽柳被沙埋仍可生出不定根,生长得更加旺盛;⑨更有许多肉质植物,白天在强烈日照下,它们的气孔完全关闭,到了晚间才开放气孔,吸收 CO_2,以特殊的景天酸代谢途径(CAM)进行光合作用。

荒漠中的消费者主要是爬行类、啮齿类、鸟类和昆虫等。它们都具有惊人的适应能力:①一些抗旱动物,它们能一次饮水后,3～5 天甚至 7 天不饮水而能正常生活,如骆驼、羚羊;②一些耐旱动物,一生中很少喝水或不喝水,靠所采食的植物体或种子中所含水分而生存,如鼠类、蜥蜴和蚁类等都有节水机制。

荒漠生态系统环境条件极端严酷，降水量少而集中。一年中连续降雨有3～15次，其中只有1～6次的雨量大，足以刺激生物的活动力。因此，荒漠生态系统的生物是交替地经历着生长、发育期和相对不活动的静止期。降水促进了生物的生长、繁殖的过程，在短期的水分供应之后，又重新出现干枯。生物生产量和生物量又停留在一个低水平上。

荒漠生态系统初级生产量取决于可利用的有效水量和植物利用水的效率。一般地，荒漠生态系统初级生产量非常低。如有科学家分析世界上各种荒漠生态系统资料，认为在干旱地带，地上植物的净初级生产量在30～200g/(m^2·a)。地下根系的生产量也很低，为100～400g/(m^2·a)。积累的生物量总量和周转的速率(产量与生物量之比)常因植物类型而有不同，如由乔木、灌丛和仙人掌占优势的荒漠，每年的生产量是地上现存量(300～1000g/m^2)的大约10%～20%；在有多年生植物的荒漠中，每年的生产量是生物量(150～600g/ m^2)的20%～40%；而在一年生植物组成的荒漠，其周转率可达100%。

荒漠生态系统中植食动物多是广谱性的，它们广泛取食不同植物的各个部位。荒漠绵羊和黑尾鹿等在有多汁的和短生植物时，就以这些植物为食，在干旱期间则改食木本植物的嫩枝和叶，它们还可以食用枯枝落叶和地衣，以维持其生存。小的植食动物，如一些啮齿类和蚁类主要以种子为食。西方收获蚁就是取食种子的。它们把荒漠地面的种子收集并贮存在地下蚁窝里。

荒漠中食肉动物都是广食性的。蜥蜴以蚂蚁为食，狐狸和狼吃野兔和爬行动物，而它们常以更杂的食物为食，包括叶子、果实；还有那些以昆虫为食的鸟类和啮齿类也大量取食植物性食物。这足以表明，荒漠生态系统是以杂食性动物为主，形成了一个较为复杂的食物网。

荒漠土壤中有多种类群的微生物，主要的是真菌、细菌和放线菌。土壤微生物的数量达到每克土中100万至数百万个。微生物的分解作用只局限在有水分可利用的短暂时间里，这有助于短生植物的生物量以枯枝落叶的形式积累在地表上，通过放牧、风化和侵蚀而消失。在一些荒漠中，分解作用的主要途径是通过食碎屑的节肢动物进行的。有相当大量的养分是通过白蚁固定在白蚁巢里，当蚁巢破坏后养分可以释放出来。

5.6.4　苔原生态系统

苔原生态系统的分布和基本特点

苔原生态系统(tundra ecosystem)是由极地平原和高山苔原的生物群落与其生存环境所组合成的综合体,主要特征是低温、生物种类贫乏、生长期短、降水量少。

苔原(tundra)也叫冻原,这一名词来源于芬兰语"tunturi",意思是没有树木的丘陵地带。全球苔原面积约 800 万 km^2,约占陆地总面积的 5.3%,主要分布于北冰洋周围沿岸,在欧亚大陆北部和北美北部占据了很大面积,形成了一个大致连续的地带。在南半球,仅分布在马尔维纳斯群岛、南佐治亚群岛和南奥克尼群岛。中国因纬度低不存在平原苔原,仅在温带东部的长白山和西部的阿尔泰山高山带,存在山地苔原。

苔原的生态环境甚为恶劣。气候特点是寒冷,年平均气温在 0℃以下,冬季漫长而严寒,最低温可达 -70℃,有 6 个月见不到太阳;夏季短而凉,最热月平均气温为 0～10℃。植物生长季很短,大约 2 个月左右。年降水量不多,亚洲东北部为 100mm,阿拉斯加为 124.4mm,降水次数多,水分蒸发小,空气湿度大。苔原还有风大、云多等特点。

苔原土壤在一定深度下都有永冻层,且分布广,它是苔原生态系统最为独特的一个现象。所谓永冻层是指土层下面永久处于冻结状态的岩土层,深度从几米至数百米,甚至达 1000m,永冻层的存在有碍地表水的渗透,易引起土壤的沼泽化。冻土层上部是冬冻夏融的活动层,其厚度在粘质土为 0.7～1.2m,砂质土为 1.2～1.6m。活动层对生物的活动和土壤的形成具有重要意义。植物的根系得到伸展,吸取营养物质;动物在此挖掘洞穴,有机物得到积累和分解。

苔原植物具有系列的抗寒和抗干旱生理生态学特性。许多植物在严寒中营养器官不受损伤,有的植物在雪下生长和开花。北极辣根菜的花和果实在冬季可以被冻结,但是,春天气温上升,一旦解冻又继续发育。在低温下,植物生长得极慢。极柳在一年中枝条增长仅 1～5mm。苔原通常全是常绿多年生植物,没有一年生植物。矮桧、越橘等小灌木在春季可以很快进行光合作用,而不必再形成新叶。还有在北极苔原罕见的许多矮生植物,紧贴地面,匍匐生长,如网状柳,有的是垫状型,如高山葶苈。这些特点是苔原植物抵抗高山苔原大风,保持温度,减少蒸腾的重要适应。

苔原生态系统的结构与功能

苔原植被处于极为不利的生态条件。冬季漫长而严寒,夏季短促而凉爽,植物生长期短,因此这里的植物种类少,群落结构简单。植物多是寒带植被的种类,数目通常为100～200种,较南部地区可达400～500种,有灌木和草本而无乔木。苔藓和地衣很发达,在系统中保护着灌木和草本植物的根、茎基部以及更新芽。在某些地区可以成为优势种,故有苔原之称。群落层次少且不明显。代表性的科是石南科、杨柳科、禾本科、莎草科、毛茛科、十字花科和蔷薇科。典型的灌木有矮桦、匍匐柳、网状柳、北极果、多瓣木等,草本植物主要有苔草属、发草属、马先蒿属等,苔藓和地衣的主要代表有金发藓属、冰岛衣属、石蕊属等。

山地苔原面积较小,动物种类也就更少了。只有少数特有的物种,在北美高山地区有驼鹿、盘羊,它们在高山草甸度过夏天,冬天则在低山坡上生活;囊鼠是这里很重要的动物,它挖掘地洞啃食根系,并将土壤堆积在地面上压伤植物,其活动对高山植物类型有影响。高山苔原有不少昆虫,如跳虫、甲虫、蝴蝶很普遍。昆虫发育缓慢,蚱蜢要经3年才能成熟。北极苔原食肉动物有狼、北极狐和雪鸮、毛脚鵟等。

苔原生态系统的食物链一般有3个营养级,通常是由生产者、初级消费者和次级消费者所组成。如草本植物→啮齿类→北极狐;草本植物→驯鹿→狼;草本植物→雷鸟→北极狐。

由于苔原冬季气候严寒,大部分动物都采取季节性的迁徙。又由于许多动物种群不同年份间数量变化较大,从而引起种间联系的不稳定。为适应这种生态环境,许多动物是广食性和杂食性。如北极狐既捕食旅鼠和鸟类,也食浆果。因此,食物链彼此交叉,形成了较为复杂的食物网。

苔原生态系统生物生产力很低,苔草、羊胡子草、石南和灌木-石南群落地上部分净生产量为40～110g/(m^2·a);苔属和苔属-禾草草地的地下净生产量为130～360g/(m^2·a)。活的植物地上部分现存量与其地下部分现存量之比为1:(5～11),活的根系占总根量的60%。苔原初级生产量的一个特点是,植物生长大部分是在地下进行的。

在矮小灌丛和灌丛苔原植物的地上部分、茎干和根的比率幅度为1:(4～10)。有资料报道,植被的地上部分初级生产量每天的生长速率为0.9～1.9g/m^2·d,其效率在生长季节为0.20%～0.5%。这种生产速率几乎与温带生态系统的生长速率相当。但是,这里的生长季节太短,只有50～75天。因此,一年中总的生产量就不会太高了。

惠特克(Whittaker,1970)估计,苔原生态系统生物量为 5×10^9t,占世界陆地生态系统总生物量的0.27%;苔原生态系统每年提供的初级生产量为 1.1×10^9t,占世界陆地每年提供的总数的1.01%。

动物生物量较低,通常不到植物生物量的1%。如加拿大阿拉斯加苔原以麝牛和北美驯鹿为代表的食草动物的平均现存量是0.17kg/km²,夏天麝牛每公斤体重须消耗30～34g左右植物,同化率为56%。成年旅鼠每克体重要消耗大约0.32g的干物质,幼鼠则为0.53g;成年旅鼠在夏季消耗它们体重的170%,幼鼠为200%,同化率为37%。

食肉动物北极狐在夏季一天消耗的热量为1100～1870J/kg,冬季则为228～302J/kg。北极狐是高效率的同化者,它排出的粪便很少超过摄取总能的5%。雪鸮以旅鼠为食,冬季一天中需4～7只旅鼠作为食物。

5.6.5　湿地生态系统

湿地的分布和主要特点

湿地生态系统(wetland ecosystem)是指地表过湿或常年积水,生长着湿地植物的地区。湿地是开放水域与陆地之间过渡性的生态系统,它兼有水域和陆地生态系统的特点,同时具有其独特的结构和功能。

湿地(wetland)泛指一切地表过湿或有积水的浅水湿地。狭义的则是强调泥炭的存在。英文文献中有关湿地的术语也不相同。矿质土壤的湿地,以传统的草本植物为主的是"marsh",草本泥炭沼泽是"fen",以木本植物为主的是"swamp",而富有泥炭的贫养泥炭湿地是"bog",酸性沼泽是moor。

全世界湿地约有5.14亿 hm²,约占陆地总面积的6%(Mitsch,1986)。湿地在世界上的分布,北半球多于南半球,而且多分布在北半球的欧亚大陆和北美洲的亚北极带、寒带和温带地区。南半球湿地面积小,主要分布在热带和部分温带地区。加拿大湿地居世界之首,约1.27亿 hm²,占世界湿地面积的24%,美国有湿地1.11亿 hm²,再其次是俄罗斯、中国、印度等。中国湿地面积约占世界湿地面积的11.9%,居亚洲第一位,世界第四位。

湿地生态系统分布广泛,形成不同类型。有以优势植物命名,如芦苇沼泽、苔草沼泽、红树林沼泽等。湿地环境有机物难以分解,故多泥炭的积累,湿地常呈现一定的发育过程,随着泥炭的逐渐积累,矿质营养由多变少。因此,有富养(低位)沼泽、中养(中位)沼泽和贫养(高位)沼泽之分。

富养沼泽是沼泽发育的最初阶段。水源补给主要是地下水，水流带来大量矿物质，营养较为丰富。植物主要是苔草、芦苇、蒿草、柳、落叶松、水松等。

贫养沼泽，往往是沼泽发育的最后阶段。由于泥炭层的增厚，沼泽中部隆起，高于周围，故称为高位沼泽。水源补给仅靠大气降水，营养贫乏。植物主要是苔藓植物和小灌木，尤以泥炭藓为优势，形成高大藓丘，所以这类沼泽又称泥炭藓沼泽。

中养沼泽是介于上述两者之间的过渡类型。营养状态中等。既有富养沼泽植物，也有贫养沼泽植物。苔藓植物较多，但未形成藓丘，地表形态平坦。

湿地生态系统广泛分布在世界各地，是地球上生物多样性丰富，生产量很高的生态系统。它对一个地区、一个国家乃至全球的经济发展和人类的生态环境都有重要意义。因此，对于湿地生态系统的保护和利用已经成为当今国际社会关注的一个热点。1971 年全球政府间的湿地保护公约《关于特别作为水禽栖息地的国际重要湿地公约》，简称《湿地公约》诞生，至今已有 96 个国家和地区加入了《湿地公约》，中国于 1992 年正式成为公约缔约国。《湿地公约》指出："湿地是不问其天然或人工、永久或暂时的沼泽地、湿原、泥炭地或水域地带，常有静止或流动、咸水或淡水，半碱水或碱水水体者，包括低潮时水深不过 6m 的海滩水域。"还包括河流、湖泊、水库、稻田以及退潮时水源不超过 6m 的沿岸带水区。

湿地生态系统中水文是最为主要的特征。

湿地水文条件成为湿地生态系统区别于陆地生态系统和深水生态系统的独特属性，包括了输入、输出、水深、水流方式、淹水持续期和淹水频率。水的输入来自降水、地表径流、地下水、泛滥河水及潮汐(海岸湿地)。水的输出包括蒸腾作用，地表外流，注入地下水以及感潮外流。湿地水周期是其水位的季节变化，保证了水文的稳定性。

湿地土壤是湿地的又一主要特征，通常称为水成土，即在淹水或水饱和条件下形成的无氧条件的土壤。湿地土壤中有机物质的有氧呼吸、生物降解受到条件的制约；几个无氧过程能降解有机碳。由厌氧菌进行发酵作用，为其他厌氧菌提供底物的中心作用。能将高分子量的碳水化合物分解成低分子量的可溶性有机化合物，提供给其他微生物利用。在水的过饱和状态下，动植物残体不易分解，土壤中有机质含量很高。泥炭沼

泽土的有机质含量可高达60%～90%。其草根层的潜育沼泽持水能力为200%～400%;泥炭沼泽较强,草本泥炭在400%～800%,藓类泥炭一般都超过1000%。

湿地生态系统的另一个特点是过渡性。

湿地生态系统位于水陆交错的界面具有显著的边际效应(或称边缘效应,edge effect)。所谓边际效应是指在两类(水、陆)生态系统的过渡带或两种环境的结合部,由于远离系统中心,所经常出现的一些特殊适应的生物物种,这类地带具有丰富的物种。

湿地有一般水生生物所不能适应的周期性干旱;湿地也有一般陆地植物所不能忍受的长期淹水。湿地生态系统的边际效应不仅表现在物种多样性上,还表现在生态系统结构上,无论其无机环境还是生物群落都能反映出这种过渡性。湿地生物群落就是湿地特殊环境选择的结果,其组成和结构复杂多样,生态学特征差异大,这主要是由于湿地生态条件变幅很大,不同类型的湿地生境条件存在很大差异。许多湿生植物具有适应于半水半陆生境的特征。如具有的通气组织发达,根系浅,以不定根方式繁殖等特点。湿生动物也以两栖类和涉禽占优势。涉禽所具有的长嘴、长颈、长腿,较好地适应湿地的过渡性生态环境。

湿地生态系统主要服务功益

湿地生态系统,无论是淡水湿地还是滨海湿地都被认为是一种具有独特功能的系统。重要性体现在生物多样性的保护和蓄水、调节气候等方面。

(1)天然的基因库。湿地独特的生态环境为多种植物群落提供了基地。我国湿生植物100余种、湿生药用植物250余种。我国著名的杂交水稻所利用的野生稻亦来源于湿地。动物方面,有些脊椎动物永久地生活在湿地上。例如,海牛、河马、淡水海豚、沼泽乌龟等。还有居留的兽类。湿地是多种鱼、虾、贝类的生产、繁殖基地,据统计,全世界2/3的渔业生产集中在湿地地区。它也是多种水禽、野生动物的栖息地。特别是丹顶鹤、白鹳、扬子鳄等独特的生境。据统计,我国内陆湿地有高等植物1540多种,高等动物1500种,其中水禽约300余种,占全国鸟类总数的1/3左右,主要包括了鹤形目、鹳形目、雁形目和鸥形目等的一些鸟类,都是世界闻名的。40余种国家一级保护的鸟类有一半生活在湿地。

(2)潜在资源。湿地生态系统是许多粮食植物的重要生境。生长在水淹土壤的水稻是世界50%以上人口的粮食,占世界总耕地的11%。湿地中还有一部分是可以开辟为耕地、林地或者牧场的。如三江平原已由“北大荒”经过排水、开发成为“北大仓”。生产在东南亚湿地的西米椰子可制成西米粉,其淀粉产量每年每公顷达7～19t,最高达30t。湿地也可以作为毛皮动物,如海狸鼠、貉、水貂和水獭的饲养基地。美国路易斯安那州的毛皮量85%来自湿地,每年获利2400万美元。

(3)净化功能。实践证明,湿地生态系统绝不是污水坑,而是具有重要的净化水源的功能,被誉为自然界的“肾脏”。湿地主要通过以下途径发挥其净化作用:

• 排除水中营养物质进入湿地生态系统的氮。可通过植物、微生物的聚集、沉积以及脱氮作用而将氮从水中排除。水生植物吸收水域中的氮、磷等营养物质,并可富集金属及一些有毒物质,连同植物体一起,堆积在沉积物中,因而使营养物质滞留较长时间。

• 阻截悬浮物。湿地生态系统通过吸附、植物的吸收、沉降等作用阻截悬浮物而使水体得到改善。这一过程也起到除细菌、除病毒的作用,并可以将水中金属物质一同消除。如$1m^2$的芦苇可以吸收2～3kg的氮,以此净化水源。

• 降解有机物。湿地的pH值都偏低,有助于酸催化水解有机物。浅水湿地为污染物的降解提供了良好的环境。湿地的厌氧环境又为某些有机污染物的降解提供了可能。在国外已广泛利用湿地生态系统这一特点,把一定数量的废水排入湿地,净化水体。世界上已有不少湿地污水处理系统,如佛罗里达州 Walt Disney 综合企业附近的一处天然湿地是美国最大的湿地污水处理系统。湿地用于净化污水具有广阔前景。

(4)气候和水文调节等功能。湿地地表积水,底部有良好的持水性,是一个巨大的贮水库。湿地生态系统通过强烈蒸发和蒸腾作用,把大量水分送回大气,调节降水,使局部气温和湿度等气候条件得到改善。湿地释放的CH_4、H_2S、N_2O和CO_2等微量气体,对全球变化具有重要意义。

湿地还具有削减洪峰、蓄纳洪水、调节径流的功能,在防御洪水和提供旅游资源等方面均起到了重要作用。

中国的湿地生态系统

(1)我国湿地的分布与分区。我国是世界上湿地生物多样性最丰富的国家之一,是亚洲湿地类型齐全、数量多、面积最大的国家。据初步统计,我国沼泽约1100万hm^2,湖泊1200万hm^2,滩涂和盐沼地210万hm^2,稻田3800万hm^2,共计6300万hm^2。还没有包括江河、水库、池塘

以及浅海水域，因此，这个数字只是一个偏低的统计数字。

根据生物区系特征、气候特点和生物多样性的丰富程度，中国湿地可以分为8个主要区域，即东北湿地、华北湿地、长江中下游湿地、杭州湾北滨海湿地、杭州湾以南沿海湿地、云贵高原湿地、蒙新干旱、半干旱湿地和青藏高原高寒湿地。可以看出，湿地在我国分布广泛，各气候带内的山地和平原几乎都有分布。我国东半部湿地面积远远大于西半部地区，占全国湿地面积的3/4。东半部的东北山地和平原分布面积最大，占全国湿地面积的一半，而大面积的湿地集中在东北寒温带、温带气候区。西半部湿地的分布趋势是南部多于北部，南部为青藏高原，湿地集中分布于谷地，面积仅次于东北地区，约占全国湿地面积的20%。多分布在山地、高原，而平原较少。沼泽在山地的分布十分广泛，如东北大小兴安岭和长白山地；西北的天山、阿尔泰山等；华北的燕山、太行山地等。山地沼泽面积约占全国沼泽面积的60%。分布的高度不同，如长白山地沼泽在海拔500m以下的山间盆谷地；而井冈山、武当山等多分布在海拔700m以上。

(2)湿地类型。目前国际上还没有一个公认的湿地分类的标准。因为湿地广泛分布在世界各地，生态环境差异大，湿地类型的划分通常根据水深、水质、水流状态、水生植物和土壤的发育等因素。1977年史密斯根据水的咸淡，同时又考虑了水深和植被等因素，提出了湿地的20个类型。中国湿地类型总共可以分为6类，见表5-5。

我国湿地主要类型有泥炭沼泽和潜育沼泽。草本植物为我国沼泽植被的主体，沼泽类型最多，面积最大。遍布全国各地，其中尤以东北三江平原和若尔盖高原沼泽面积最大。乌拉苔草(*Carex meyeriana*)沼泽俗称“塔头甸子”。地表有斑点状草丘，丘间积水，水微酸性，群落外貌浅绿色、乌拉苔草为建群种，塔头苔草(*C. taco*)为优势种。常见伴生种有毛果苔草(*C. lasiocarpa*)、沼苔草(*C. limosa*)等，偶见小灌木越橘柳，在塔头积水处，可见睡菜(*Menyanthes trifoliata*)等。

在我国东半部平原和滨海地区，内蒙古、新疆内陆干旱地有零星沼泽分布。沼泽湿地排水后，能开发为农田。

浅水湖泊和湖滩主要分布在东半部和青藏高原。长江中下游平面与华北平原区是我国淡水湖比较集中的区域，如长江中下游的五大淡水湖是湖滩湿地面积最大的区域。

表 5-5 中国湿地类型的划分①

类 型	名 称	地貌特点	植 被	主要分布地点
泥炭湿地	1. 草本泥炭湿地	湖滨、沟谷、河滩等低洼地	多种苔草、芦苇、睡草和甜茅等植物组成泥炭沼泽	若尔盖高原沼泽、新疆博斯湖沼泽等
	2. 木本-草本泥炭湿地	山区河漫滩、缓坡地上	乌拉苔草、灰脉苔草形成草丘,散生着落叶松	大小兴安岭、长白山和西藏山区的河漫滩
	3. 木本-草本-藓类泥炭湿地	山地丘陵缓坡、台地、沟谷源头的洼地	多种落叶松、柴桦和乌拉苔草、白毛羊胡草等	大小兴安岭、长白山和完达山的缓坡、台地、沟谷源头的洼地
	4. 藓类泥炭湿地	河流附近或高山阴坡上,潮湿无积水	泥炭藓、中位泥炭藓等,形成厚厚的覆盖地面	仅在东北地区汤旺河流域和长白山南坡台地等少量分布
潜育湿地	5. 草本潜育湿地	地表长期过湿或有积水、土层严重滞育化	以芦苇分布最广、还有苔草、香蒲	三江平原、长江中下游平原、黄淮平原低洼地区
	6. 木本-草本潜育湿地	地表季节性积水或临时积水,藻的草根层	以柴桦、赤杨等灌丛植物和几种苔草组成群落	大小兴安岭、三江平原有零星分布

(3)建立湿地自然保护区。建立各类自然保护区是保护湿地生态系统和湿地资源最有效的措施。林业部自20世纪70年代开始,在青海湖鸟岛和黑龙江扎龙建立了两个湿地自然保护区。经过20余年的努力,我国已建立各种类型的湿地自然保护区152处。其中有长岛、兴凯湖、东塞港、达贲湖、洪河、盐城、双合子河口等29处为国家级自然保护区。其中有吉林向海、黑龙江扎龙、青海鸟岛、海南东塞港、江西鄱阳湖、湖南洞庭湖、香港米埔等7个自然保护区列为国际重要湿地。2005年建立了9个国家城市湿地公园,分别是北京市翠湖、唐山市南湖、无锡市长广溪、常熟市尚湖、绍兴市镜湖、东营市明月湖、东平县稻屯洼、常德市西洞庭湖青山湖、淮北市南湖。

① 引自蔡晓明:《生态系统生态学》,科学出版社2001年版。

5.6.6　水域生态系统

水域生态系统(water ecosystem)中有广阔的海洋、江河和湖泊等,占据地球上最广大的面积。与陆地生态系统不同的是:水的密度大于空气,具有较大的浮力;水体具有折射性,能将太阳一大部分光反射到大气中,其长波辐射被吸收,水深处则以绿光为主;水域中物质循环速度比陆地的快;水域常具有复杂的垂直分层;浮游生物代谢率高,繁殖快。由于地理位置、气候、地形等的差异,水域生态系统可以划分为淡水和海洋两类生态系统。

淡水生态系统

(1)淡水生态系统分布和基本特点。在地球上散布着大小、方圆、深浅不一的淡水水域,面积共约4500万km^2,只占水域面积的2%～3%。虽然淡水水面不大,但是,自古以来,人类傍水而居,世代相传。它在整个生物圈中占有重要地位。

淡水生态系统(freshwater ecosystem)的基本特点概括如下:①淡水生态系统的生产者是藻类和水草,藻类和水草体内的有机物质中所含的C、N、P等主要营养元素,一般都有一个较稳定的比例:按重量计,C∶N∶P为41∶7.2∶1;按原子数计为106∶16∶1。也就是说,藻类和水草在光合作用过程中,每生成100g的干有机物,就要消耗1g的磷,7.2g的氮和41g的碳;②淡水中的消费者有以藻类和水草为食的一级消费者浮游动物和鲢鱼、草鱼等鱼类;③由于水域的影响,太阳辐射减弱。当太阳辐射水体时,红外线在最上层的几厘米处便被吸收掉。紫外线可以透过上部十几厘米或几米的水层。可见光可以透过较深的水层。水体中辐射强度的变化,主要决定于光照的强度和性质、水面太阳被反射的量和水的深度。淡水生态系统的生产力一般比陆地的低得多。

淡水环境可以划分为静水(lentic water)和流水(lotic water)两类。

(2)静水生态系统。静水生态系统是指那些水的流动和更换很缓慢的水域,如湖泊、池塘和水库等。

静水生态系统的基本特征是(以湖泊为重点加以说明):①界限分明。一般地说,湖泊、池塘的边界明显,远比陆地生态系统易于划定,在能量流、物质流的过程中属于半封闭状态,所以,常作为生态系统功能研究之用。②面积较小。世界湖泊主要分布在北半球的温带和近北极地区,除了少数湖泊具有很大的面积(如苏必利尔湖、维尔多利亚湖)或深度(如贝加尔湖、坦噶尼喀湖)之外,大多数都是规模较小的湖泊。我国湖泊面积在500km^{2}以上的并不多,绝大多数湖泊的面积均不足50km^2。③湖泊的分层现象。北温带湖泊存在的热分层现象非常明显。湖泊水的表层为湖上层(epilimnion),底层是为湖下层(hypolimnion),两层之间形成一个温度急剧变化的层次,为变温层(thermocline)。随地区和季节而变动。④水量变化较大。湖泊水位变化的主要原因是进出湖泊水量的变化。⑤演替、发育极慢。淡水生态系统发育的基本模式,是从贫营养到富营养和由水体到陆地。

静水生物群落。以湖泊为代表的静水生物群落具有成带现象的特征,可以按区域划分为三个明显的带:沿岸带、敞水带和深水带生物群落。

• 沿岸带生物群落(community in littoral zone)。这一带是光线能透射到的浅水区。

沿岸的生产者主要有两大类,即有根的或底栖植物和浮游或漂浮植物。沿岸带内典型的有根水生植物形成同心圆带,并随着水的深度而变化,一个类群取代另一个类群,顺序为:挺水植物带→漂浮植物带→沉水植物带。沿岸带的无根生产者由许多藻类组成,主要类型是硅藻、绿藻和蓝藻。其中,有些种类是完全漂浮性的,而另一些种类,则附着于有根植物或者和有根植物有密切的联系,参看第四章的群落演替。

沿岸带的动物种类较多,所有淡水中有代表性的动物门都分布于这一带。附生生物类型中,一般有池塘螺类、蜉蝣和蜻蜓稚虫、轮虫、扁虫、苔藓虫、水螅等。自游生物(necton)中种类和数量较多的是昆虫纲的昆虫,如龙虱、蝎蝽、仰泳蝽、牙虫等。两栖类脊椎动物蛙、龟、水蛇等亦是沿岸带的主要成员。鱼类则是沿岸带和敞水带的优势类群。水中的浮游动物一般数量较大,浮性较差的甲壳类,在不主动游泳、活动时,它们的附肢常缠附在植物上或栖息于底部。沿岸带常见浮游动物的种类有搔属、介形类等。

• 敞水带生物群落(community in the limnetic zone)。开阔水面的浮游植物生产者主要是硅藻、绿藻和蓝藻。大多数种类是微小的,单位面积的生产量有时超过了有根植物。这些类群中有许多具有突起或其他漂浮的适应性。这一带浮游植物种群数量具有明显的季节性变化。浮游动物由少数几类动物组成,但是,其个体数量相当多。桡足类、枝角类和轮虫类在其中占重要位置。我国人工经营的水体中,鱼类(鲢和鳙)已经成为优势种群。

• 深水带生物群落(community in the profundal zone)。这一水区基本上没有光线,生物主要从沿岸带和湖沼带获取食物。深水带生物群落主要由水和淤泥中间的细菌、真菌和无脊椎动物组成。主要无脊椎动物有摇蚊的幼虫、环节动物颤蚓、小型蛤类和幽蚊幼虫等。这些生物都有在缺氧环境下生活的能力。

(3)流水生态系统。流水生态系统(lotic ecosystem)是指那些水流流动湍急和流动较大的江河、溪涧和水渠等,贮水量大约占内陆水体总水量的0.5%。

流水生态系统主要特点有以下三方面:①水流不停。②陆—水交换,河流与周围的陆地有较多的联系。河流、溪涧等形成了一个较为开放的生态系统,成为联系陆地和海洋生态系统的纽带。③氧气丰富,由于水经常处于流动状态,又因为河流深度小,和空气接触的面积大,致使河流中经常含有丰富的氧气。因而,河流生物对氧的需求较高。

流水生物群落一般分为两个主要类型:急流生物群落和缓流生物群落。在流水生态系统中河底的质地,如沙土、黏土、砾石等对于生物群落的性质、优势种和种群的密度等影响较大。

急流生物群落是河流的典型生物代表,它们一般都具有流线型的身体,以便在流水中产生最小的摩擦力;或者许多急流动物具有非常扁平的身体,使它们能在石下和缝隙中得到栖息。此外,它们还有其他一些适应性:①持久地附着在固定的物体上,如附着的绿藻、刚毛藻。②具有钩和吸盘等附着器,以使它们能紧附在物体的表面,如双翅目的蚋和网蚊的幼虫。③粘着的下表面,如扁形动物涡虫等动物能以它们粘着的下表面贴附在河底石块的表面。④趋触性,有些河流动物具有使身体紧贴其他物体表面的行为,如河流中石蝇幼虫在水中总是和树枝、石块或其他任何物体接触。如果没有可利用的物体,它们就彼此抱附在一起。

(4)淡水生态系统的能流和生产力。淡水生态系统中的能量流动,是通过牧食食物链和碎屑食物链共同实现的。但是,在不同的水域中,这两类能量流动线路所起的作用有明显的差别。通常,大型湖泊和水库中以牧食食物链为主,而碎屑食物链在水生高等植物繁茂的水体中起主导作用,约有90%的初级生产量是通过碎屑线路被利用的。

淡水生态系统的初级生产力决定于水体的营养状况、光照强度及其他环境条件,其生产力水平依水体的类型、地理分布和发育年龄而有很大的差别。据IBP的调查表明,世界湖泊总初级生产量为2093kJ/(m^2·a)

(北极湖) ~41868kJ/(m^2·a)(某些热带湖泊)。

微型浮游动物和底栖动物的次级生产量在水域的生产过程中也具有极大的作用。如浮游原生动物的年产量达142351.2J/m^2,其他浮游动物总年产量为184219J/m^2,轮虫的年产量一般低于原生动物,原苏联中部地带湖泊和水库中约为每平方米几十克。

在温带底栖动物的现存生产量平均为0.1~13.0g/m^2,产量一般随水深而降低,沿岸带常高于深水带。底栖动物的生产量通常仅为浮游动物的1/5~1/10。

鱼类生产量通常每平方米有几十克。温带静水水体在单种种群占优势时,鱼类年生产量多为1~20g/m^2。有些河流生产量可达50g/m^2。但是按单位水容积计算,河流的多低于静水的。热带区域因生长期较长,鱼类生产量都较高,有些水域的生产量可以达到每平方米几百克。

海洋生态系统

(1)海洋生态系统的基本特征。海洋,积聚地球上水的97.5%,它的面积约有3.6亿km^2,平均深度为2750m,最深处在太平洋中的海沟,约为11000m。

海洋生态系统(marine ecosystem)与陆地生态系统的主要区别是:①生产者均为小型即主要由体型极小(约在2~25μm)、数量极大、种类繁多的浮游植物和一些微生物所组成。②海洋为消费者提供了广阔的活动场所,这是因为海洋面积大而且条件复杂,在这些多样的生活环境下,形成了种类各异、数量繁多的海洋动物。③生产者转化为初级消费者的物质循环效率高,因为在海洋上层浮游植物和浮游动物的生物量大约为同一数量级。浮游植物的生产量几乎全部为浮游动物所消费,运转速度很快。但是,海洋生态系统的生产力却远低于陆地生态系统的生产力。④生物分布的范围很广,由于海洋面积很大,而且是连续的、几乎到处都有生物。

海洋环境有以下几个特点:①海洋是巨大的,它覆盖70%以上的地球表面。所有海洋都是相连的。对自由运动的海洋生物,温度、盐度和深度是限制其生存的主要因素。②海洋有连续和周期的循环,世界上的海和洋都是相互沟通,连接成片的。海洋产生一定的海流。总的来说,它在北半球,以顺时针方向流动,而在南半球,则以逆时针方向流动。海洋有潮汐,潮汐的周期性大约是12.5小时。潮汐在海洋生物特别稠密而繁多的沿岸带特别重要。潮汐使这些海洋生物群落形成明显的周期性。③海

水含有盐分，一般情况下，海水中各种盐类的总含量为 30‰～35‰，其中以 NaCl 为主，约占 78%；$MgCl_2$、$MgSO_2$、KCI 等共占 22%。海水盐度可低到 1‰～2‰；(4)海洋是一个容纳热量的“大水库”，夏天海水把热量储存起来。到了冬天，海水又把热量释放出来。所以，海洋对整个大气圈具有重要的调节作用。

(2)海洋生物。海洋生物种类十分丰富。海洋生态系统中比较重要的海洋生物有：

• 浮游生物。海洋中的浮游生物(plankton)多指在水流运动的作用下，被动地漂浮于水层中的生物类群，一般体积微小、种类多、分布广，遍布于整个海洋的上层。

浮游生物根据其营养的方式可以分为浮游植物(phytoplankton)和浮游动物(zooplankton)。浮游植物是海洋中的生产者。种类组成较复杂，主要包括原核生物的细菌和蓝藻，真核生物的单细胞藻类，如硅藻、甲藻、绿藻、金藻和黄藻等。海洋浮游动物指多种营异养性生活的浮游生物，它们在食物网中参与几个营养级，有植食的，有肉食的，还有食碎屑的和杂食性的等等。浮游动物的种类比浮游植物复杂得多。主要成员是节肢动物的桡足类和磷虾类。这些动物虽然会自己运动，但是，动作很缓慢，它们常聚集成群，浮在海水表层，随波逐流。

• 游泳生物。游泳生物(nekton)是一些具有发达运动器官和游泳能力很强的动物。海洋中的鱼类、大型甲壳动物、龟类、哺乳类(鲸、海豹等)和海洋鸟类等都属于游泳动物。这个类群组成食物链的第二级和第三级消费者。海洋中游泳动物的种类与数量都非常多，个体一般都比较大，游泳速度亦很快。如须鲸最大个体体长 30m 以上，体重约 150t。海豚游泳速度每小时可达到 90km 以上。

鱼类是游泳动物中的主要成员。在汪洋大海的上、中、下层都有鱼类生活，甚至在深达 10000m 的海里，也还有鱼类存在。鱼类的种类(约有 2000 多种)或个体数量都远远超过了其他游泳动物。游泳生物中还有各种虾类，它们虽然常年栖息在海底，但是，都行动敏捷，善于游泳。头足纲的乌贼，还有鱿鱼和章鱼都是中国海上常见的动物。

• 底栖生物。底栖生物是一个很大的水生生态类群。种类很多，包括了一些较原始的多细胞动物，如海绵和海百合。

根据生活方式可将底栖生物分为：固着生活的种类、底埋生活的种类、穴居生活的种类和钻蚀生活的种类等。

(3)海洋生态系统的生产力和能量流动。

• 海洋的生产力。海洋初级生产力几乎全部为浮游植物所承担。1957年,斯蒂曼开始使用放射性碳测定海洋生态系统的生产力和能量流动,得出海洋初级生产力每天所固定的碳约在0.01～3.0g/m^2之间,海洋的平均生产力大约为550kg/(hm^2·a)。在多数时间内,热带海洋的生产力都是很低的。三大洋中,印度洋的平均生产力最高,碳产量达81.0 g/(m^2·a),大西洋次之,为69.4 g/(m^2·a),而太平洋平均的生产力最低,46.4 g/(m^2·a)。海洋的面积比陆地大,然而海洋生产力大大低于陆地生态系统的生产力。海洋的平均生产力约为陆地的1/5。海洋和陆地生产力悬殊的主要原因是海洋浮游生物得不到足够的营养物质,而可见光又被海水吸收。

• 能量的流动。在温带地区浮游植物在约40m深的水层内仍能进行光合作用,而热带地区可达100m的深度。光合作用的强度与达到该水层的光强度有密切关系。这些浮游植物是海洋生态系统中的生产者,食物链的起点。在食物链的每个环节上都有能量耗散。此食物链的能量转换率不是很高,从微型藻类到植食动物,从一个营养级到另一个营养级转换率约为10%～15%。值得注意的是,在海洋中有一些极短的食物链。如藻类—鲸的食物链。鲸体积很大,但它却只能以很小的浮游生物为食。这种食物链只有很少的几个环节,能量损失较少。近年来研究发现,海洋中非常小的细菌和真菌(约为0.2～2μm),利用可溶性物质,然后它们被各种异养原生生物所吞食,这些原生生物直接被较大的浮游动物或幼虫所食耗,即自由生活的微生物被原生生物为主的“微型摄食者”摄食,再进入原生动物食物链。

第6章

景观生态学理论与进展

6.1 景观内涵与景观生态学进展

景观生态学(landscape ecology)是研究景观的空间结构与形态特征对生物活动与人类活动影响的学科。景观(Landscape)则是景观生态学的研究对象。仅就景观而言,生态学界还没有统一的定义。景观的一般定义是自然风景和地貌。佛曼(Forman)和高润(Gogron,1986)认为,景观是“由一簇相互关联的以同一形式重复出现的生态系统组成的异质区域”。19世纪地理学家洪堡德的追随者将景观定义为“一个区域的总体特征”。用更为现代的术语来说是“土地生态学”。等级论的提出者则认为,“景观”处于比生态系统大但比生物区域小的生物学组织层次。还有一些人则将景观与数千米空间尺度相联系。维恩斯(Wiens,1999)认为,景观是由数量特征不同的要素所构成的、在空间上有所限定的镶嵌体(mosaic)。景观以其空间构型为特征。一般而言,景观 (Landscape)是指反映地形地貌景色的图像。牟斯(Moss)总结了对景观的六种认识:①相互作用的生态系统的异质性镶嵌;②地貌、植被、土地利用和人类居住格局的特别结构;③围绕着种群、群落和生态系统的一种组织尺度;④综合人类活动与土地区域的整体系统;⑤所论区域上的一种风景,具有由文化决定的美学价值;⑥遥感图像中的像元排列。

综合各种观点,景观是由不同生态系统组成的异质性镶嵌组合,它不应有时空尺度的限制。无论尺度的大小,只要是由性质不同的生态系统组成,就可称为景观。

景观生态学的研究内容包括地域景观格局及其影响和空间独立构成对景观的影响方式。“景观生态学”即空间及区域生态学,它研究空间镶嵌的结构与动态及其生态因果。格局与过程的空间联系的研究,可应用于任何组织层次和分辨尺度。高利(Golley)1995 年曾简明地将景观生态学定义为"研究空间格局怎样影响过程"。维恩斯(1998)的定义为:"景观生态学是这样一门学科,它将景观格局及其随时间的变化与景观功能和过程相连接,并研究这种空间关系怎样作用于生态和环境系统的功能,及其怎样受人类活动的影响。同时,它还研究怎样运用关于景观的知识来预测景观价值(自然、文化和经济方面)的变化。" 皮克特(Picket)1995 年提出的定义为:"景观生态学是一门研究空间格局对生态过程影响的科学,它把空间异质性作为生态系统中的重要因素,并视空间动态与研究系统时间变化的生态学同等重要。许多生态现象对空间异质性与空间镶嵌体内的各种流很敏感,作为一门关注空间动态变化(含有机体流、物质流和能量流),关注异质性的景观基质内各种流的控制方式的学科,景观生态学提供了探索空间异质性的新途径和研究空间格局如何控制生态过程的新方法。"简言之,生态学界一般将景观生态学定义为,对景观结构和功能的研究。景观生态学的研究对象可以包括三个方面: ①景观结构(landscape structure),即景观组成元素的类型、多样性及其空间关系;②景观功能(landscape function),即景观结构与生态过程的相互作用和景观元素之间的相互作用;③景观动态(landscape dynamics),即景观在结构和功能方面随时间的变化。

景观生态学聚焦于一定尺度之上,其中注重由种群生态学和生态系统生态学所支撑的内容。对景观生态学家来说,景观是由不同生态系统组成的异质性区域。生态系统在景观中通常形成斑块(patch),景观是若干斑块的嵌块体(nosaic),通常把这些斑块称作景观元素。景观生态学家研究的是景观的结构、过程和变化。景观结构包括大小、形状、组成、数量及景观中不同生态系统的位置。景观结构影响诸如能量、物质的流动,及景观内生态系统间种的流动。景观生态学中的绝大多数问题要求生态学家确定景观结构。然而,直到最近,只有所谓"地球测量"的几何学才对复杂景观结构提供了粗糙的近似。如今破碎几何学得以广泛应用,复杂的斑块形状、尺寸、周长等都可以测定。寓意之一就是不同大小的有机体可以以不同的方式利用同一环境。

按照生物组织层次的划分,在区域和时间尺度上,将景观生态学放在个体生态学、种群生态学、群落生态学和生态系统生态学之后。

景观依地理过程、气候、有机体活动、火烧而形成,并对它们的变化作

出响应。景观的结构也影响了生态系统的特性。由火山活动、沉积、侵蚀与气候相互作用形成的地理特征为景观结构提供了主要的资源。嵌块会逐渐随地理过程改变,气候会随土壤嵌块逐渐变化。当地理过程和气候为景观结构设置了基本模板之后,动植物有机体的活动就成为景观结构和变化的一个附加资源。人类因经济活动改变了全球景观的结构。但是,人类活动对景观结构和过程的不适改变,也给景观恢复带来了较大压力影响。

广义的理解,景观生态学是一种景观中环境关系的研究。是一种相互作用的生态系统的异质镶嵌,地貌、植被、土地利用和人类聚居地格局的特别结构,包含种群、群落和生态系统的一个组织层次,综合了人类活动与土地地段的协调体系,具有由文化决定的美学价值的风景。景观生态学是一类多样和多向的学科,它既是综合的又是分割的。景观生态学的希望在于推动它的综合性。景观是由不同生态系统组成的异质区域,无论时空尺度大小,景观中必须具有异质生态系统。

景观生态学的出现与航空照片和卫星影像的广泛应用相一致,这些现代技术为全面"掌握"景观提供了可能。在过去的几十年里,景观生态学取得了显著的进展。远距离摄像技术为获取空间数据提供了新的途径,地理信息系统(GIS)方便了空间数据的处理、分析和显示;新理论为定量化格局、检验随机估算的假设以及解决复杂性和尺度问题提供了方法。

现代生态学的发展是向宏观和微观两极发展,宏观是主流,其中以景观生态学和全球生态学这样大尺度的生态学对区域和全球的作用为主,它们与土地利用、全球气候变化有密切关系,归属于应用生态学范畴的景观生态学在研究景观结构和功能中,特别重视空间异质性及其对于各种生态过程的影响,它对于合理的土地规划、自然保护、生物多样性保护和重大自然改造措施的生态评估等实践,具有重要指导意义。

6.2　景观生态学理论与核心概念框架

如上所述,景观生态学是研究在一个相当大的区域内,由许多不同生态系统组成的整体(即)的空间结构、相互作用、协调功能及动态变化的一门生态学新分支。景观在自然等级系统中一般认为是属于比生态系统高一级的层次。景观生态学以整个景观为研究对象,强调空间异质性的维持与发展,生态系统之间的相互作用,大区域生物种群的保护与管理,环境资源的经营管理,以及人类对景观及其组分的影响,它已成为生态学的前沿学科之一。在过去的几十年里,景观生态学取得了显著进展,一些理论渐趋成熟,如景观异质性、景观格局、干扰、等级理论、尺度理论等。其中,格局与过程是景观生态学的理论前沿。

6.2.1 景观异质性、格局和干扰

景观异质性(landscape heterogeneity)是景观的重要属性之一。景观空间的异质性决定了景观空间格局研究的重要性。景观格局(landscape pattern)一般是指景观的空间格局,是指大小和形状不一的景观斑块在景观空间上的排列,它是异质性的具体表现,同时又是包括干扰在内的不同生态过程在不同尺度上作用的结果。景观格局研究的目的是在似乎是无序的斑块镶嵌的景观上,发现潜在的有意义的规律性。通过景观格局分析,希望能确定产生和控制空间格局的因子和机制,比较不同景观的空间格局及其效应,探讨空间格局的尺度性质。景观生态学对干扰的研究主要包括四个方面:①干扰对景观格局产生什么样的影响?②在异质的景观上,干扰是怎样扩散的?③景观对干扰有一定的抗逆性,但这种抗逆性是否与景观格局有关?什么样的景观格局对干扰抗性更强些?这种抗性有无临界值(即阈值)的存在?④人类干扰产生什么样的格局?它与自然干扰所产生的景观格局有什么异同?

等级理论和时空尺度、渗透理论和假设检验、空间种群理论、经济地理学等用于研究生态学中空间效应的几个主要理论,对它们的研究则明确了当前景观理论面临的若干重要挑战,对景观生态学取得重大进展具有巨大的潜力。无疑,景观生态学理论同样具有巨大潜力,是具有广阔空间的研究领域。

6.2.2 景观生态学的核心概念框架

景观生态学作为一门新兴的交叉学科,多学科综合是景观生态学的发展动力。要想进一步完善景观生态学的理论和方法,使之成为有独立理论体系和方法论特点的学科,就必须构建景观生态学坚实的概念核心,从而使其成为研究范围广泛的景观问题的生物学、地学以及人文科学方法的基础。

肖笃宁于1999年提出了景观生态学七个方面的核心概念框架:景观

系统的整体性和景观要素的异质性；景观研究的尺度性；景观研究的镶嵌性；生态流的空间聚集与扩散；景观的自然性与文化性；景观演化不可逆性与人文主导性；景观价值的多重性。这七个方面涵盖了景观结构、功能、演化以及景观的规划和管理方面的主要内容，如图 6-1 所示。

景观生态学既有理论的深入研究，更是一门具有广阔应用前景的新兴学科，除此之外，它的内容还涉及到人文、服务、安全、健康、风险等领域。维恩斯则简要地明确为：遥感、分维、生态网络和绿道、渗透模型、空间统计、文化感应、异质种群动态、土地利用规划、实验模拟系统、流域水文学、和个体模拟——这就是景观生态学。我们更应注意到除此之外的各种关系到人类活动环境下的相关领域。

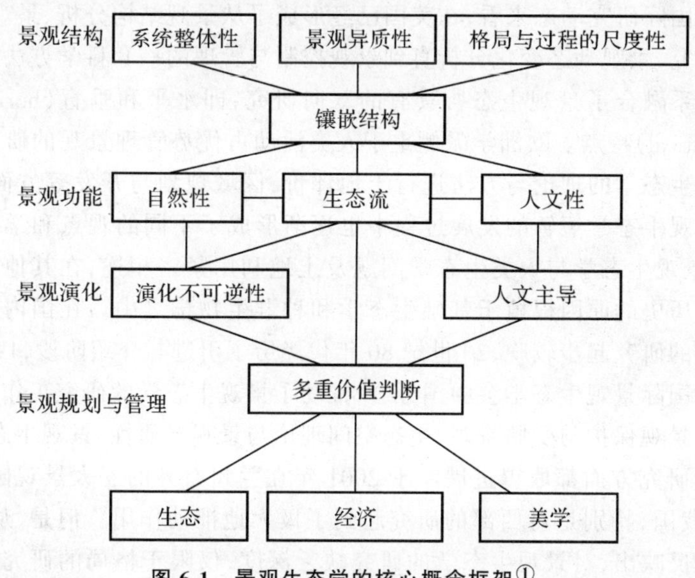

图 6-1　景观生态学的核心概念框架[①]

6.2.3　国内外景观生态学研究概况

景观生态学是 20 世纪 60 年代在欧洲形成的一门新兴交叉边缘学科，到 70 年代以后得到蓬勃发展，它是生态学中最年轻的分支之一，其理论及应用正在深入开拓和迅速发展。概括地说，景观生态学研究的重点主要集中在以下几个方面：即空间异质性或格局的形成及动态；空间异质

① 仿肖笃宁等：《景观生态学研究进展》，湖南科学技术出版社 1999 年版。

性与生态学过程的相互作用;景观的等级结构特征;格局—过程—尺度之间的相互关系;人类活动与景观结构、功能的反馈关系以及景观异质性的维持和管理。景观生态学的理论优势在于运用综合整体的思维,实现学科的交叉与创新。

国际上自1982年在荷兰成立景观生态学会(IALE)以来,举行过多次学术讨论会,学术活动异常活跃,景观生态学逐渐成为生态学与地学交叉研究的一个热点问题。目前,国际国内已有多本景观生态学的著作问世,据统计仅1987年以来出版的专著有数十本之多。其中,佛曼的专著《土壤镶嵌:景观与区域的生态学》一书颇具代表性,该书系统地总结了美国景观生态学研究的最新成果与进展。

从国际研究动态来看,在美国已经形成了从景观结构分析、景观生态功能研究、景观动态变化分析直到景观控制与管理的一套科学方法,整个研究体系融合了景观生态所具有的双向研究,即水平和垂直(horizontal and vertical)特点。欧洲学派侧重于人类活动占优势管理景观的研究,应用景观生态学的理论与方法进行土地评价、区域规划与开发等方面。在北美景观生态学短暂的发展过程中也逐渐形成了不同的观点和学说;在欧洲,景观生态学与人类生态学问题及土地利用紧密相连;在其他地区,则由于历史的原因根植于基础生态学和种群生物学之中。在国内,景观生态学的研究起步较晚,20世纪80年代经历了引进与介绍阶段,1992年成立了国际景观生态学会中国分会,推动了景观生态学的研究工作,近年来已在景观保护与受胁景观、生态空间理论与景观异质性、景观生态分类与数量研究方面都取得进展。于2001年在兰州召开的亚太景观国际会议,为我国,特别是对西部的研究起到了极大地推动作用。但是,从此次会议也反映出,对景观生态学的研究缺乏深度,仅限于格局的研究,其中关于能流和物流的过程作用、生态环境的变化与影响等与生态学内涵相关的则较少。这应该引起生态学家的高度重视。

和其他科学领域一样,景观生态学的整合需要基础研究和实际应用的融合、科学与行动的结合,景观生态学的理论与行动之间的关系是相互的①。事实上,景观生态学在科学性上尚缺乏一个统一的概念框架和理论体系,作为现代景观生态学,要为实践提出坚实的基础,还需要一系列独立的发现,如破碎化效应,关于“尺度问题”或“景观中所有的生态系统

① J. A Wiens, Spatial Scaling in Ecology. *Func Ecol*, 1989.

都是相互关联的”一般原理的论述，需要一个从一般到特殊的概念、理论、方法论和预测理论的框架。

景观生态学的贡献在于土地利用问题的解决、综合保护行动的兴起和空间敏感生态理论的发展，它也将在概念上和实践上变得有所整合。其中三点尤为重要：一是要确定景观的真实含义；二是要评价景观生态学的方法；三是要考虑人类文化对其行为的影响。

景观的研究与人类文化密不可分。随着景观生态学的发展，其文化根基越来越深，人类及人类文化融化于景观之中。我们在此强调人类文化和土地伦理，不是因为我们对理论研究与应用的忽视，而恰恰强调的是我们最容易忽视的最重要部分。作为科学的景观生态学的整合，要求我们认识景观概念的重要性，避免将这门学科分成基础和应用两部分，并且将理论与行动结合起来，以利于建立完整的核心概念体系。我们应该意识到，基于文化的景观生态学方法是整个学科的中心，而非边缘。

景观系统如同其他自然系统，其宏观运动过程是不可逆的，时间反演不对称，它通过开放从环境引入负熵而向有序发展。多样性特征既是景观生态学最明显的优势，也是其潜在的弱点。景观生态学能够从不同研究传统和文化获得强有力的支持，是真正的跨学科研究。不同思想和实践的贯通，赋予景观生态学强大的生命力。但是其多样性特征，也伴随着学科的分化。随着景观生态学突飞猛进的发展，就存在着其分支学科寻求各自对景观生态学的概念体系的建立，造成禁锢并非开拓、肢解并非强化的景观生态学危机。

6.2.4 景观定量研究的主要数学模型与3S技术的应用

景观研究的主要数学方法

景观生态学的发展在很大程度上取决于新技术手段的运用和定量研究方法的发展。由于景观生态学研究是在一种较大时间和空间尺度上的研究，且景观是一个异质性等级系统，也由于不同等级水平系统的异质性和同质性交错，以及景观空间结构是景观的重要属性，景观生态学的研究可以说是对一组生态系统的空间性质及其相互关系的研究。遥感遥测技术、GIS技术的发展，特别是软件技术的发展，为在更大尺度上研究景观空间格局、景观内不同生态系统间的相互作用及景观内的物流、能流提供了可能和技术上的支持。

景观生态学研究的基本方法是定量描述景观结构，建立景观结构与功能间的相互关系，用景观结构的变化来推断功能的改变。它首先是把描述真实景观的各种专题图件和数据资料贮存在计算机里，建立起静态模型，然后通过数学统计等方法对这些资料进行加工和再生成，以图形和各种统计结果(如曲线等)进行输出，随后进入动态分析阶段，主要运用数学模型进行模拟，以预测各种现象(或过程)的未来发展趋势。最后将结果进行高度概括，形成影响决策的若干建议。

关于景观生态学的定量研究方法，自奥尼尔 (O. Neill，1988)将许多数学指数引入景观生态学以来，空间统计学方法、计算机模拟与数学模型得到充分运用，特别是 GIS 和遥感技术的运用。基于 RS、GIS 和 GPS 的景观生态学研究方法是借助这三者在收集、显示、分析、管理数据的优势，可对景观结构、功能和空间异质性进行系统的研究，建立区域景观变化的动态监测系统，从而进行计算模拟与调控，为景观建设与管理提供科学依据。因此，在景观研究中，应充分运用 GIS 与计算机网络分析技术。欧洲的一些国家在景观研究的利用方面已经做了很多工作。随着景观生态研究与应用的进一步发展，要求在更大范围内定性、定量、直观、方便地描述景观，监测、预测景观变化，建立具有大量数据和各种复杂指数影响的实用的动力学模型。

景观多样性指数、镶嵌度指数、距离指数及生境破碎化指数，定量地描述了景观异质性，它们可比较不同景观，帮助研究异质性是如何影响景观的结构、功能和过程的。空间自相关分析、变异矩和相关矩分析、空间局部插值法、波谱分析、聚块样方方差分析、趋势面分析和分维分析，可用于阐述空间异质性和规律性、及景观过程模型。景观模型可以帮助建立景观结构、功能和过程之间的相互关系，是预测景观未来变化的有效工具。以下是常用的景观分析模型。

作为景观研究的第一步，景观多样性的分析是必需的。基于信息论，香农-维奈提出了多样性和优势度指数，奥尼尔将其应用于景观格局分析：

$$D = -\sum_{i=1}^{m} P_i \log P_i \qquad (6\text{-}1)$$

式中，P_i 是景观类型 i 所占比率，m 是景观中的景观类型数，D 值越大说明景观的多样性越大。

优势度指数 D_0：它描述景观由少数几个主要生态系统控制的程度，直接反映了嵌块体在景观变化中的作用，多样性指数越大，优势度越小。

$$D_0 = D_{max} + \sum_{1}^{m} P_i \log P_i \tag{6-2}$$

式中，D_{max} 是 D 的最大可能取值，$D_{max} = \log m$。在完全均质景观中（$m = 1$），$D_0 = 0$，优势度指数没有任何意义。

嵌块体形状(福尔曼和戈德罗恩,1990)：

$$D_i = \frac{P}{2\sqrt{A\pi}} \tag{6-3}$$

式中 D_i 是嵌块体 i 的形状指数；P 是墙块体周长；A 是嵌块体面积。

其他常用的还包括：单个嵌块体的隔离度、嵌块体易接近性测度、嵌块体间的相互作用、多个嵌块体的隔离度、多个嵌块体的分散度、景观异质性的测定方法、网络连接度、网络环通度等。这些在整个景观生态学的定量研究中只是一部分常用模型，但也是最基本和重要的，在此罗列的目的只是为了引起对景观生态学有兴趣的人们的足够重视，同时意识到这也是最复杂艰巨的工作。

3S技术在景观研究中应用与前景

3S技术即RS、GPS、GIS。景观生态学的应用研究与地理信息系统密切相关，用等级组织理论方法观察、分析和规划景观正是GIS模拟景观的过程。地理信息系统(GIS)同时具有地理数据库和分析系统的功能，它为景观生态学的研究提供了信息容量大、分析灵活多样、运行速度快、结果输出标准化的研究手段。

随着计算机技术和地理信息的发展，已开发了许许多多的地理信息系统(GIS)硬件和软件，它们具备图像处理功能，可建立数字模型并进行数据处理。通过航片、卫片图像处理可获得具有复杂性质的许多景观数据；通过将许多空间动态模型与地理信息系统接口，将会极大地促进景观模拟实验的发展。卫星遥感监测景观变化，是了解其发展速度和采取控制、合理利用等不可少的而最有效的方法。利用卫星进行环境生态系统的监测，对研究景观生态系统的演变极为有利。将不同年、季、月的景观类型指数图综合分析，可得不同时期景观分布的变化。利用卫星资料进行环境生态系统的监测有两种方法：一是建立卫星遥感资源和地面观测资料之间的回归方程式，使方程式适用于无地面观测资料的地区，简称回归方程法；二是可以直接利用卫星遥感资料建立理论公式，简称理论公式法。

需要强调的是，现行的研究不应忽视在永久样区(Permanent sampling plot，简称PSP，亦即第4S）① 的数据采集，应该进一步重视4S技术的倡导和应用。借助卫片和简单的地理信息系统的建立来解释景观生态学上的某些问题，并利用遥感技术对航卫片进行判读、识别，进而借助GPS和GIS建立真正意义上的数据系统，以及模拟过程等更是一个复杂、艰巨、漫长、庞大，需要强大资金和人力、财力支持的系统工程，有待进一步发展。

① 摘自冯丰隆和王骏秝，中台湾生态保育研究会，个人通讯。

第二篇

生态与环境

SHENGTAI YU HUANJING

第 7 章

全球变化及其对人类社会的影响

近 200 年来，特别是第二次世界大战之后，由于人类生产和社会活动的影响，向大气中排放了大量的气体和尘埃粒子，使地球大气的组成成分发生了明显的变化，最突出的例子是大气中二氧化碳、甲烷、一氧化二氮等温室效应气体浓度的增加，使地球气候变暖，以及臭氧层耗竭和酸雨的危害，已经成为全球环境的重大问题。

7.1 温室效应

大气下层的直接热源是水面、陆地、植被等下垫面和云层向外发出的长波辐射。正是由于大气中的某些物质具有允许太阳短波辐射通向地表，而部分吸收地表长波辐射的特性，才使大气具有与温室的玻璃相类似的“温室效应”(greenhouse effect)。一旦大气的温室效应消失，地球表层气温只有 -18℃，实际上，目前平均温度为 15℃。不难想象，如果没有这增高的 33℃，生机盎然的地球生态系统将会是一片死寂。但是，如果全球变暖(global warming)不断加强，也必将给人类社会、经济、环境等方面带来巨大的冲击。

7.1.1 与温室效应相关的气体

地球一方面接受太阳光能，另一方面通过电磁波辐射释放能量。由于地球上的大气中含有各种各样的气体成分，如水汽(H_2O)、二氧化碳(CO_2)、臭氧(O_3)、甲烷(CH_4)、一氧化二氮(N_2O)等，称为“温室效应气体”(greenhouse gasses)，这些气体具有吸收红外线的作用，本来应该释放到空间中去的能量，由于这些气体的吸收，使大气温度升高，这些吸收气体本身又有发射红外线的性质，所以，从大气中向下辐射，使地球表面避免了部分能量的损失，这就是温室效应现象，从而使地球的温度在逐渐变暖。

7.1.2 温室气体浓度增高的原因

工业化以前，大气中的CO_2浓度稳定在280×10^{-6}，由于化石燃料消耗量增加、土地利用变化和森林破坏都会向大气释放CO_2，估计到21世纪中叶，大气中的CO_2浓度将达到工业化之前的2倍。其他温室气体在大气中的含量大体也呈加速增长的趋势。每摩尔CH_4的温室效应约为等量CO_2的21倍，估计到2050年，CH_4在大气中的浓度将达到2.50×10^{-6}，为1950年时的2倍；大气中的N_2O浓度与施用氮肥、森林破坏、生物物质和矿物燃料燃烧、平流层的超音速飞机飞行等有关，大约有90%来源于生物源。每摩尔N_2O对长波辐射的吸收能力约为等量CO_2的200倍，目前估计其年增加量为3.9×10^6t；氯氟烃(CFCs)完全来源于人为活动，它们在自然界中的寿命很长，既是破坏臭氧层的元凶，又是一种温室气体，近几十年来增长迅速；大气中的气溶胶大约有10%源于人为的活动。

7.1.3 温室效应的影响

英国科学家用一种最新的气候模型对20世纪全球变暖的研究表明，20世纪有两个明显的变暖时期：一个时期是1910～1945年；另一个时期是从1976年至今。要解释贯穿整个20世纪的变暖趋势必须把自然因素和人为因素结合起来考虑。人为因素主要是指人类活动，如化石燃料的燃烧、植被破坏和农田扩展使大气中温室气体增加。

温室效应使气温上升，导致冰雪面积减少，反射率减少，从而导致日照吸收率的增加，而日照吸收率的增加又会促进气温升高；温室效应，使北半球从北纬30°～60°的地区，几乎都会变得干燥，30°以南会变得更加湿润多雨；在过去的100年中，全球平均气温上升了0.6℃，全球海平面平均每10年上升1～2cm，会使居住在沿海地区的上亿人口受到威胁。

不同的森林生态系统，对气候变化的响应是不同的。一般认为，随着全球气候变暖，热带森林生态系统更新将加快，总体上来看，各种地带性的森林类型将向北移动，而北方的地带性植被面积将大大缩小；生长快的物种比生长慢的物种对CO_2上升的响应更快；随着全球气候的变化，物种的生态位会发生相应的变化，从而影响到它们之间的竞争关系，最终导

致群落结构的变化；植物的分布范围、作物产量、病虫害发生规律将发生重大变化；植物对大气 CO_2 浓度上升的响应，表现在个体、种群和群落等不同水平上。

因此，设法降低 CO_2 的排放量；发展替代技术，推广清洁能源；提高燃烧效率；大力推行节能措施；加强绿化，保护森林；采取适当措施，减少温室气体排放；加强环境意识教育，促进全球合作是减少温室效应影响的根本途径。

7.2 臭氧层问题

7.2.1 臭氧层耗竭

大气上层的氧分子吸收紫外线辐射能后被分解为氧原子，氧原子再与氧分子结合而形成臭氧。臭氧分子在距地面 10～50 km 聚积而形成了臭氧层(ozone layer)。每年春天，南极上空的平流层臭氧都会发生大规模耗损，其中心地带近 95%的臭氧被破坏。与周围相比，臭氧层极其稀薄的区域似乎形成了一个直径上千米的“臭氧洞(ozone hole)”。2000 年 9 月，南极臭氧洞的面积再创新高，达到 2.85×10^7 km^2，相当于美国国土面积的 3 倍。卫星观测表明，“洞”内的臭氧损耗状况仍在恶化中。据全球臭氧观测系统(GO_3OS)的资料分析，大气中 O_3 总量的约 5%已经在过去 15 年内被损耗掉了。损耗主要集中在南、北半球的中高纬度地区。1989 年初，对北极臭氧层进行的大规模联合考察也发现了臭氧层损耗的“空坑(dent)”，面积相当于南极臭氧洞面积 1/5 大小的“洞”。伴随着平流层中 O_3 的减少，O_3 在对流层中的含量却有所增加。这就使人类环境系统面临着更大的威胁。

7.2.2 臭氧层存在的重要意义

平流层集中了大气圈中 90%的 O_3，而 O_3 对太阳紫外辐射的吸收具有很强的选择性，能吸收太阳紫外辐射中的全部 UV-C 射线以及大约 90%的 UV-B 射线。因此，大气臭氧层是一道有效保护地球表面上的万物生灵、使它们免受高能辐射损害的天然屏障。此外，高空臭氧层对太阳辐射能的吸收，直接影响着平流层温度场的结构和动力学过程，并对全球气候和地球生命的形成和演化具有深远的影响。

7.2.3 大气臭氧层的耗损

O_3 是一种很容易发生反应的化学物质，在光化学过程中形成和被破坏。臭氧层中的 O_3 是 O_2 在高空太阳辐射的作用下，首先离解出原子氧，然后 O 与 O_2 再结合形成 O_3。同时，O_3 吸收 1.09eV 太阳辐射能后也会发生分解，分解出的 O 会与 O_3 反应而使 O_3 遭到破坏。因此，O_3 的形成过程与其被破坏的过程是相伴发生的。研究表明，大气高层 O_3 形成和破坏的过程与该高度上的大气压力、温度、O_3 浓度、其他组分浓度、太阳辐射强度等有密切关系。氯、溴是引起臭氧层耗竭的关键元素，近 40 年来，大气中的氯已经增长了 6 倍，尤其令人关注的是氟氯甲烷（CFM）或称氟氯碳（CFCs）的大量积累，对高空臭氧层构成了严重的威胁。

7.2.4 臭氧层耗竭的潜在威胁

臭氧层破坏会使其吸收紫外辐射的能力大大减弱，导致到达地表的紫外辐射强度明显增加，给人类健康和生态环境带来严重的危害。紫外辐射增强可能导致的后果有：

（1）威胁生态系统的安全。打乱生态系统中复杂的食物链、食物网结构，导致许多生物物种灭绝，对紫外辐射很敏感的农作物，如甜菜、玉米、烟叶、棉花等减产，改变某些植物的再生能力及产品的质量，引起遗传基因等方面的变化。

（2）损害人体健康。使人体的免疫系统功能发生变化并引起多种病变，如黑色素瘤（CM）、鳞状细胞癌（SCC）、红斑狼疮、天疱疹、白内障等。

（3）干扰水生生态系统。杀死其中的微生物，显著削弱海洋生态系统的生产力，并降低水体对污染物的自然净化能力。

（4）影响全球及区域气候变化。增强“温室效应”，遏制森林、灌丛、草原以及农作物的正常生长，破坏植被，以致扰乱原有的地-气系统的交互作用关系，使气候趋于恶化，加重酸雨危害，降低大气环境质量。

（5）缩短建筑、油漆、涂料、电线电缆等的寿命，使高分子材料老化变质等。

为了保护臭氧层中的臭氧浓度，1977 年通过了《保护臭氧层行动世界计划》、成立了国际臭氧层协调委员会，1985 年在维也纳举行的国际会议上，通过了“臭氧层保护公约”，而后，为了将其付诸实施，1987 年又通过了“蒙特利尔协议书”，近年来，又制定出了减少氟里昂气体的具体的目

标，即在2000年前后，减少一半的氟里昂排放量，到21世纪初期，全部停止生产氟里昂。

7.3 酸 雨

大气中的SO_x和NO_x经一系列复杂的大气化学转化和物理输送过程后，所产生的酸性化合物随雨、雪降落到地面，即成酸雨(acid rain)。随着工农业和交通运输业的发展，SO_x和NO_x的人为排放量大大增加。工业生产、民用生活燃煤排放的SO_2，石油燃烧以及汽车尾气排放的NO_x等，经过"云内形成雨过程"，即水汽凝结在SO_4^{2-}、NO_3^-等凝结核上，发生液相氧化反应，形成硫酸雨滴和硝酸雨滴。再经过"云下冲刷过程"，即含酸雨滴在下降过程中不断合并、吸附、冲刷其他含酸雨滴和含酸气体，形成较大雨滴，最后落到地面，形成酸雨。近40多年来，酸沉降引起的环境酸化，已逐渐构成了全球性的重大环境问题。

7.3.1 酸雨污染的现状和趋势

雨水的酸性取决于水中的pH值。当大气中的CO_2(浓度为325×10^{-6}时)与降水中CO_2成气液平衡时，pH值为5.65，pH值小于此值的降水就定义为酸雨。但是，现实大气中CO_2浓度在逐年升高，人类活动排放的重要酸雨前驱物(precursor of acid rain) SO_2和NO_x也逐年增加，因此，全球大气降水的本底pH值实际为4.8～5.0。

自20世纪70年代开始，英国和西欧排放的SO_2使瑞典15000个湖泊和挪威许多河流酸化；比利时、荷兰、丹麦、英国和联邦德国的环境酸化程度超过正常值的10倍；来自俄罗斯彼得堡和科拉半岛等地的酸雨已使芬兰近6万个湖泊中的约10%酸化；德国声称其森林受到的酸雨危害与英国排到大气中的硫化物有关；意大利北部工业区排出的大气污染物形成的酸雨则导致南斯拉夫大片森林被毁。20世纪80年代，美国东北部的酸雨已经蔓延到西部，使整个西部的水资源、林业资源和11个国家公园蒙受损失。此外，亚洲、南美洲的许多地区都深受酸雨之害。澳大利亚酸性物质的人为排放虽然不多，但是，由于自然过程产生的有机酸浓度较高，也观测到了雨水酸化的现象。

20世纪90年代，我国4个酸雨受害区分别为：华南、西南酸雨区、华中酸雨区、华东沿海酸雨区和北方酸雨区。目前，出现酸雨的面积已占中国国土面积的 30%。而且我国的酸雨频率和降水酸度均呈逐年上升的趋势，并且出现了一批 pH 值≤4 的地区。四川、广东、贵州和广西已与北欧及北美并列为世界三大酸雨区。形势十分严峻。

7.3.2 酸雨的形成

酸性物质的来源可以分为自然源和人为源。

自然源：酸性物质有 S 和 N 的化合物、有机酸等；碱性物质有 NH_3、Ca 等。SO_2 的自然源主要来自海洋有机硫化物的氧化、火山爆发、土壤和森林火灾；NO_x 的自然源主要来自雷电和陆地生物的释放；有机酸主要来自植物释放的异戊二烯、萜烯类、醛类和海洋挥发的烯烃的氧化。NH_3 主要来自家畜粪便，约占 80%以上，是大气中最重要的碱性气体，能中和 H_2SO_4 和 HNO_3，降低雨、雪中的酸性。

人为源：在工业集中的区域，大气中 S 含量高的主要原因是化石燃料燃烧，约占人为 S 排放总量的 85%；矿石冶炼和石油精炼分别占 11%和 4%。NO_x 的人为源集中在北半球的人口稠密区，其中，大约有 75%来自机动车排放和化石燃料燃烧。

酸雨中含有多种无机酸和有机酸，其中 H_2SO_4 和 HNO_3 约占其总酸量的 90%以上。国外酸雨中二者之比约为 2:1。中国酸雨中以 H_2SO_4 为主，其中 HNO_3 含量不及 H_2SO_4 的 10%，但是，随地区不同而有差异。

7.3.3 酸雨的危害

酸雨对陆生生态系统的影响是多方面的。它既可以使大片森林死亡、农作物枯萎，也会抑制土壤中有机物的分解和 N 的固定，淋洗与土壤粒子结合的 Ca、Mg、K 等营养元素，使土壤贫瘠化。尤其是当 pH 值≤4.7时，土壤中大量存在的有害元素 Al^{3+} 便会释放出来，成为严重危害生态环境的元凶，进而使湖泊、河流酸化；溶解土壤和水体底泥中的重金属，并进入水中，毒害鱼类；加速建筑物和文物古迹的腐蚀和风化过程；使地下水中的 Al、Cu、Cd 等金属元素的浓度超标，危害人体健康。

水生生态系统对酸雨很敏感。酸化的水体可以危害鱼卵的正常孵化和健康生长，破坏水生生物的食物网结构，威胁鱼类生存，进而通过食物链对人体健康造成危害。

大理石的主要成分是 $CaCO_3$，在酸雨的作用下将变成 $CaSO_4$ 而被剥蚀，其受损程度远大于风蚀的作用。我国故宫的汉白玉石雕、雅典巴特农

神殿的石柱等许多文物古迹都深受酸雨之害。由于酸雨对金属材料具有腐蚀作用,因而对桥梁、露天机械、建筑等的破坏都比较明显。

7.4 “厄尔尼诺”现象

异常的海流现象——“厄尔尼诺”(El Nino)现象是太平洋赤道带大范围内海洋和大气相互作用后失去平衡而产生的一种气候现象。最初出现于每年圣诞节前后,指沿厄瓜多尔海岸出现的一支弱且向南移动的暖海流。

国际气象学界目前普遍认为,“厄尔尼诺”现象的成因是热带太平洋水域受到由东南向西北方向运动的信风(洋面上的一股强风)的影响,大片海水被吹起来,造成位于澳大利亚附近的洋面比南美地区的洋面高出约50cm,使得与信风相反的方向上空形成一股暖流即“厄尔尼诺”。伴随这一现象,中部—东部赤道区域的海表水温较平常年要高。

地球物理学家则从地球内部构造解释“厄尔尼诺”现象的生成机理,如美国夏威夷大学的地球物理学家丹尼尔·沃克(Daniel Walker)认为,从太平洋海底的结构板块间喷发出来的,来自地心内部的炽热熔岩能量巨大,相当于3000座核反应堆,它加热了上部海水、使其温度升高到足以影响海洋的表面温度,由此引发了“厄尔尼诺”现象。此外,还有科学家认为“厄尔尼诺”现象可能与海底地震、大气环流变化和海水含盐量有关。科学研究表明,单位面积 $100m^2$ 的海水每升温0.1℃,大气温度就会升高6℃,“厄尔尼诺”现象就会暴发。

“厄尔尼诺”现象的特征是太平洋沿岸海面的水温异常升高,海水水位上涨,暖流使太平洋东部的冷水域变成暖水域,造成不同地区的灾害性气候。世界气象组织研究指出“厄尔尼诺”现象明显征兆是:赤道太平洋岛屿,智利中部和阿根廷的温度超过正常数值;澳大利亚东部和印度尼西亚一些地区出现异常干旱;赤道中、东太平洋海域的海水温度异常增高以及赤道东太平洋出现海温场偏差。

“厄尔尼诺”现象引发的自然灾害表现在:打乱了亚洲的季风规律,给亚洲一些地区带来飓风和暴雨,并给南美洲、南非、澳大利亚等地区和国家造成暴雨或干旱等灾害性天气。“厄尔尼诺”现象是周期性出现的,一般2~7年发生一次。美国和秘鲁的考古学家和气候学家对古生物化石进行研究后发现,“厄尔尼诺”现象至少在5000年前就已经发生了。科学家发现,南美洲热带地区许多适合在气候变化不明显环境生长的物种,在5000年前突然大量死亡或灭绝,而只有那些能够适应气候剧烈变化的物种才得以保存下来,这说明“厄尔尼诺”现象那时就有。

1950年以来,共发生过13次“厄尔尼诺”现象,其中本世纪最严重、损失最大的是发生在1982～1983年的那次,全世界造成大约1500人死亡,和至少80亿美元的财产损失。正如科学家所预计的那样,1997年的“厄尔尼诺”现象的强度相当于15年前的强度。

“厄尔尼诺”现象,不仅给世界各地造成异常,干旱、暴雨、生态环境恶化、病虫害,而且会造成可怕的全球性的传染性疾病的流行,瘟疫会被大气环流和洋流从传染源带到远隔千山万水的异地。热带出血性登革热病和黄热病,主要传播载体是伊蚊。由于温度限制,伊蚊历来都只能生活在海拔1000m以下的地区,但是,“厄尔尼诺”现象造成的高温潮湿会使伊蚊的“能量”大增,如哥斯达黎加的伊蚊可以飞到海拔1350m的高度,而哥伦比亚的伊蚊可以飞到2200m的高度,将出血性登革热病的病毒注入人体。霍乱的大规模暴发也和“厄尔尼诺”的推波助澜密切相关。美国气象学家丽塔·科尔韦尔发现,从1871年至今,世界上曾发生过7次霍乱大流行,其出现周期与“厄尔尼诺”现象出现周期基本一致。

“厄尔尼诺”现象并非一无是处,对个别地区及个别经济贸易还有一定益处。但是,与其所造成的破坏相比,“厄尔尼诺”对于人类来说则是弊大于利。

第 8 章

人口生态学

早在 200 年前,英国经济学家马尔萨斯(Malthus)就提出过要控制人口的警告,可惜,人们却忽视了他的警告。直到 20 世纪 60 年代,科学家才呼吁“人口如继续增长,人口的浪潮将淹没我们自己。等待我们的将是苦难的明天,悲惨的岁月”。此后,有人形象地把人口的急剧增长称为“人口爆炸”(population boom),是指一定时间内人口的急剧增长使其数量超过了生存环境的负荷能力。人口的增长和动物种群的增长一样,是由出生率、死亡率和自然增长率三种参数决定的,而这些参数又受到食物、空间等多种因素的影响。

8.1 人口的数量动态

8.1.1 世界人口的数量动态

世界人口有过三次较大的增长(即三次人口增长高潮):第一次是人类祖先刚从灵长类进化为人的时代。岩石洞穴或其他永久性的隐蔽所,使人类抵抗洪水猛兽侵害和适应不良气候条件的能力大大提高,火的使用标志着人类开始吃熟食,减少了疾病,生存能力增强,死亡率降低,出现了人类数量增长的第一次高峰;第二次是在由渔猎社会过渡到农业社会的时代。大约出现在公元前 8000 年时,人类开始定居生活。作物的种植和家畜的饲养,使人类得到较稳定的食物保障,出生率增加,死亡率下降,形成人口增长的第二次高峰;第三次是 17 世纪中叶文艺复兴以后,一直持续到现在。由于科技发展和医疗水平的提高,人口死亡率显著下降,人均寿命增长,而且人口增长仍在继续。据有关资料分析,公元前 5000 年时,世界人口仅约 500 万,当 1492 年哥伦布发现新大陆时,世界人口也不过2.5亿，而500年后的今天，世界人口已突破了60亿。估计到2025年世界人口将达82亿，2050年达94亿，2100年达104亿。其中，世界人口每增加10亿所需要的时间越来越短。从10亿增至20亿，大约经过了约123年；从20亿增至30亿，经过了约33年；从30亿增至40亿，经过了约14年；从40亿增至50亿，经过了约13年；从50亿增至60亿，只用了12年的时间。

世界人口的发展极不平衡，各大洲人口增长速度很不一样，形成了两种不同的趋势，即发达国家或地区人口增长缓慢，发展中国家或地区人口增长很快。目前，世界人口自然增长率为15‰，发达地区为2‰，发展中地区为10‰。欧洲是人口增长最缓慢的地区，为1‰，而非洲人口增长最快，达28‰。

8.1.2 中国人口数量动态

中国人口一直占世界人口数量的较大比重，据史料记载，早在公元前2200年的夏禹时期，中国人口已达1000多万（占当时全球人口2700万人的37%）。公元前400年，中国人口占世界总人口的30%。公元初至17世纪中期的1700多年间，由于多年战乱和灾荒，人口增长极为缓慢，长期波动在5000万～6000万之间。随后，人口迅速增加。1644年（清朝初年），人口达8849万。1711年人口突破1亿，占当时世界人口的26.4%。1762年人口数量达到2亿，占当时世界人口的26.6%。1830年达到4亿，占当时世界人口的25.2%，即地球上每4个人中就有一个中国人。1949年达到5.4亿，占同期世界人口的24.12%。近30年来，由于中国政府成功地实施了人口控制政策，到1999年，当世界人口突破60亿大关时，中国人口占世界人口总量的比例已下降到20.83%。综观中国人口增长过程，可以发现中国人口数量变动与世界人口增长基本一致，从17世纪以后，基本符合逻辑斯谛增长规律。表明人口的数量增长与自然界生物种群的数量增长具有共同的本质特征，即不受外部环境干扰的情况下以指数形式扩张。并且，与自然界生物种群的增长一样，当受外部环境的"积累式"压力时，不可避免地实施主动的或被动的压缩，由指数增长形式转换为逻辑斯谛增长形式，最终达到一个稳定的零增长区间。总之，人类种群的增长，符合逻辑斯谛增长。

8.1.3 未来人口预测

20世纪60年代以来,随着人口问题的日益严重,人口学家、联合国人口活动基金会及许多国际机构先后对未来人口趋势作了种种预测,并提出了未来人口发展的3种可能模式。

人口崩溃曲线模式

该模式认为,人口自然增长将超过地球承载能力,最终将由于资源耗竭和环境恶化而导致人口崩溃,见图8-1。

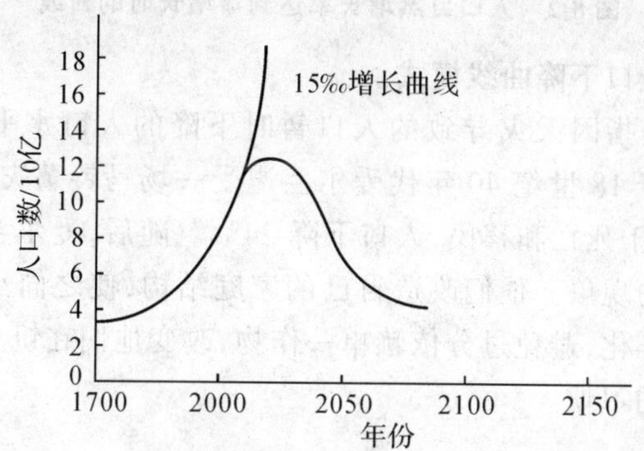

图8-1 增长率为15‰的持续增长曲线和伴随这种增长的人口崩溃曲线①

人口自然增长率逐渐接近于零增长的模式

该模式假设在下列情况下才能达到这种曲线:(1)没有超出地球能继续维持人类合理健康和文化的水平;(2)人口自然增长率下降,人口总数限制在地球生态系统能维持的限度之内;(3)当达到人口稳定时,资源和人类才智足以创造一种人口的出生和死亡相等的局面。该模式中较低的曲线A(图8-2)表示70亿人口水平。它所根据的假设是到公元1985年世界范围内增长率为零。即使出现这种情况,也还应该考虑到"增长的惯性"。这种因素的力量是巨大的,即使是在最有利的条件下,在70年内也不会出现人口的平衡,何况直到1995年世界人口自然增长率仍有15‰,并未达到零增长。因此,世界人口水平决不会低于70亿。该模式中较高的曲线B是一种并不乐观的现实主义,这条曲线表示人口水平要达到140亿以后才能达到稳定状态。

① 引自张金屯等:《应用生态学》,科学出版社2003年版。

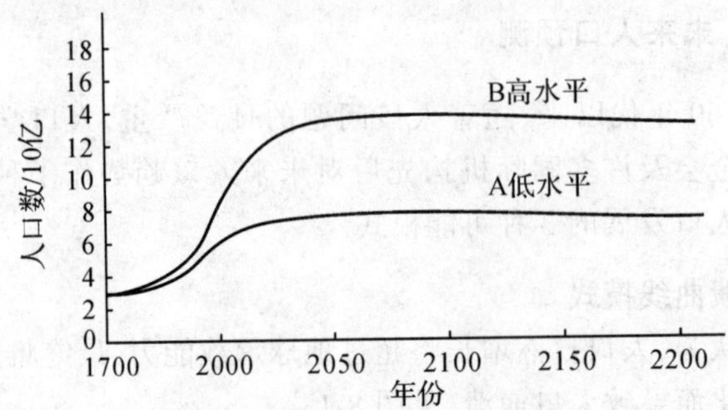

图 8-2 人口自然增长率达到零增长时的曲线①

爱尔兰人口下降曲线模式

该模式是指因天灾导致的人口暂时下降的人口水平,见图 8-3。它的名称来源于 18 世纪 40 年代爱尔兰遭受一场马铃薯灾荒。经过 10 年饥荒之后,由于死亡和移民,人口下降 24‰。随后,爱尔兰人不允许再发生人口过剩的现象。他们改造自己的家庭结构,使之向小而少的方向发展。生产多样化,避免过分依赖单一作物,改变他们在饥荒以前单纯以马铃薯为主食的习惯。

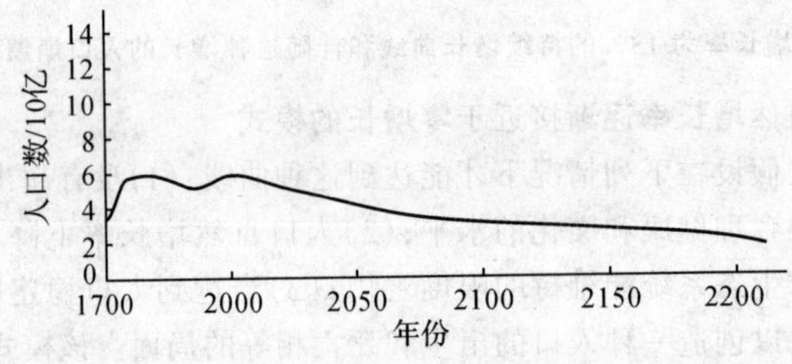

图 8-3 爱尔兰人口下降曲线②

在以上三种可能的模式中,零增长模式得到了大多数人的支持,并成为当今世界解决人口问题的目标模式。据联合国和世界银行的预测,2025 年世界人口将达到 82 亿,2050 年将达到 94 亿,2100 年将达到 104 亿。

世界人口能否实现零增长?这是每个地球人都关心的问题。联合国远期预测指出,世界人口零增长的时间为 100 多年后的 2110 年,那时人口可能徘徊在 105.8 亿左右。欧美发达国家在 2062 年以前会进入人口静止

①② 引自张金屯等:《应用生态学》,科学出版社 2003 年版。

状态，亚非拉等发展中国家最快也要在21世纪末才会实现人口零增长。

中国作为世界上第一人口大国，人口增长的趋势，无论对中国、对世界的发展都具有举足轻重的影响。预计到2030年，中国将实现人口数量的零增长，即实现人口自然增长率的零增长，届时人口总规模达到最高峰16亿，中国人口占世界人口的比例将从1999年的20.83%下降到18.82%。

8.2 人口的空间动态

人口的空间动态(spatial dynamics)是指人口在空间的分布和利用方式。它随着自然条件、社会条件以及人口的需要等因素的变化而变化。

8.2.1 人类生态位

人类生态位(human niche)是指人类对环境的需求及环境对人类的作用程度和方式。人类已经成为生物圈中的绝对优势种。一方面，人类作为一个物种，在地球生物圈中，是生命大家庭中的一员，是食物网中的一个网点；另一方面，人类不同于其他生物，在整个生物圈中又是调控者。人类对地球既是建设者，又是破坏者。

虽然人类和其他生命形式一样，其生命活动的基础是生物化学过程，需要物质和能量的输入(即食物的摄取)，需要适宜的物理化学环境保证，但是，与动物最为重要的区别是“信息”的输入，是人类对文化娱乐等美的追求和享受，这些需要称为人类的“信息生态位”。与生物种相似的是人类生态位的基本成分也包括栖息生态位、食物生态位、种间关系生态位，但是，人类有其特殊的生态位成分——信息生态位。随着人类社会的发展，人类对信息的需求越来越大，随着人类的进化而扩展，是人类文明的标志。

8.2.2 人口分布

人口分布的概念与测量指标

人口分布是指一定时间内人口在地理空间上的结构。其测量指标主要有：

(1)人口密度(population density)是指某一时间单位土地面积上所居住的人口数量，通常以每平方公里常住的人口数量来表示。

(2)人口集中系数反映人口相对于土地的分布均匀程度,即:

人口集中系数=0.5Σ|各地区人口在总人口中的比例—该地区土地面积在总面积中的比例|

人口集中系数越小,则人口相对于土地分布越均匀,反之,则说明局部区域人口的集中程度较高。

(3)城市化指标。城市化水平是指一个国家或地区的城市人口占总人口的比例。

世界人口分布的特征

(1)人口分布格局不断变化。人类定居范围不断扩大,人口密度不断增大,工业革命后人口密度增加明显。

(2)人口地区分布不均衡。人口稠密地区和稀疏地区并存。由于自然环境、历史和经济发展不均衡等原因,世界人口分布极不均衡。地球中纬度地带是人口最稠密的地区,而高纬度地带人口稀少,低纬度地带人口分布差异也很大,如炎热的热带沙漠地区大都无人居住。

(3)人口的城乡分布不均衡。随着社会经济的发展,世界人口的城市化进程很快,19世纪末只有不到3%的世界人口居住在城市中,但是,目前已有1/2的人口生活在城市中。而且世界人口的城乡分布不均衡,发达国家或地区已经基本完成人口城市化,城市人口占总人口的75%左右。相比之下,发展中国家正在经历人口的城市化过程,城镇人口仅占总人口的35%左右,如1996年英国城市人口高达90%,而埃塞俄比亚城市人口仅为15%。

中国人口分布的特征

(1)人口密度高。中国是世界上人口最稠密的国家之一。人口密度从1949年的57人/km^2增加到2000年的132人/km^2,增加了2.32倍。

(2)人口分布地区极不均衡。我国人口东部多、西部少,地理分布不均衡。

(3)人口的城市化水平较低。2000年我国城镇人口仅占总人口的36.09%,远低于发达国家的城市化水平。

8.3 环境的人口容量

人口的急剧增长给生态系统造成了极大的冲击和压力,使人类的生

存空间越来越拥挤。从生态学的角度来看,任何生物种群都不可能无限地增长,存在着最大容量问题。人类种群也不可能无限增长,仍要遵从自然法则的制约。

8.3.1 环境对人口的承载能力

地球环境对人口的承载能力(carrying capacity),或称为人口环境容量,是指地球生态环境对人口的最大抚养能力或负荷能力。通常,是指一定生活水平和环境质量状况下所能供养的最高人口数,随生活水准的不同而异。这个定义强调了人口容量是以不破坏生态环境的平衡与稳定,并保证环境资源的永续利用为前提。按照这一定义估算,地球可以容纳150亿~200亿人口。

8.3.2 生物生理人口容量

把人均消耗水平压缩到人类温饱水平,即只能满足人的生理必需的水平。按这样估算的人口容量是最大的,在实际估算中,只使用一个主要参数,即维持人口数量的食物产量。按该方法估算地球可以养活8000亿人口,由于世界上许多人口已经超过这一需求水平,因此,按这个水平来估算是没有意义的。

8.3.3 根据现有消费水平等计算的人口容量

根据现有消费水平,参照可预期的生活水平、生产力水平、资源的储量和消耗量情况,来估算未来的人口最大容量。比如,联合国粮农组织曾经对发展中国家土地承载能力进行估算,其基本前提是各国人口达到标准的人均营养需求,所有可耕地均用于种植粮食,然后按高、中、低三种不同的农业投入水平,估计每公顷土地可供养的人数。这种估算方法虽然有较大的现实意义,但是,也存在着许多不确定的因素,诸如可耕地中有多少用于粮食生产,以及投入的增加,是难以预测的。据估计,如果全球人口都享受美国人的生活水平,那么,在当前生产力和技术水平下,地球可以供养的适宜人口为10亿左右;如果按照比较节俭的欧洲人的生活标准计算,世界人口适合度为20亿~30亿。根据这种估算方法,目前世界早已超出人口的最佳数量。

8.3.4 适度人口容量

适度人口是指符合社会发展、经济发展和生态环境条件改善的满意目标人口。“适度人口容量”是一个很笼统的概念。目前多数学者认为，以100亿左右为适度，如1972年联合国人类环境会议公布的背景材料认为，全球人口稳定在110亿或略多一些，这是能使全世界人民吃得较好，并维持合理健康而不奢侈的生活水平的人口限度。

8.3.5 中国人口环境容量

很多学者对中国人口环境容量问题作过研究，马寅初早在1957年就提出中国最适宜的人口数量为7亿～8亿；若按发展中国家平均用水标准，则应控制在6.3亿～6.5亿之间。据此，可以认为我国的人口环境容量应在6.5亿～8.0亿之间。目前我国人口已经超过13亿，已经显得过多，超过了我国生态系统的承载能力，使资源承载达到了临界点，成为可持续发展的重大问题与制约因素。

8.4 人类种群的发展趋势

8.4.1 世界人口的发展趋势

1999年世界人口超过60亿，从全球来看，世界人口的发展趋势主要呈现以下特征(图8-4)：

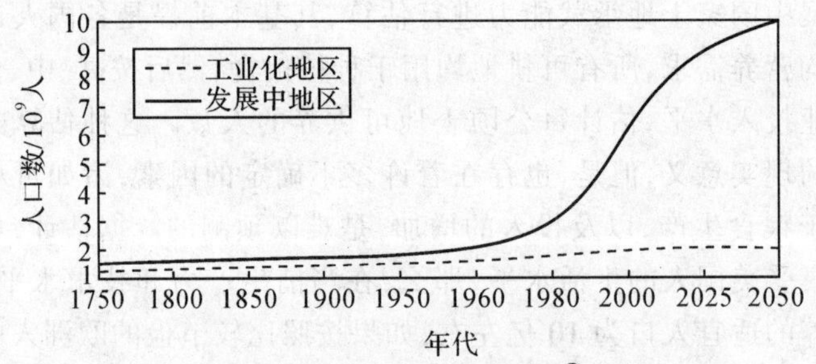

图8-4 世界人口增长趋势①

(1)出生率下降，增长率减缓。现在发展中国家的出生率一般在

① 引自钱易、唐孝炎：《环境保护与可持续发展》，高等教育出版社2000年版。

24‰～27‰，而发达家在20‰以下。随着出生率的下降，人口的自然增长率也出现了减速现象，而且这种减速将持续下去。

(2)人口压力巨大。世界每年要新增近1亿人口，且90%出生在发展中国家或地区，尤其是亚非拉的发展中国家或地区，给这些国家或地区的可持续发展造成巨大压力。

(3)人口城市化进程加快。1983年北美洲城市人口占总人口的74%，大洋洲占72%、欧洲占65%，拉丁美洲占65%、亚洲和非洲仅占27%。

(4)人口老龄化趋势明显。随着社会经济的迅猛发展，特别是医疗技术的进步，人口出生率下降和平均寿命延长(目前世界人口平均寿命为60岁)，导致老年人口在总人口中的比例上升。

8.4.2　中国人口的发展趋势

据2000年第五次全国人口普查结果，建国以来我国人口发展的基本特征是：

(1)人口增长速度快。新中国成立后，由于社会政治稳定和医疗卫生条件不断改善，人口的自然增长率除3年自然灾害外，一直保持在20‰以上，由此导致人口总量的猛增。

(2)人口增长规模大。由于我国人口基数庞大，在客观上决定了我国人口增加的绝对量、增长规模必然很大。

(3)人口老龄化速度快。由于我国人口的生育水平迅速下降和平均寿命延长，使中国人口年龄构成中少年儿童比例下降，成年和老年人口相对增多。

(4)城镇人口比重低，据统计，我国城镇人口占总人口的比例不及发达国家的平均水平的一半。

8.5　人口增长对生态环境的影响

人口增长对生态环境的影响主要体现在：

(1)对土地资源的压力。土地是人类赖以生存的物质基础，是食物能量来源的依托。由于非农用地增加、土地荒漠化、水土流失、土壤污染等原因，促使人口增加与土地资源减少之间的矛盾越来越尖锐。据联合国粮农组织报告，目前全球大约有5亿人口处于超土地承载力的状态下。

人口过载对生态环境，特别是农业生态环境的威胁巨大。

(2)对水资源的压力。随着人口的增加，用水量相应增加，污水也相应增加，而人均水资源则减少。如果要维持生活水准，则需要开采更多的水资源，造成水资源过度利用，甚至导致水荒。全球现有100多个国家缺水，其中有40多个国家严重缺水，十几个国家发生水荒。

(3)对能源的压力。20世纪60年代以后，发达国家能源消耗年均增长率为4%～10%，出现了能源危机。

(4)对森林资源的压力。掠夺性开发，如毁林造田、毁林建房、采伐木材等，使得越来越多的森林受到破坏。森林的大肆砍伐，破坏了生态平衡，引起水土流失、土地荒漠化、生物多样性减少等一系列问题。

(5)环境污染加剧。人口增加和经济发展，使污染物的总量增大。大量工农业废弃物和生活垃圾排放到环境中，影响了环境的纳污量以及对有毒、有害物质的降解能力，加剧了环境污染，从而进一步影响到人类的健康。

8.6 人类生态系统

人区别于一般动物在于，人既具有自然人的一面，又具有社会人的一面，人类生活的环境不仅有自然环境，还有人工环境和社会经济环境，因此，人类生态系统不同于自然生态系统，它是一个社会—经济—自然复合生态系统(social-economic-natural compound ecosystem, SBNCE)，即是由自然生态系统和人工生态系统构成的复合生态系统。

8.6.1 人类生态系统的概念

人类生态系统，是以人为主体的生命系统与环境系统，在特定空间的组合，是人与其共存的时空中众多的处于相干状态的构成要素或子系统通过协同作用而形成的耗散结构。它是一种开放的立体交叉网络体系，不断与外界环境进行着物质、能量、信息的交换，在物质流、能量流、信息流不息的输入和输出的过程中，通过涨落、自组织而实现系统在时间、空间与功能上的有序和稳定。这种以耗散结构为特征而运行的人类生态系统，一方面促进并控制着人类的活动与发展，同时系统的物质流、能量流、信息流的循环、流动和传递过程又受到人类活动与发展的干预和改变。人类的数量、素质、认识、决策、行为和自我控制能力深刻地影响着人类生

态系统的稳定性和有序程度；而人类生态系统的稳定、涨落、自组织和有序化程度又极大地关系着人类社会的发展进程，影响着人类社会与自然界的相互关系。

8.6.2　人类生态系统的结构

人类生态系统的结构是由社会生态系统、经济生态系统和自然生态系统耦合而成的复合系统，人类处于该复合系统的中心，作用于人类这一主体之外的为人类生态环境(见图 8-5)。

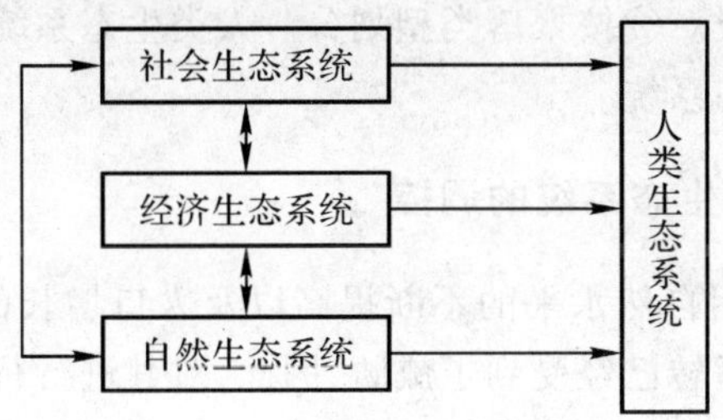

图 8-5　几个系统间的关系示意图①

8.6.3　人类生态系统的功能

人类生态系统的功能与其结构相适应。在人类生态系统中，自然生态系统具有资源再生功能和还原净化功能。它为人类提供自然物质的来源，接纳、吸收、转化人类活动排放到环境中去的有毒有害物质，自然系统中以特定方式循环流动的物质和能量，比如碳、氢、氧、氮、磷、硫、太阳辐射能等的循环流动，不仅维持着自然生态系统的永续运动，而且也是人类生存和繁衍不可缺少的化学元素；自然系统的水、生物、矿物质等其他物质通过生产进入人工生态系统，参与高一级的物质循环过程。它们都是社会经济活动不可缺少的资源和能源。显然，自然生态系统是人类生存和发展的物质基础，而人工生态系统具有生产、生活、服务和享受等功能。

人类生态系统与自然生态系统的本质区别，是人类生态系统是以人类为核心。在功能方面的差别，主要表现在人类生态系统为满足人类自身的需求，比如衣、食、住、行等的消费，必须不断地加强和提高社会生产。因此，社会经济环境不同于一般的环境因素，它在人类与环境的关系中，

① 引自张金屯等：《应用生态学》，科学出版社 2003 年版。

往往起到决定性的制约作用。

8.6.4 人类生态系统的主要特征与分类

人类生态系统的主要特征：①人类的强烈干预；②复杂的开放系统；③功能多样化；④受自然生态规律和社会经济规律双重制约；⑤具有一定的承载能力；⑥发展的时滞性与不可逆性。

人类生态系统的分类：①按区域分类。从地球这一复杂的大系统来看，任何一个有人类居住的区域都可以视为一个人类生态系统，而区域又可分为不同的等级。②按聚落类型划分。人类生态系统可以分为城市生态系统和农村生态系统。

8.6.5 人类生态系统的调控

随着人类利用自然水平的不断提高以及人口增长的持续压力，人类生态系统的正常运转已经受到了威胁，因此，对其进行行之有效的调整是十分必要的。对人类生态系统进行调控是一个复杂而持久的过程。按调节对象划分，人类生态系统的自调节机制可以分为：自然生态系统的自调节机制和人类社会的自调节机制；按调节主动性可以分为：人类生态系统的被动性调控和能动性调控。但是，由于人类能动性调控存在着导致生态环境发生不可逆恶化的危险，加之这种恶果往往不是直接作用于调控者自身，而是作用于全社会，因此，人类对这种调控应当十分谨慎，有必要采取适当措施加以引导和管理。

8.7 人类生态系统的可持续发展

8.7.1 人类生态系统的发展历程

人类生态系统大致经历了原始生态阶段(起始于5万年以前至距今约1～1.2万年)、早期农牧生态阶段(大约在1.2万年前)、早期城市阶段(约在6000年前)、现代城市工业化阶段(1860年工业革命至今)等几个发展历程。

8.7.2 可持续人类生态体系建设

可持续发展是指既满足当代人的需求，又不对后代人满足其自身需

求的能力构成危害的发展。它是在资源和环境所能承载的前提下,使人口、经济和社会的协调与健康发展,即做到经济可持续、社会可持续和生态可持续。可持续发展思想的产生和形成过程,有着深刻的生态背景。正如美国生态学家佛曼所言,可持续发展是寻找一种最佳的生态系统和土地利用的空间来支持生态的完整性和人类愿望的实现,使环境的持续性达到最大。可持续意味着正常发挥功能、不断优化结构。人类生态系统可持续发展是指系统良性运作,既可为当代人提供足够的生产和生活资源,又可为子孙后代提供所需的生产和生活资源;既为当代人提供适宜的生态环境,又不威胁子孙后代的生存空间,使退化的系统恢复到良好的状态,使良性的系统不断进化与完善,发挥其最大功能,为人类服务。

人类生态系统可持续发展遵循的基本规律包括:①相互依存与制约规律;②物质循环与转化规律;③物质输入和输出的动态平衡规律;④协同进化规律;⑤最大阈限规律。

衡量人类生态系统可持续性可以由五个基本要素及其复杂关系来衡量:①资源的承载能力;②区域人类生态系统的生产能力;③环境的缓冲能力;④社会发展的稳定性;⑤管理的调节能力。在这五个基本要素全部得到满足之后,可以判断一个国家或地区人类生态系统的可持续发展能力,并可以全面地比较不同国家或地区人类生态系统的可持续发展潜力,从而建立衡量不同国家或地区人类生态系统可持续发展水平的序列谱。

8.7.3　人类生态系统可持续发展的途径与对策

人类生态系统要实现可持续发展,应该选择以下几个途径与对策:①强化生态意识,树立全球观念;②控制人口数量,提高人口素质;③用经济生态学的观点指导发展;④应用绿色技术,促进系统发展;⑤加强对人类生态系统的管理;⑥因地制宜,注重整体与局部的统一。

第9章

生物多样性及其保护

9.1 生物多样性概念

生物多样性(biodiversity)是指生命有机体及其赖以存在的生态复合体的多样性(variety)和变异性(variability),包括数以百万计的动物、植物、微生物和它们所拥有的基因以及它们与生存环境形成的复杂的生态系统。因此,生物多样性是一个内涵十分丰富的概念,包括多个层次或水平。其中,研究较多、意义重大的主要有四个层次:

(1)遗传多样性(genetic diversity),是指遗传信息的总和,又称基因多样性,指种内基因的变化,包括种内显著不同的种群间和同一种群内的遗传变化。遗传变异、生活史特点、种群动态及其遗传结构决定或影响着物种与其环境相互作用的方式。种内多样性是一个物种对干扰进行成功反应的决定因素,决定着物种的变化趋势。

(2)物种多样性(species diversity),即物种水平的多样性,指地球上生物有机体的复杂多样性。主要是从分类学、系统学和生物地理学角度对一定区域内物种的状况进行研究。物种多样性的现状、形成、演化及维持机制等是其主要研究内容。物种水平的生物多样性编目,即物种多样性编目,是一项艰巨而又亟待加强的课题,是了解物种多样性现状包括受威胁现状及特有程度等的最有效的途径。

(3)生态系统多样性(ecosystem diversity),是指生物圈内,生境、生物群落和生态过程的多样性以及生态系统内生境差异、生态过程变化的多样性。生境的多样性是生物群落多样性甚至是整个生物多样性形成的基本条件。生物群落的多样性指群落的组成、结构和动态(包括演替和波动)方面的多样化。生态过程主要是指生态系统的组成、结构与功能在时

间上的变化以及生态系统的生物组分之间及其与环境之间的相互作用或相互关系。

(4)景观多样性(landscape diversity),是指由不同类型的景观要素或生态系统构成的景观,在空间结构、功能机制和时间动态方面的多样化或变异性。景观是一个大尺度的宏观系统,是由相互作用的景观要素(landscape element)组成的,具有高度空间异质性的区域。景观要素是组成景观的基本单元,依形状的差异,景观要素可分为嵌块体、廊道和基质。

9.2 生物多样性保护的意义和价值

生物多样性是地球生命的基础。有些生物已经被人们开发利用,更多的生物还有待于人们进一步了解其利用价值,是潜在的生物资源。

9.2.1 直接价值

生物资源的直接价值在于生物物种直接用作为食物、药物、能源和工业原料。

粮 食

陆生植物是人类的主要粮食来源,在人类历史中,有3000种植物被用作为食物,另有7500种作为可食性植物,而现在仅有150余种被大面积种植作为食品。世界上90%的食物来源于20个物种。目前,人类所需的粮食的75%来自小麦、水稻、玉米、马铃薯、大麦、甘薯和木薯7种作物。前3种占粮食总产量的70%以上。各种家禽、家畜、鱼类、海产为人类提供必要的蛋白质,各种蔬菜、水果、菌类为人类日常生活所必需。因此,大力发展粮食作物和各类经济植物,开发新食品,改良作物及家畜、家禽和鱼类等的品种,势在必行。无论是作物还是家畜等品种的改良,都需要抗性强的野生种或野生亲缘种与它们杂交,以提高它们抗病及抗逆境的能力。在不发达的国家中,有相当多数的地区还依赖于获取野生动植物作为粮食。

种质资源

野生生物资源被用来作为改良家畜、家禽、农作物的品种,特别是在品质和抗病性能方面。种质资源的国际交流成为世界粮食生产的基本条件,如果得不到外来的植物种质资源,世界所有国家的粮食都将面临减产。

医疗保健

药物大部分来源于植物、动物和微生物资源。据世界卫生组织统计表明，发展中国家80%的人口依靠传统的药物进行治疗，发达国家有40%的药物来源于自然资源，或依靠从大自然发现的化合物进行化学合成。在全世界25万种已知的显花植物中，科学家仅对具有潜在药物学属性的5000种进行过分析，还有庞大数量的物种其潜在医疗价值仍属未知。中国有记载的药用植物约有5000种，常用的约有1000种。

相当多的动物已经作为主要的药物，如水蛭素是珍贵的抗凝剂，蜂毒能治疗关节炎等。动物对医药业发展的另一重要贡献是作为医药研究的实验动物，如猴类对小儿麻痹疫苗研制和犰狳对抗麻风病疫苗的研制都起到过重要作用。

微生物与人类生活和健康关系极为密切，目前开发利用的微生物仅是一少部分，更多微生物物种有待于进一步研究和开发。我国是栽培大型真菌的大国，早就应用茯苓、猴头、灵芝、冬虫夏草等入药。抗生素是由微生物产生的疫苗，在医药上起到不可估量的作用。此外微生物还可以用来大规模生产酶制剂、有机溶剂、酒及酒精、氨基酸、维生素、菌肥等。

工业原料

多种多样的生物还为人类提供多种多样的工业原料，如木材、纤维、橡胶、造纸原料、天然淀粉、油脂等等，甚至煤、原油、天然气也都是由森林储藏了几百万年前的太阳能所供给。现代工业生产还需要开发更多可更新的生物资源，以提供各种工业生产中必需的原材料和新型的能源。

9.2.2 间接价值

生物资源的间接价值与生态系统功能有关，其价值可能远远超过直接价值。而且直接价值常常源于间接价值，因为收获的动、植物物种，必须有它们的生存环境，它们是生态系统的组成成分。没有消费和生产使用价值的物种，可能在生态系统中起着重要作用，并供养那些有使用和消费价值的物种。生物多样性的间接价值包括：

(1)通过光合作用，将太阳能贮存起来，从而形成食物链的最初来源，为绝大多数物种的生存提供能量基础。

(2)保护水源，维持水体的自然循环，减弱旱涝灾害。

(3)调节气候,生态系统对大气候及局部气候均有调节作用,包括对温度、降水和气流的影响。

(4)防止水土流失,在集水区内发育良好的植被具有调节径流的作用;在发育良好植被的地段,由于植被和枯枝落叶层的覆盖,可以减少雨水对土壤的直接冲击,保护土壤减少侵蚀,并能防止塌方;保护海岸和河岸,并能防止湖泊、河流和水库的淤积。

(5)吸收和分解环境中有机废物、农药和其他污染物。

(6)贮存必需的营养元素,促进元素循环,促使生物与非生物环境之间的元素交换,维持生态过程。

(7)维持进化过程,生态系统的功能包括传粉、基因流、异花受精的繁殖功能以及生物之间、生物与环境之间的相互作用,对于维持进化过程和环境效益有重要意义。

(8)基因、物种及生态系统的多样性为人类社会适应自然变化提供了选择的机会和原材料。

保护生物多样性对于人类更好地适应未来环境,开辟新的养殖动物和种植植物物种,发现和提取新的药物,为畜禽及农作物品种改良提供遗传物质,以及在控制和治疗疾病等方面提供更多的机会。

9.3 生物多样性受威胁的现状及其原因

9.3.1 生物多样性受威胁的现状

据估计,目前世界平均每天有一个物种消失,由于毁林,每年至少有1种鸟和哺乳动物或植物灭绝。世界生物多样性丧失现象正在加剧。种内变种和整个自然生态系统的消失速度比物种灭绝速度更快。据卫星图像及实地调查,全球热带森林,在20世纪80年代初,每年毁林1140万hm^2,至80年代末,上升到1700万~2000万hm^2。热带雨林比原有面积减少了一半。世界上温带森林有1/3已被砍伐,温带森林已成为濒危的生态系统。很多湿地被排干变为农田,或围湖造田,或扩大为城市,或变为养殖水产的池塘,而有森林的湿地则用于采伐。澳大利亚、新西兰、美国加利福尼亚的湿地已经消失了一半。红树林和其他海岸湿地被砍伐后常成为虾塘,将红树作为纸浆原料或烧炭。在亚洲、拉丁美洲、西非的红树林损失严重,印度、巴基斯坦和泰国至少有3/4的红树林受到破坏。珊

珊礁遭受污染或被大量采挖,这些生长缓慢的动物群落就被毁灭了,并被藻类所取代。

中国植物物种处于濒危状态的达到全国植物种的15%~20%,即4000~5000种。在2000年前中国的森林覆盖率达50%,如今约为13.8%,其中还包括很多人工林。红松阔叶混交林由于采伐严重,仅在少数保护区内残存。老龄的落叶阔叶林已经消失,现存的主要为中龄的次生落叶阔叶林。常绿阔叶林同样遭到严重破坏,保存较好的常绿阔叶林呈片断化分散在不同的山地上。热带雨林在中国分布面积有限,但是,大部分热带森林被橡胶园、热带作物园所替代。热带、亚热带由于森林消失,水土流失面积达$1.5\times10^6km^2$;草原由于过度放牧,退化草场占可利用草场面积的1/4,15%的草原减产,个别地区出现碱化现象。由于各种原因引起的土地沙化面积达1.26亿hm^2。三江平原沼泽被大面积开垦为农田等,红树林受破坏面积达50%。

9.3.2 生物多样性丧失的原因

生物多样性丧失的原因是多方面的。人口的增长,对生物资源无止境的索取,使生物资源破坏严重。引起生物多样性丧失的原因主要有:

栖息地丧失和片断化

全球各类生态系统遭到严重破坏使很多生物失去栖息地。拥有全球50%物种的栖息地的热带雨林,比原有面积减少了一半,大部分国家的森林呈片断化,被退化土地所围绕,损害了森林维持野生生物种群生存和重要生态过程的能力。中国的天然林被砍伐和形成片断化的情况更为突出。

掠夺式的过度利用

过度采伐,滥捕乱猎,是造成物种受威胁的原因之一。我国羚羊、野生鹿及珍贵毛皮动物、各种鱼类的物种种群数量大大减少。中国海域的经济鱼类资源在20世纪60年代已经出现衰退现象。很多野生药用植物、珍贵的食用菌等,由于长期人工采摘、挖掘,使分布面积和种群数量也都大大地减少了。

环境污染

城乡工农业污水排放水域,大气污染物的危害,重金属以及难以降解的化学品富集于土壤,引起水域、大气和土壤污染。污染物沿着生态系统

的食物链转移，使一些敏感物种种群数量减少或消失。我国受工业废弃物明显污染的农田达0.1亿 hm^2，约占农田总面积的10%，受农用化学物污染的面积也达0.1亿 hm^2。中国的不少湖泊及某些河流被工业废水污染，使某些水生生物消亡。

全球气候变化影响生物群落的分布格局

全球二氧化碳、氧化二氮、甲烷等温室气体排放，全球 CO_2 浓度的上升，将深刻地改变植物的分布格局，并引起区域性的厄尔尼诺效应。

农业和林业的品种单一化

在农业上为了达到更高的收获量，往往种植单一的高产品种。这些作物在世界经济中占有重要地位。随着作物种类数量降低，与之相应的固氮细菌、菌根、捕食生物、传粉和种子传播的生物以及一些在传统农业系统中通过几世纪共同进化的物种就会消失，如印度尼西亚在过去15年内已有1500个水稻地方品种消失了，其中3/4的水稻来自单一母本后代。又如在美国71%的玉米田中只种植6个玉米品种，50%的小麦田中种植9个小麦品种，农业上品种高度一致性对病虫害的暴发和其他灾害的发生缺乏抵御能力。林业上为了高产往往毁去物种丰富的林地，种植单一树种。在热带，热带森林常常转变为咖啡、油棕、橡胶等的种植园，使各类生物失去原有的栖息地。

水利工程的建设

水利工程修建，隔断了某些鱼、蟹类洄游的通道，使它们失去了产卵场所，加上水库下游流速减慢，水温下降而改变了生态环境，造成鱼、蟹种群的减少。

外来种的引入

外来种的引入及人类的定居，往往会导致整个的或部分的陆生植物和动物的灭绝。如在菲律宾岛，由于引入猪、山羊和兔子，在1790～1840年间，包括2个特有种在内的13种土著植物灭绝。而且，外来种的引入还会导致生境的丧失，引起生态系统发生变化，因此外来种的引入要慎重考虑其可能发生的后果。

此外，围湖造田和新矿区的开发以及各种自然灾害均威胁着陆生和水体的生物多样性。因此，当务之急是寻求合适的途径协调生物多样性保护与经济发展需求之间的矛盾。

9.4 全球和中国的生物多样性概况

9.4.1 全球生物多样性概况

近年来由于对热带森林冠层和深层海底的研究,认为地球上存在的物种有1000万~8000万种,已经定名的为140万~170万种,见表9-1,大部分的物种尚属未知。生物多样性不均匀地分布于世界各地,占世界陆地面积约7%的热带森林容纳了全世界半数以上的物种。世界10个生物多样性重点保护的热带森林分布在:厄瓜多尔海岸森林、巴西可可地区、巴西亚马孙河流域东部和南部、喀麦隆、坦桑尼亚山脉、马达加斯加、斯里兰卡、缅甸、新喀里多尼亚、夏威夷、苏拉威西岛。

表9-1 世界生物多样性的概况①

类群	已描述的物种数	类群	已描述的物种数
细菌和蓝绿藻	4760	甲壳动物	38000
藻类	26900	其他无脊椎动物	132461
真菌	46983	昆虫	751000
苔藓植物	17000	软体动物	50000
裸子植物	750	海星	6100
被子植物	250000	鱼类	19056
原生动物	30800	两栖类动物	4184
海绵动物	5000	爬行类动物	6300
珊瑚和水母	9000	鸟类	9198
线虫和环节动物	24000	哺乳类动物	4170

9.4.2 中国生物多样性概况

中国是世界上物种最丰富的国家之一,物种数量约占世界物种总数的10%左右。在亚洲,根据维管束植物、哺乳动物、鸟类、两栖类、爬行

① 引自卢升高等:《环境生态学》,浙江大学出版社2004年版。

类、鱼类及凤尾蝶类物种的统计发现，中国的物种最为丰富，且中国的特有属和特有种亦十分丰富，见表 9-2。中国有高等植物约 30000 种，仅次于植物区系最丰富的马来西亚（约 45000 种）和巴西（约 40000 种），居世界第三位。另外中国存在着大量的古老特有种和孑遗种，在世界上占有重要地位。

表 9-2　中国动植物特有属种的情况①

分类群	已知种数	特有种数、属数	百分比%
哺乳类	499 种	73 种	14.6
鸟类	1186 种	99 种	8.3
爬行类动物	376 种	26 种	6.9
两栖类动物	279 种	30 种	10.8
鱼类	2804 种	440 种	15.7
苔藓植物	494 属	8 属	1.6
蕨类植物	224 属	5 属	2.2
裸子植物	32 属	8 属	25.0
被子植物	3116 属	235 属	7.5

中国极为丰富的野生动、植物和微生物就是遗传多样性的宝库。遗传多样性为中国物种多样性奠定了基础。中国的生态系统类型丰富，北半球出现的生态系统类型在中国均有出现，如有森林、草原和荒漠，湿地（内陆）、海岸和海洋以及农田生态系统等，且这些类型又可以分为很多亚类。

9.5　生物多样性保护和持续利用

9.5.1　生物多样性公约

联合国环境规划署主持制定，于 1992 年 5 月 22 日通过，有 150 多个国家在巴西里约热内卢召开的“联合国环境与发展大会”上签署《生物多

① 引自中国科学院生物多样性委员会：《生物多样性研究的原理与方法》（生物多样性研究系列专著Ⅰ），中国科学技术出版社 1994 年版。

样性公约》。内容涉及保护和可持续利用;技术转让和财务问题;有关“公约”机构的规定和最后条款。《生物多样性公约》的特点包括:

(1)确定了生物资源的归属,各国对自己的生物资源拥有主权。

(2)各国有责任确保在其管辖或控制范围内的活动,不至于对其他国家的环境或管辖范围以外的环境造成损害。

(3)规定向发展中国家转让有关生物多样保护和持续利用的技术。

(4)资金机制是由发达国家提供资金,以便发展中国家履行《公约》的规定。

《生物多样性公约》的意义:第一,是第一份关于生物多样性各个方面的国际性公约;第二,遗传多样性第一次被包括在公约中;第三,生物多样性第一次受到全人类的共同关注。

9.5.2 生物多样性保护对策

生物多样性保护目标

生物多样性的保护与经济持续发展密切相关。保护生物多样性的目标是通过不减少基因和物种多样性,不毁坏重要的生境和生态系统的方式,保护和利用生物资源,以保证生物多样性持续发展。要达到这一目标需要做到以下3点:

(1)挽救生物多样性,采取措施保护基因、物种、生境和生态系统,防止关键性自然生态系统退化,维持已经受到人类干扰的陆地和水域多样性,同时,在基因库,动物、植物及其他保护措施中保存物种和基因。

(2)研究生物多样性,阐明生物多样性的组成、分布、结构和功能,了解基因、物种和生态系统的作用和功能,摸清被改变的系统与自然系统之间的复杂联系,并加以保持。

(3)持续明智地利用生物多样性,节约地利用生物资源,使它永不枯竭,确保利用生物多样性来改善人类生存条件。生物多样性最佳经济利用方式是使它处于自然状态,保持生态和文化价值。

为了实现保护、研究和持续利用的目标,必须把生物多样性保护作为国家和地区的总体规划的一部分。在决策者的有力领导下和群众参与下才能实施。根据具体国情,生物多样性保护应该进行全面规划、积极保护、科学管理和持续利用。

生物多样性保护的法律和法规的制定

中国已制定了一系列与生物多样性保护有关的政策和法规。1963

年就颁布了《森林保护条例》,规定保护稀有珍贵林木和禁猎区和保护区的森林。1964 年国务院发出《水产资源繁殖保护条例草案》。1983 年国务院发出《关于严格保护珍贵稀有野生动物的通知》。1984 年颁布了《中华人民共和国森林法》。1985 年全国人大常委会颁布《中华人民共和国草原法》。1986 年颁布的《中华人民共和国渔业法》和《中华人民共和国土地管理法》。1987 年国务院发布了《关于坚决制止乱捕滥猎和倒卖走私野生动物的紧急通知》,加强对野生动物出口管理。特别是 1988 年全国人大通过了《中华人民共和国野生动物保护法》以及 1989 年颁布了修订的《中华人民共和国环境保护法》,其中都有保护珍稀濒危物种的规定。此外,还制订了很多条例,均与野生生物保护有关,这些法律和条例的严格执行是生物多样性保护的重要保证。

确定生物多样性保护原则,明确保护对象和目的

保护生物多样性首先要保护地球上各类动、植物类群的组合。因为地球上不同地理区域的物种之间是不可替代的。在全球范围来看,在各生物地理区域内均应该有就地保护各类生物群系或特有景观的措施。对于一个国家和一个地区而言,要考虑更低级的单位,通常以气候区划、植被区划、动物地理区划以及综合自然地理区划为依据来确定生物多样性的保护原则。更重要的是对每个自然区域的遗传资源、物种、自然生态系统及生物群系包括地带性、过渡带、山地的生物群系以及特有的景观类型加以保护。目标是为了对生物多样性进行挽救、研究和持续发展,达到保护和持续利用的目的。充分发挥生物多样性的直接价值和间接价值,为经济持续发展作出应有的贡献。

生物多样性的就地保护

(1)自然保护区的合理布局。由于中国地域广阔,气候多样,地形复杂,加上陆地受到海洋气候影响不均衡,使得中国各地的气候、植被、动植物区系和地形、地貌条件变化很大。再加上不同地区经济发展程度不同,人类干扰对生物多样性影响甚大。因此,应该对就地保护的主要形式——自然保护区和国家公园有一个总体规划。我国应该在森林区、草原区、荒漠区、内陆湿地、海岸带和海洋以及农业区进行自然保护区的合理布局。截止到 2000 年底,我国已经建立 1276 个自然保护区,总面积 $1.23\times10^8\text{hm}^2$,其中,国家级自然保护区有 155 个,面积为 $5.75\times10^7\text{hm}^2$。目前,自然保护区的数量还在增加,面积仍在扩大,因此,应该根据已建立的保护区的分布状况,考虑对某些空白点进行补充。

(2)自然保护区建立的原则和方法。自然保护区的建立,要选择有代表性和科学意义或实践意义重大的地段建立。在不同自然带和大的自然地理区域内,对天然生态系统保存较好的地区,应该首先选为保护区。有的地区天然生态系统已经遭到破坏,但是,其次生类型只要通过保护是能够恢复的,也应该建立保护区。对于国家级一类和二类保护动物的主要栖息繁殖地和植物的原生地或集中分布区均可以建立保护区。对于有特殊保护意义的天然和文化景观、洞穴,以及岛屿、湿地、海岸和海洋等生态系统均应该加以保护。此外,对栽培植物和家养动物的野生亲缘种集中分布地可以建立保护区或保护点。

(3)保护区的主要类别和管理目标。根据 IUCN(1985)对保护区的分类和保护目标,把保护区分为 8 种类别:①科学保护区/严格保护区:这类保护区不受人类干扰。使所保护的各类生态系统能保证维持其正常的自然生态过程,并可以作为遗传资源基因库。这类保护区为进行科学研究、环境监测和教育服务。②国家公园:主要是有国家和国际意义的自然区域或风景区。以科研、教学和娱乐为目的。这类保护区面积较大,不能因人类活动而改变其自然风貌。不允许有商业性资源消耗活动的存在。③自然遗迹保护区:保护区面积较小,保护和维持具有国家意义的特殊自然风貌。④人工维持的自然保护区/野生生物保护区:为了保护重要的物种、分类群、生物群落或环境自然特征,必须要加以人工控制,才能保证它们所需要的自然条件的完整,并允许对某些资源进行有控制的利用。⑤景观保护区:涉及范围较广,包括自然和半自然的文化性景观,反映民族风俗习惯、宗教信仰及其土地利用方式而形成特殊景观的保护区,同时,为社会提供旅游场所。⑥自然资源保护区:为了未来综合利用当地的资源,对于具有丰富自然资源的地方加以保护。⑦人类学保护区:维持当地人类社会生活方式,不受现代技术干扰的保护区。⑧多种经营管理区/资源经营管理区:这个区域的目标是提供持续的产品,如水、木材、野生生物和牧草以及娱乐活动。

此外,还有世界历史遗产保护地。这是根据《世界文化和自然历史遗产保护公约》而建立的。它的保护对象有地质年代过程中各阶段生物进化和人及其自然环境相互形成的著名地区;某些独特、稀有或绝无仅有的自然环境,具有异常的条件和关键因子的地方。它们都具有国际意义。生物圈保护区开始是由联合国教科文组织根据“人与生物圈”计划而建立的保护区,它侧重于教学、监测、研究和生态系统保护等方面。有不少自然保护区和国家公园也是生物圈保护区,如鼎湖山、梵净山、武夷山自然保护区。目前生物圈保护区的概念已被广泛接受,并作为一种改革途径,促进生物多样性保护与生物资源持续利用的紧密结合,侧重于研究、监测、培训等方面,以支持保护与发展的目的。

(4)自然保护区规划与设计。为了保护生物多样性,首先要确定保护区的面积,根据保护对象和目的,以物种—面积关系,生态系统的物种多样性—稳定性,以及岛屿生物地理学为理论基础来确定保护区的面积。不仅要考虑物种数量,还要考虑到物种正常繁育所必需的空间。目前保护区大多是孤立地分布在人为活动的环境中,呈岛屿状分布。在考虑保护区的面积时,尽可能包括有代表性的生态系统类型及其演替系列。一般认为面积大的保护区比小保护区就地保护效果要好些。建议保护区面积一般应该在 10000～50000hm^2 之间。但是,面积太大,在管理上存在着困难。也有人建议把保护区分为不同等级,国家级保护区应面积较大,而数量较少;省级保护区面积可缩小些,数量多些;地区性保护区的面积可以再小些,但是,数量可以再多些。一般而言,保护区的面积主要与残存的自然生态系统的面积有关,可以根据实际情况加以确定。

保护区的形状理想的应该是圆形,圆形设计可以减少保护区内物种扩散的距离。如果保护区太长,则不利于保护。一般把保护区分成三个部分:

• 核心区,是原生生态系统和物种保存最好的地段,应该严格保护,严禁任何狩猎和砍伐。主要任务是保护,维持基因和物种多样性,并可用于生态系统基本规律的研究。

• 缓冲区,一般应位于核心区的周围,可以包括一部分原生性生态系统类型和由演替类型所占据的受过干扰的地段。缓冲区一方面可以防止对核心区的影响和破坏;另一方面可以用于某些试验性和生产性的科学研究,但是,不应该破坏其群落环境,可以进行植被演替和合理采伐更新试验,以及野生经济生物的栽培或驯养等。

• 实验区,在缓冲区周围还要划出相当的面积作为实验区,保护部分原生或次生生态系统类型。主要用作发展本地特有生物资源的场地;也可以作为野生生物就地发展的繁育基地;还可以根据当地经济发展的需要,建立各种类型的人工生态系统,为本区域生物多样性恢复进行示范。

(5)加强保护区外的就地保护。自然保护区数量有限,而且需要大量的人力、物力，对于某些濒危物种、特殊生态系统类型、栽培和家养动物的亲缘种来说不一定都生活在保护区内，有些可以设立保护点。还应该从多方面采取措施，如在林业上应该采取必要措施禁止采伐残存的原生天然林，及保护残存的片断化的天然植被，如灌丛、草丛；禁止开垦草地、湿地；保护海岸和海洋，防止过度捕捞和海产养殖所造成的局部污染，从而进行生物多样性的就地保护。

迁地保护中应注意的问题

植物园、动物园、水族馆、种子库和基因库的建立都是迁地保护的重要措施。生物多样性保护应该以就地保护为主，对于某些濒危物种而言，迁地保护也是必不可少的手段。中国至今已有 110 个植物园，但是，作为生物多样性迁地保护的场所，在珍稀濒危物种的迁地保护时，一定要考虑种群的数量，特别是对稀有和濒危物种引种时，要考虑引种的个体数量，因为保持一个物种，必须以种群最小存活数量为依据。很多植物园的某些物种形成小片林地或草地比仅引种几株个体的保存物种的意义要大。而且一个物种种群最好来自不同地区，以丰富物种遗传多样性。目前，我国植物园面积较小，达到这样的目的，还有一定困难，因此，只能选择濒危物种进行保护。我国动物园对濒危物种的繁殖作出了很大的努力，现有动物园 41 个，还建立了不少野生动物人工繁育场，使一度濒临灭绝的大熊猫、扬子鳄、朱鹮和华南虎等近 10 种濒危动物开始复苏，还有不少(约 60 种)濒危珍稀野生动物人工繁殖成功。近年来，还加强珍稀水生动物的保护。迁地保护的物种最终还应该回归大自然，这是在迁地保护过程中应该加以注意和探讨的问题。

第 10 章

环境污染防治的生态对策

环境污染防治的生态对策是将生态学原理和工程学手段相结合来防治环境污染的，是保护人类生存环境的技术科学，因此，它是环境生态学的重要内容之一。

10.1 环境污染的概念及其防治措施

10.1.1 环境污染的概念

环境污染是指人类活动使环境要素或其状态发生变化，环境质量恶化，扰乱和破坏了生态系统的稳定性及人类正常生活条件的现象。即环境因受人类活动影响而改变了原有性质或状态的现象称为环境污染(environment contamination，environmental pollution)。例如，大气变污浊、水质变差、废弃物堆积、噪声、振动、恶臭等对环境的破坏都属于环境污染。环境污染导致日照减弱、气候异常、山野荒芜、土壤沙化、盐碱化、草原退化、水土流失、自然灾害频繁、生物物种绝灭等，其实质是人类活动中将大量的污染物排入环境，影响环境的自净能力，从而降低了生态系统的功能。

环境污染物大体来自两个方面：

(1)来自人类的生产活动，使大量自然界原来不存在的人工合成的各种有机化合物(近 200 万种)，以及每天约有成亿吨的固体废弃物排入环境，严重影响了各自然要素之间的物质和能量的正常交换过程。

(2)来自人类的生活活动，如生活污水、垃圾等人的一生要从外界环境吸收大量的空气、水和食物，同时也向环境排放数量大致相同的废弃物。环境污染物可以分为气态、液态、固态及胶态四种状态，被污染的对象为大气、水体、土壤及生物(包括人类)。

环境问题已经成为世界各国的主要政治问题和社会问题,这些问题都是由于人们的行动违反了自然规律所致。随着生产力的发展,人类大规模深入地改造环境,也必将引起更复杂的新的环境问题。解决环境问题的根本途径是调节人类社会活动与环境的关系。

10.1.2 环境污染的防治对策

环境污染的防治主要是解决从污染产生、发展,直至消除的全过程中存在的有关问题和采取防治的种种措施。其最终目的是保护和改善人类生存的生态环境。污染防治对策包括单个污染源或污染物的防治,也包括区域污染的综合防治。根据治理对象的不同,可以分为大气污染防治、水污染防治、固体废物处理与处置、噪声和振动控制、恶臭防治、土壤污染防治等;按照不同的防治方法可以分为物理的、化学的和生物的防治方法。

10.2 水体污染与废水处理的对策

10.2.1 水体的自净作用及水体污染

水体自净(water self-purification)是指受污染的水体由于物理、化学、生物等方面的作用,使污染物浓度逐渐降低,经过一段时间后恢复到受污前的状态。这种现象从净化机制来看,可以分为以下几类:

(1)物理净化(physical cleaning 或 physical purification),即污染物质由于稀释、扩散、沉淀等作用而使河水污染物质浓度降低的过程。

(2)化学净化(chemical decontamination 或 chemical purification),污染物质由于氧化、还原、分解等作用而使河水污染物质浓度降低的过程。

(3)生物净化(biological cleaning 或 biological purification),由于水中生物活动,尤其是水中微生物对有机物的氧化分解作用而引起的污染物质浓度降低的过程。

目前,关于水体自净作用,主要是研究水体中的有机污染物质因微生物的作用而发生生物化学分解的过程。

水体污染(water body pollution)的定义目前有:

(1) 与水的自净作用相联系的,即排入水体的污染物超过了水体的自净能力,从而使水质恶化的现象。

(2)进入水体的外来物质含量超过了该物质在水体本底中的含量。

(3)外来物质进入水体的数量达到了破坏水体原有用途的程度。

其中,以最后一种较为适用,因为它将水体污染与人类的生产和生活活动以及水的用途联系了起来。

水体中主要污染物的来源及影响

水体中的污染物可以概括为:

(1)无机无毒物,包括酸、碱及一般无机盐和氮、磷等植物营养物质。

(2)无机有毒物,包括各类重金属(汞、镉、铅、铬)、氰化物和氟化物等。

(3)有机无毒物,主要指在水体中比较容易分解的有机化合物,如碳水化合物、脂肪、蛋白质等。

(4)有机有毒物,主要为苯酚、多环芳烃和各种人工合成的具有积累性的稳定有机化合物,如有机氯农药、合成洗涤剂和合成染料等。有机物的污染特征是耗氧,有毒物则体现在生物毒性。还有,如放射性物质(放出 α、β、γ 射线)、生物污染物(随动物粪便排出的含有细菌、病菌和寄生虫等)、热污染(使水温增高加速化学反应速度)等。

水体污染的控制途径

水体的污染主要是由于工业废水和城市污水的任意排放造成的,因此,必须从控制废水的排放入手,将防、治、管三者结合起来。有效控制水体污染的基本途径有:

(1)减少污染源排放的工业废水量,主要通过改革生产工艺、重复利用废水、回收有用产品等方式降低废水浓度,减轻污水处理的负担。

(2)妥善处理城市及工业废水,在废水排入水体以前,对其进行妥善处理,使其实现无害化。

(3)加强对水体及其污染物的监测和管理,应建立统一的管理机构,颁布有关法规,并分别制订出工业废水排放标准等。

10.2.2 废水处理技术概述

废水处理的目的,就是用各种方法将废水中所含的污染物质分离出来,或将其转化为无害物质,从而使废水得到净化。

废水中的主要污染物质及其水质指标包括:

(1)pH 值。

(2)悬浮物质。

(3)生物需氧量(Biochemical Oxygen Demand,简称 BOD)。

(4)化学需氧量(Chemical Oxygen Demand,简称 COD)。

(5)总需氧量(Total Organic Carbon,简称 TOD)。

(6)有毒物质。

(7)其他,如水温、油脂、溶解性物质、氮、磷含量等对于特殊的废水,也应该成为主要考虑的水质指标。

废水处理方法的分类。对不同的污染物质应该采取不同的处理方法:

(1)物理法,主要是利用物理作用分离废水中呈悬浮状态的污染物质,在处理过程中不改变其化学性质,如沉淀(重力分离)法、过滤法、离心分离法、浮选气浮法、蒸发结晶法、反渗透法。

(2)化学法,利用化学反应原理及方法来分离回收废水中的污染物,或改变污染物的性质,使其从有害变为无害。如混凝法、中和法、氧化还原法、电解法、汽提法、萃取(液—液萃取)法、吹脱法、吸附法、电渗析法。

(3)生物法,主要是利用微生物作用,使废水中呈溶解和胶体状态的有机污染物转化为无害的物质。如活性污泥法、生物膜法、生物(氧化)塘、污水灌溉。

废水中的污染物质是多种多样的,通常需要通过几种方法组成的处理系统,才能达到处理的要求。常用的废水处理流程按照不同的处理程度,废水处理系统可以分为:

(1)一级处理,只去除废水中呈悬浮状态的污染物,主要应用物理法,又称为预处理。

(2)二级处理,大幅度地去除废水中呈胶体和溶解状态的有机污染物,主要是生物处理法,见图10-1,通过二级处理,一般废水均能达到排放标准。

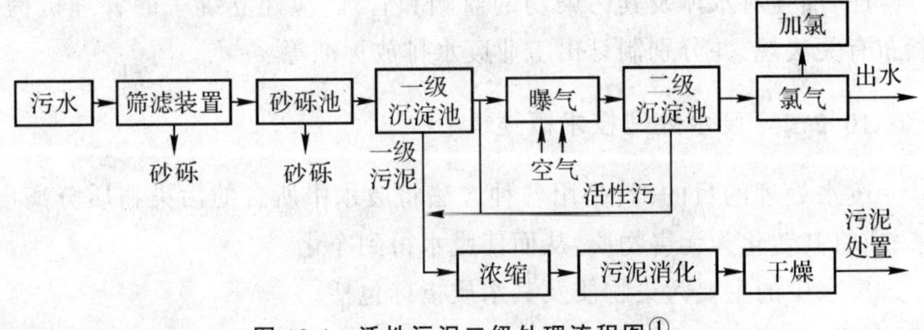

图 10-1 活性污泥二级处理流程图①

① 引自卢升高等:《环境生态学》,浙江大学出版社 2004 年版。

(3)深度处理,是进一步去除废水中的悬浮物质、无机盐类及其他污染物质,以便达到工业用水或城市用水所要求的水质标准。

10.2.3 水体的富营养化及其生物防治

水体富营养化(water body eutrophication)是指在人类活动的影响下,生物所需的氮、磷等营养物质大量进入湖泊、河口、海湾等缓流水体,引起藻类及其他浮游生物迅速繁殖,水体溶解氧量下降,水质恶化,鱼类及其他生物大量死亡的现象。在自然条件下,湖泊也会从贫营养状态过渡到富营养状态,不过这种自然过程非常缓慢。而人为排放含营养物质的工业废水和生活污水所引起的水体富营养化则可以在短时间内出现。水体出现富营养化现象时,浮游藻类大量繁殖,形成水华(plankton bloom)。因占优势的浮游藻类的颜色不同,水面往往呈现蓝色、红色、棕色、乳白色等不同颜色。这种现象在海洋生态学中叫做赤潮(red tide)或红潮。

富营养化的防治是水污染处理中最为复杂和困难的问题。这部分仅简要介绍富营养化水体中除磷和除氮的方法:

(1)控制外源性营养物质输入。控制和监测排入水体的废水和污水中的氮、磷浓度。

(2)减少内源性营养物质负荷:①工程性措施。包括挖掘底泥沉积物、进行水体深层曝气、注水冲稀以及在底泥表面敷设塑料等。②化学方法。这是一类包括凝聚沉降和用化学药剂杀藻的方法。③生物性措施。利用水生生物吸收利用氮、磷元素进行代谢活动以去除水体中氮、磷营养物质的方法。

10.3 大气污染及其防治

10.3.1 大气污染和大气污染物

随着工业及交通运输等事业的迅速发展,特别是煤和石油的大量使用,将产生的大量有害物质和烟尘、二氧化硫、氮氧化物、一氧化碳、碳氢化合物等排放到大气中,当其浓度超过环境所能允许的极限并持续一定时间后,就会改变大气的正常组成,破坏自然的物理、化学和生态平衡体系,从而危害人们的生活、工作和健康,损害自然资源及财产、器物等。这种情况即被称为大气污染或空气污染(air pollution)。

大气污染物的种类很多,已发现有危害作用而被人们注意到的有100多种,其中大部分是有机物。依据大气污染物的形成过程,可以将其分为:

(1)一次污染物,是直接从各种污染源排放到大气中的有害物质,如二氧化硫、氮氧化物、一氧化碳、碳氢化合物和颗粒性物质等。

(2)二次污染物,是一次污染物在大气中相互作用或它们与大气中的正常组分发生反应所产生的新污染物。这些新污染物与一次污染物的化学、物理性质完全不同,多为气溶胶,具有颗粒小、毒性一般比一次污染物大等特点。常见的有硫酸盐、硝酸盐、臭氧、醛类(乙醛和丙烯醛等)和过氧乙酰硝酸酯(PAN)等。

大气中的污染物质的存在状态是由其自身的理化性质及形成过程决定的;气象条件也起一定的作用。一般将它们分为气体状态污染物和粒子状态污染物(粒径多在0.01~100μm,又有降尘和飘尘之分)两大类。

10.3.2 大气污染控制途径

优化工业布局

工业布局是否合理与形成大气污染关系极为密切。工业过分集中的地区,大气污染物排放量必然很大,不易被稀释扩散;相反,将工厂合理分散布设,将有利于污染物的稀释扩散。选择厂址时要充分考虑地形、气象等条件,以利于污染物的扩散。

选择有利于污染物扩散的排放方式

排放方式不同污染物扩散效果也不一样。目前国外较普遍采用的是高烟囱排放和集合式烟囱排放方式。一般地,地面污染物浓度与烟囱高度的平方成反比。所以,提高烟囱的有效高度能使烟气得到充分的稀释,也是减轻地面污染的措施之一。但是因为烟囱高减少了当地的落地浓度,而排烟范围却扩大了,所以还不能根本解决污染问题。

集合式烟囱排放,就是将几个(一般是2~4个)排烟设备集中到一个烟囱中排放,以使排放的烟气温度增加,提高烟气出口速度。这种高温、高速的烟流将呈环状吹向天空,扩散效果良好,从而使矮烟囱起到高烟囱的作用。

区域集中供暖、供热

分散于千家万户的炉灶和市区密集的矮烟囱是大气烟尘的主要污染

源。北方城市冬季取暖用煤量往往超过工业用煤量。在城市的郊外设立大的热电厂和供热站集中供暖、供热，是消除烟尘的有效措施。这样做的优点：

(1)可以提高锅炉设备的效率，降低燃料消耗量。

(2)可以利用废热，提高热利用率。

(3)集中供热的大锅炉适于采用高效率的降尘器，从而大大减少粉尘的排放量。

(4)可以减少燃料的运输量。区域供暖既经济又能减少污染，市内没有一个烟囱，烟尘危害极微，所以发展很快。

改变燃料构成

对燃料进行选择和处理，是减少污染物产生的有效措施。各种燃料中灰分数量有很大差别，如煤的灰分量为 5%～20%，石油为 0.2%，天然气灰分量更少。所以，应尽量选用灰分量少的燃料。在有条件的城市，要逐步推广使用天然气、煤气和石油气，不仅可以改进工业生产状况，而且对于改变城市居民的炉灶污染也是很有必要的。另外，应该加强新能源开发利用的研究，如太阳能、氢燃料、地热能等，代替煤炭燃料，减轻污染。

绿化造林

绿化造林是防治大气污染的一个经济有效的方法；因为植物有吸收各种有害有毒气体和净化空气的功能，茂密的林丛能降低风速，使气流携带的大粒灰尘下降。树叶表面粗糙不平，多绒毛，有的植物还能分泌黏液和油脂，吸附大量飘尘。植物的光合作用放出氧气和吸收二氧化碳，因而能调节空气的成分，甚至有些植物能吸收大气中的有毒成分。所以城市环境应该保持一定比例的绿地面积，以起到净化和缓冲大气污染的作用。

10.3.3 大气污染的控制

为了控制环境污染，保护和改善人类生活环境质量，必须采取有效的对策，包括研究对污染源的治理技术，改革旧的工艺，控制污染物排放；制订合理的大气质量标准和大气污染物排放标准；提出有关大气环境污染的综合防治措施等，对环境进行全面管理，力求做到合理发展经济和保护大气环境。大气污染的控制主要包括：

(1)烟尘治理技术。首先要减少颗粒物的生成，其次选择最合理的净化装置，如机械除尘器、湿式洗涤除尘器、袋式滤尘器和静电除尘器等，设备要与要求达到的控制标准相适应。

(2)二氧化硫治理技术。主要有燃料脱硫和烟气脱硫两种,前者根据工艺过程的不同又分为间接脱硫和直接脱硫,后者可分为湿法和干法两大类,脱硫效果都很显著。

(3)光化学烟雾的治理。光化学烟雾(photochemical smog)主要是由交通运输工具等移动性污染源排放的废气在大气中形成的二次污染物,因此要有效控制就必须改革城市交通运输工具的燃料、内燃机的结构或安装排气净化装置,同时对废气中的氮氧化物进行处理。

(4)绿色植物对大气污染物的净化作用。绿色植物具有吸收有害气体、吸附尘粒、杀菌、改善小气候、避震、防噪音和监测空气污染等许多方面的长期和综合效果。

10.4 土壤的污染及其防治

10.4.1 土壤污染及污染物质的来源和种类

土壤污染的概念

土壤污染(soil contamination,或:soil pollution)是指人类活动所产生的污染物,通过多种途径进入土壤生态系统,其数量和速度超过了土壤容纳的能力和土壤净化的速度的现象。土壤污染可以使土壤的性质、组成及性状等发生变化,使污染物质的积累过程逐渐占据优势,破坏了土壤的自然动态平衡,从而导致土壤正常功能失调,土壤质量恶化,影响作物的生长发育,造成产量和质量的下降,并可以通过食物链引起对生物和人类的危害,甚至形成对生命系统的超地方性的危害。

土壤中污染物质的来源和种类

(1)土壤污染物质的来源。土壤污染的发生特征是与土壤所处的地位和功能相联系的,其污染物主要来自两个方面:①人为污染源,主要来自工业和城市的废水和固体废物、农药和化肥、牲畜排泄物、生物残体及大气沉降物等。②自然污染源,在某些矿床或物质的富集中心周围,经常形成自然扩散晕,而使其附近土壤中某些物质的含量超出土壤正常含量范围造成污染。

(2)土壤污染物的种类。土壤的污染源是十分复杂的,所以土壤污染物的种类也极为繁多,有化学污染、物理污染、生物污染和放射污染等,其

中以土壤的化学污染最为普遍、严重和复杂。化学污染物质可以分为无机污染物和有机污染物两大类：①无机污染物，包括对生物有危害作用的元素和化合物，主要是重金属、放射性物质、营养物质和其他无机物质等。重金属有汞、镉、铅、砷、铜，锌，钴，镍、硒等；放射性物质主要指铯、锶、铀等；营养物质主要指氮、磷、硫、硼等；其他物质主要指氟、酸、碱，盐等。②有机污染物，主要是指化学农药，目前在世界范围内大量使用的农药约 50 余种，有有机氯类、有机磷类、氨基甲酸酯类，苯氧羧酸类、苯酰胺类等。石油、多环芳烃、多氯联苯、甲烷等也是土壤中常见的有机污染物。此外还有生物类，例如肠细菌、炭疽杆菌、蠕虫类等侵入土壤，它们的大量繁衍，对人体健康和生态系统安全均产生不良影响。

10.4.2　土壤污染的主要发生途径

污染物质可以通过多种途径进入土壤：

(1)大气污染型，污染物质来源于被污染的大气通过沉降和降水而降落地表。

(2)水污染型，城乡工矿企业废水和生活污水，未经处理，直接排放。

(3)固体废弃物污染型，主要是工厂矿山的尾矿废渣、污泥和城市垃圾等作为肥料施用或在堆放过程中通过扩散、降水淋洗等直接或间接的影响。

(4)农业污染型，主要来自施入土壤的化学农药和化肥，其污染程度与化肥、农药的数量、种类、利用方式及耕作制度等有关。由于农药是人工合成的有机化合物，与天然有机化合物相比，稳定性较强，不易被化学作用和生物化学作用所分解，能在环境中较长期地存在。根据降解速度和在环境中残留的时间，可以分为低残留农药(less persistent pesticide)和高残留农药(more persistent pesticide)。

这些土壤污染类型是相互联系的，它们在一定的条件下可以相互转化。固体废弃物污染型可以转化为水污染型和大气污染型，农业污染型本身就是固体废弃物污染型、大气污染型及水污染型。

10.4.3　土壤污染的防治

对于土壤污染，必须贯彻“预防为主，防治结合”的环境保护方针。要控制和消除污染源，同时，在防治土壤污染时充分利用土壤的净化能力，对已经污染的土壤要采取一切有效措施，消除土壤中的污染物，控制土壤

中污染物的迁移转化，阻止其进入食物链。

控制和消除土壤污染源

控制和消除土壤污染源，是防止污染的根本措施。具体做到：

(1)控制和消除工业“三废”排放，控制污染物排放的数量和浓度，使之符合排放标准。

(2)加强土壤污灌区的监测和管理。

(3)控制化学农药的使用，禁用或限用剧毒、高残留性农药，使用高效、低毒、低残留农药，发展生物农药，并根据所使用农药的特性，确定施用农药的安全间隔期。

(4)合理施用化学肥料。

增加土壤容量和提高土壤净化能力

增加土壤有机质含量、砂掺黏土和改良砂性土壤，增加和改善土壤胶体的种类和数量。

其他防治土壤污染的措施

(1)施加抑制剂。对重金属轻度污染的土壤，施加抑制剂，可以改变重金属污染物质在土壤中的迁移转化方向，降低重金属向植物体内的转移。常用的抑制剂有石灰、磷酸盐、硅酸钙等，例如，试验施用石灰后，可以使稻米含镉量降低30%。

(2)控制土壤氧化—还原条件。研究表明，在水稻抽穗到成熟期期间，无机成分大量向穗部转移，淹水可明显地抑制水稻对镉的吸收，落干则能促进镉的吸收，提高糙米中镉的含量。除镉外，铜、铅、锌等元素均能与土壤中的H_2S反应，产生硫化物沉淀。因此，加强水浆管理，可有效地减少重金属的危害。但是砷与其他重金属相反。

(3)改变耕作制度。改变耕作制度、改变土壤环境条件，可以消除某些污染物的毒害。DDT和六六六在旱田中降解速度慢，积累明显，残留量大，在水田中的DDT降解加快。利用这一性质实行旱田改水田或水旱轮作，这是减轻或消除农药污染的有效措施。

(4)客土深翻。被重金属或难分解的化学农药严重污染的土壤，在面积不大的情况下，可采用客土换土法，是消除土壤污染的有效办法，但对换出的污染土壤必须妥善处理，防止次生污染。这种办法对局部受放射性污染的土壤是可行的。此外，也可将表层污染土壤深翻到下层，以不影响作物根系发育为限，不致污染作物。但要注意防止对地下水的污染。

总之,在防治土壤污染的措施上,必须考虑到因地制宜,采取可行的办法,既消除土壤环境的污染,也不致引起其他环境污染问题。

10.5　固体废物的处理与资源化

10.5.1　固体废物的定义、种类及来源

固体废物,一般是指人类在生产、流通、消费以及生活等过程提取目的组分后,废弃的固态或泥浆状物质。固体废物大部分来自人类生产活动的许多环节,其中也包括来自各种废物处理设施的排弃物,其余部分则来自人类的生活活动,主要为生活垃圾、粪便等。固体废物有多种分类法,按其化学性质可分为有机废物和无机废物,按其危害状况可分为有害废物和一般废物,按其形状一般可分为固体的(颗粒状、粉状、块状)和泥状的(污泥)。通常为便于管理,可按来源进行分类,分为矿业固体废物、工业固体废物、城市垃圾、农业废弃物和放射性废物五类。在当今的技术条件下,随着经济的不断发展,工业生产规模不断扩大,人民生活水平不断提高,废弃物排放量也与日俱增。

10.5.2　固体废物的危害

固体废物对人类环境的危害,表现在以下几个方面:

(1)侵占土地,据估算,每堆积 10000t 渣,约需占地 $1/15\text{hm}^2$,从而大面积地侵占土地,破坏了地球表面的植被。

(2)污染土壤,废物堆置,其中的有害组分容易污染土壤,如直接利用来自医院、肉类联合厂、生物制品厂的废渣作为肥料施入农田,其中的病菌、寄生虫等,就会使土壤污染。

(3)污染水体,固体废物随天然降水径流进入河流、湖泊造成水体的污染,或随渗沥水渗到土壤中,进入地下水,使地下水受污染。

(4)污染大气,在适宜的温度和湿度下,某些有机物被微生物分解,释放出有害气体;细粒、粉末受到风吹日晒可以加重大气的粉尘污染,采用焚烧法处理固体废物也会使大气受到污染。

10.5.3　固体废物处理及资源化技术

资源化即废物的再循环利用,回收能源和资源。随着工业发展速度

的增长和生活水平的提高，固体废物的数量以惊人的速度不断上升。如果能大规模地建立资源回收系统，减少原材料的使用和废物的排放、运输和处理的数量，那么就能取得一定的经济效益和良好的环境效益。

资源化系统是指从原材料制成的成品，经过市场消费，最后成为废物又引入新的生产—消费循环系统。在进行资源回收系统的开发、规划和评价时，还应注意资源化技术的可行性、与相应的原材料所制得的产品相竞争的能力，同时废物应尽可能在排放源地就近利用，以便节省废物收贮、运输等过程的投资，以提高资源化系统的经济效益。

固体废物的一般处理技术

(1)预处理技术，即采用物理、化学或生物方法，将固体废物转变成便于运输、贮存、回收利用和处置的形态。主要有压实、破碎、分选和固化等。

(2)焚烧热回收技术，是高温(800～1000℃)分解和深度氧化的过程，使可燃的固体废物氧化分解，从而减容、去毒并回收能量和副产品。

(3)热解技术，是在无氧或有氧条件下的可燃物高温(500～1000℃)分解，并以气体油或固形炭的形式将热量储存起来的过程。

(4)生物分解技术，目前应用最为广泛的是堆肥化，即依靠自然界广泛分布的细菌、放线菌和真菌等微生物，人为地促进可生物降解的有机物向稳定的腐殖质生化转化的微生物学过程。其产物称为堆肥(dunghill)，能够改善土壤的理化和生物性质，使土壤环境保持适于农作物生长的良好状态，同时能增进土壤肥效。从发展趋势来看，土地填埋的场所一般难以保证，焚烧处理成本太高且二次污染严重，而堆肥化是一条可行的垃圾处理途径。

固体废物的无害化处置

(1)固体废物处置的目的。对固体废物进行最终处置是使它最大限度地与生物圈隔离，是解决最终归宿问题而寻求的合理途径，也是对固体废物管理的最后一个环节。

(2)废物残渣最终处置方法的选择。对于少量的高危险性废物，如高放射性废物等，将废物固化后进行孤岛处置，极地处置或深地层处置等。但是对于量大面广的固体废物，处置主要有两种基本途径：一是排入海洋或其他大的水域；二是在地面上进行处置。因为海洋处置容易造成污染，破坏海洋的生态环境。因此，陆地处置事实上已经成为唯一的选择。

(3)固体废物的土地填埋。土地填埋是使用最为广泛的土地处置技术,其实质是将固体废物铺成有一定厚度的薄层后加以压实,并覆盖土壤的方法。它是从传统的堆放和填地处置发展起来的,这些传统技术容易污染水源和大气,因此很不可取。今天的土地填埋已经不是单纯的堆、填和埋,而是按工程理论和土工标准,对固体废物进行有效控制管理的科学工程方法。土地填埋处理具有工艺简单、成本较低,适于处置多种类型固体废物的优点,因此已经成为固体废物最终处置的一种主要方法。目前采用较多的是卫生土地填埋和安全土地填埋两类。前者适用于生活垃圾的处置,后者则适用于处置工业固体废物,特别是有害废物。

第三篇

环境保护与可持续发展

HUANJING BAOHU YU KECHIXU FAZHAN

第 11 章

荒漠化、土壤侵蚀与生态恢复

11.1 荒漠化

荒漠生态系统由于生物种类极度贫乏，种群密度低，而使得其脆弱而不稳定。在人类的不合理开发和利用下，很容易造成整个生态系统的破坏。因此，荒漠化是全球性的重大生态环境问题之一。

11.1.1 全球荒漠化概况

荒漠化(desertification)是指在干旱、半干旱地区和一些半湿润地区，生态环境遭到破坏，植被稀少，土地生产力有明显的衰退或丧失，并呈现荒漠或类似荒漠景观的变化过程。根据联合国环境规划署 UNEP 的定义，把世界土地按湿润程度划分成五类：极干旱(hyper-arid)，干旱(arid)，半干旱(semi-arid)，干旱半湿润(dry sub-humid)，潮湿半湿润及湿润(moist sub-humid and humid)，此外，极干旱—干旱半湿润地区划为旱地(dryland)。面临荒漠化的土地除极干旱沙漠外，全世界约为 $3600 \times 10^4 km^2$，为旱地总面积的 70%，相当于世界陆地面积的 1/4。世界人口约有 1/6 正面临着荒漠化的威胁。

荒漠化是当今世界性的重大环境生态问题，在发展中国家尤为严重。在 1992 年联合国环境与发展大会上，防治荒漠化被列为国际社会优先采取行动的领域。1994 年在巴黎签署了《联合国关于在发生严重干旱和/或荒漠化的国家特别是在非洲防治荒漠化的公约》。从 1995 年起，每年 6 月 17 日为“世界防治荒漠化和干旱日”。据 UNEP 的资料，全球荒漠化土地面积有 4560 万 km^2，全球最干旱的大陆是澳大利亚，其干旱区面积占总面积的 75%，其次为非洲大陆(66%)和亚洲(46%)；欧洲、南北美洲的干旱区面积占其总面积的 1/3,但是从绝对的数字来看亚洲和非洲占了绝大多数,而且全球每年平均有 5 万~7 万 km^2 的土地沙漠化,至少有 100 多个国家,15%的人口受到荒漠化的影响和威胁,全世界每年由荒漠化带来的直接经济损失约 260 亿美元。目前沙漠正在向草原、农用地和城镇侵犯,已造成对人类社会生存的严重威胁。

我国是世界上受荒漠化危害最严重的国家之一。全国荒漠化土地总面积为 $3.34\times10^5km^2$,其中已荒漠化了的土地为 $1.76\times10^5km^2$,潜在荒漠化土地面积为 $1.58\times10^5km^2$,有近 4 亿人受到荒漠化的威胁,每年损失约 540 亿元,荒漠化面积还在不断扩大,20 世纪 60~70 年代每年扩大约 $1560km^2$,80 年代每年扩大约 $2100km^2$,说明扩展的速度在加快。我国的荒漠化土地广泛分布在北方干旱、半干旱地区及部分湿润、半湿润地区。

11.1.2 荒漠化的成因与危害

造成荒漠化的原因是多方面的,除了气候原因外,最主要的原因是过度开发土地资源造成的。由于人类的开发活动加速了水资源的枯竭,从而加剧了土地的旱化。过度的农垦和放牧,破坏了地面的植被覆盖,促进了土地的风蚀性。中国科学院的调查表明,在我国北方地区现代荒漠化土地中,94.5%是由于人为因素导致的。水土流失是荒漠形成的重要过程,全国目前水土流失面积近 179 万 km^2,每年流失土壤达 50 亿 t。许多实例表明,绿洲边缘沙地植被覆盖率低于 10%,农业区周边防护林网面积低于农业区面积的 10%以上时,沙害威胁就明显了。据中国科学院兰州沙漠研究所研究表明,引起现代沙漠化过程的人为因素,大致可以分为滥垦、滥牧、滥砍、工矿及城市建设破坏植被和水资源利用不当五种类型。这五种类型所形成的沙漠化土地分别占我国北方地区沙漠化土地面积的 23.3%、29.4%、32.4%、0.8%和 8.6%。

荒漠化已被列为当今世界十大环境问题之一,并总是居于首位。其主要危害包括:

(1)土地资源的损失。根据我国北方荒漠化的发展和预测表明,局部有所改善,总体荒漠化还在扩大,从 20 世纪 80 年代荒漠化造成土地丧失年平均增加 $2100km^2$。

(2)使大面积土地失去生产力。20 世纪 90 年代以来,受荒漠化严重影响的农田产量普遍下降 70%~80%,据估计全国的各类荒漠化土地,年损失营养成分就达 13.39×10^8t。

(3)使草原质量下降，畜牧业发展受到阻碍。

(4)毁坏各种建设工程，危害交通运输和通讯及电力设施。

(5)对环境造成污染和破坏，极易形成沙尘暴。

荒漠化造成的土地贫瘠、环境恶化，威胁着人类的生存，导致历史上许多古文明的湮没。土地沙漠化是巴比伦文明、撒哈拉文明、丝绸之路沿线文明衰灭的直接原因。

11.2　土壤侵蚀(水土流失)

世界上严重的土壤侵蚀大多发生在重要的农业地区。土壤侵蚀严重影响了农业生产，缩短了水坝与灌溉工程的使用寿命，淤塞了河道与港湾，损害了沼泽的生产能力，据估计，每年从全球耕地上流失的土壤达 2.5×10^{10}t，全世界每年损失土地 $6.0\times10^{6}\sim7.0\times10^{6}\text{hm}^2$，许多地区的土壤侵蚀速度比土壤形成速度快。严重的土壤侵蚀对人类的生存与发展构成威胁，是重要的环境问题。

风和水是土壤侵蚀的两个主要营力，通过考察风、水的活动情况，可以确定风蚀和水蚀的全球的分布状况。

土壤水蚀影响最大的因素是年平均降雨量。在降雨稀少的地区，由降雨引起的土壤侵蚀比较轻，而且少量的降雨为长期缺水的植物所吸收，因而径流很少。在降雨量大于 1000mm 的地区，通常可以生长茂密的森林植被，成为土壤的保护层，土壤侵蚀也很薄弱。在中等程度降雨、植被遭受严重破坏的地区以及降雨量大而森林被砍伐的地区经常发生严重的土壤侵蚀。此外，降雨类型与土壤侵蚀的关系也很密切。热带地区的大暴雨比温带地区的较为和缓的降雨更具有破坏作用。破坏性降雨一般发生于 40°N 和 40°S 之间。在半干旱条件下，严重的侵蚀多是由强度极大的降雨引起的。陡坡和易受破坏的土壤在温带条件下可以产生严重的侵蚀。

土壤风蚀一般发生在年降水量低于 250～300mm 的干旱地区及具有稳定盛行风的地区，如北美洲的大草原地区、非洲的撒哈拉荒漠区、中亚以及澳大利亚中部地区。

中国的土壤侵蚀十分严重，遍布全国。按侵蚀动力的不同，可以分为水力侵蚀、风力侵蚀、融冻侵蚀和重力侵蚀四类，以水蚀最为严重。风蚀主要发生在长城以北，其次在黄河平原沙土区与滨海地带；融冻侵蚀主要发生在高寒山区；重力侵蚀主要形成于广大山丘区，如山体的自然崩溃等;水蚀多发生于山区、丘陵区,主要分布在黄土高原、云贵高原、北方土石山、南方丘陵山区和东北黑土地区等五大区域。其中黄土高原是世界上土壤侵蚀最严重的地区,其侵蚀模数(erosion modulus)为全球之冠,见表 11-1。

表 11-1 世界某些地区的土壤侵蚀模数值①

国　　家	侵蚀模数 /($t/hm^2 \cdot a$)	备　　注
美国	13.1	所有耕地平均数(包括风、水蚀)
中西部陡峭的黄土山	35.6	主要土地面积 $1.07 \times 10^9 hm^2$
南部高原地区	51.5	主要土地面积 $7.76 \times 10^9 hm^2$
中国	43	所有耕地平均数
黄河	100	中游:不断耕作的黄土区
印度	25～30	耕地(流失 $6 \times 10^9 t$,表土的 60%～70%)
德干黑土区	40～100	
印尼爪哇	43.4	布兰塔斯河流域
比利时	10～25	比利时中部,农田黄土
德国	13	原东德黄土耕作区,1000 年平均值
埃塞俄比亚	20	汞德尔地区的山区
马达加斯加	25～40	全国平均值
尼日利亚	14.4	伊莫地区,包括非耕作区
萨尔瓦多	19～190	阿塞尔瓦特流域耕作区
危地马拉	200～3500	山区的种植地
泰国	21	湄南河流域
委内瑞拉和哥伦比亚	18	奥里诺科河流域

黄土高原是中国乃至全球土壤侵蚀最严重的地区,大约有 138 个县的土壤侵蚀比较严重,土壤侵蚀区面积约 $3.5 \times 10^5 km^2$,其中严重侵蚀面积约占 80%。黄土的侵蚀动力主要为流水作用和重力作用,每年地表冲蚀上层约 0.01～2cm。山西西部、陕北黄土丘陵沟壑区土壤侵蚀最为严

① 引自宁大同等:《全球环境导论》,山东科学技术出版社 1996 年版。

重，侵蚀指数为 $1.0 \times 10^4 \sim 1.5 \times 10^4 t/km^2$ 以上。黄土高原侵蚀强度在广大地区几乎都处在侵蚀加速时期。

11.3　生态恢复

随着人口的膨胀和工业化的发展，人类对可再生资源的过度利用，致使大面积植被遭受到不同程度的破坏，许多类型的生态系统出现严重退化，继而引发了一系列的生态环境问题，如水土流失、森林消减、土地荒漠化、水体和空气污染加重、生物多样性锐减、淡水资源短缺等。整治日趋恶化的生态环境、防止自然生态系统的退化、恢复和重建已经受害的生态系统，是改善生态环境、提高区域生产力、实现可持续发展的关键。现实的迫切要求使恢复生态学研究成为当前国内外生态学研究的热点和国际前沿领域之一。

11.3.1　恢复生态学的定义

恢复生态学(restoration ecology)是研究生态系统退化的原因、退化生态系统恢复与重建的技术与方法、生态过程与机理的学科。按照美国生态恢复协会(SER)的定义，生态恢复是帮助生态整体(ecological integrity)恢复和管理的过程，生态整体包括生物多样性、生态过程和结构、区域、历史的环境以及可持续的耕作实践等的临界变异范围。有关恢复生态学文献中常见到的术语主要有：恢复(restoration)、改造(reclamation)、修复或复原(rehabilitation)和再植(revegetation)等，含义上略有差异。

恢复生态学因其研究对象是那些在自然灾变和人类活动压力下受到破坏的生态系统，因而有着强烈的应用生态学的背景，在某种意义上来说是一门生态工程学(ecological engineering)或生物技术学(biotechnology)。恢复生态学是一门综合性很强的学科，与多个学科紧密相连。因此，恢复生态学是一门以基础理论和技术为软硬件支撑的多学科交叉，多层面兼顾的综合应用学科。

11.3.2　恢复生态学的发展

恢复生态学作为一门年轻的学科，有着独特的学科背景和发展历程。其研究可以追溯到 20 世纪 20～50 年代。英国、美国、澳大利亚等发达国家有着较长期的开矿历史，最初在恢复生态学方面的工作主要集中在开矿后废弃地植被的恢复方面。1973年3月，在美国弗吉尼亚多种技术研究所和州立大学召开了题为“受害生态系统的恢复”国际会议，第一次专门讨论了受害生态系统的恢复和重建等许多重要的生态学问题，深入探讨了生态系统恢复过程中的原理、概念和特征，提出了对加速生态系统恢复和重建的初步设想、规划和展望。70年代末到80年代初，以怀特(White)、凯恩斯(Cairns)、薮撒(Sousa)、皮克特(Pickett)为代表的一批生态学家，先后发表了内容为干扰和受害生态系统的退化原因、过程和恢复与重建方面的研究论文，从不同角度探讨了受害生态系统恢复过程中的重要的生态学理论和应用问题。这些研究论文后来成为这一领域的经典作品。1983年，在美国召开了题为“干扰与生态系统”学术会议，与会者系统地探讨了人类的干扰对生物圈、自然景观、生态系统、种群和生物种的生理学特性的影响。1985年，两位英国学者阿波(Aber)和乔丹(Jordan)正式提出了“恢复生态学”的概念。在此期间，国际上召开了一系列的学术会议，成立了国际生态恢复学会，许多国家相继开展了有关恢复生态学的研究，并出版了有关生态恢复方面的专著。这标志着生态恢复工作进入了新的阶段。进入90年代，随着《恢复生态学:一种生态学研究的综合方法》一书的出版和《恢复生态学》杂志的创刊，恢复生态学开始成为生态学研究的热点之一。美国生态学会1996年年会提出应用生态学的五大重点领域，恢复生态学是其中之一。1996年在中国生态学和国家自然科学基金委员会组织的专家研讨会上，将恢复生态学研究作为我国近期生态学五大重点研究方向之首。国际权威杂志《科学》曾设专栏，于1997年连续发表7篇论文，专门讨论生态恢复在当今生态学领域的发展、现状和应用前景，肯定了恢复生态学理论和实践在恢复退化土地，阻止生物多样性下降方面的作用。

我国是生态系统退化较为严重的国家之一。在20世纪50年代，我国学者就在华南地区退化坡地上开展恢复生态学的研究和定位观测试验;70年代，“三北”地区的防护林工程建设;80年代长江中上游地区的防护林工程建设、水土流失工程治理等一系列的生态恢复工程。80年代末，在农牧交错区、风蚀水蚀交错区、干旱荒漠区、丘陵山地、干热河谷和湿地等地区也相继开展了退化或脆弱生态环境的研究，并在恢复和重建生态系统方面做了大量的工作。“七五”和“八五”期间，国家有关部委及地方政府分别从不同角度支持了有关恢复生态学的研究，开展了“生态环境综合整治与恢复技术研究”、“我国主要类型生态系统结构、功能及提高

生产力途径研究”等项目。逐渐将重点转移到区域退化生态系统的形成机理、评价指标及恢复和重建的研究工作上来。目前,已经在生态系统退化的原因、程度、机理、诊断以及退化生态系统恢复重建的机理、模式和技术方面做了大量的研究,并取得了较好的成果。同时,对退化生态系统的定义、内容及恢复理论也有了一定的完善和提高,提出了一些具有指导意义的应用基础理论。

11.3.3 恢复生态学研究的内容和对象

恢复生态学研究的内容和对象主要是研究受干扰的生物个体、种群、群落、生态系统和景观等不同尺度和层次对干扰反应的动态变化。

恢复生态学研究内容

恢复生态学是一门起步较晚的学科,至今还处于一种探索阶段,其内容主要有: ①对退化生态系统的生态学过程的认识,包括各类退化生态系统的成因和驱动力、退化过程、特点等方面的研究,主要包括对干扰类型、干扰状况的研究和生物个体、种群、群落及生态系统和景观在不同尺度干扰因子的作用下的反应和表现;②对退化生态系统恢复与重建模式的试验示范研究,但是还停留在一些小的、局部的区域范围内。虽然对退化生态系统研究的总体框架已有所认识,但是进一步对退化生态系统本质的阐述还是比较肤浅的,还应该在基础理论和应用技术方面进行深入的研究。

应该加强的基础理论研究包括: ①生态系统结构、功能、生态系统内在的生态学过程及相互作用机制研究;②生态系统的稳定性、多样性、抗逆性、生产力、恢复力与可持续性研究;③先锋生态系统与顶级生态系统发生、发展机理与演替规律研究;④不同干扰条件下生态系统的受损过程及其响应机制研究;⑤生态系统退化的景观诊断及其评价指标体系研究;⑥生态系统退化过程的动态监测、模拟、预警及预测研究;⑦生态系统健康研究等。

应该加强的应用技术研究包括: ①退化生态系统的恢复与重建的关键技术体系研究;②生态系统结构与功能的优化配置与重构及其调控技术研究;③物种与生物多样性的恢复与维持技术;④生态工程设计与实施技术;⑤环境规划与景观生态规划技术;⑥典型退化生态系统恢复的优化模式试验示范与推广研究等。

恢复生态学研究的对象

综观国内外恢复生态学的研究对象，主要针对退化的生态系统，按生态系统类型大致可以分为：①湿地生态系统的恢复与可持续性；②采矿地植被恢复与重建；③退化草地的恢复与改良；④退化森林生态系统的恢复与重建；⑤受损湖泊和河流的治理与改良；⑥退化土壤生态系统的恢复与重建，等等。

11.3.4 生态系统退化的原因

研究生态系统退化的原因是进行退化生态系统恢复和重建的必要步骤，也是进一步制定退化生态系统恢复和重建措施的前提。

正常的生态系统处于一种动态平衡中，生物群落与自然环境在其平衡点作一定范围的波动。生态系统的结构和功能也可能在自然因素和人类干扰的作用下发生位移(displacement)，位移的结果打破了原有生态系统的平衡，使系统固有的功能遭到破坏或丧失，稳定性和生产力降低，抗干扰能力和平衡能力减弱，这样的生态系统被称为退化生态系统(degraded ecosystem)或受害生态系统(damaged ecosystem)。

引起生态系统结构和功能变化而导致生态系统退化的原因有很多，主要是由于干扰(disturbance)引起的。干扰是群落外部不连续存在、间断发生因子的突然作用或连续存在因子的超“正常”范围的波动，引起有机体、种群或群落发生部分或全部明显变化，使生态系统的结构和功能发生位移。干扰分为自然干扰与人为干扰。由于干扰作用打破了原有生态系统的平衡状态，使生态系统的结构和功能发生变化和障碍，因此，了解干扰因素的类型和发生发展规律是恢复和重建退化生态系统的必不可少的前提条件。

11.3.5 退化生态系统的类型

自然干扰和人类干扰形成的退化生态系统类型繁多，主要有：①裸地(barren)，通常具有较为极端的环境条件，或是较为潮湿，或是较为干旱，或是盐渍化程度较深等。裸地可分为原生裸地和次生裸地两种。原生裸地主要是自然干扰所形成的，而次生裸地则多是人为干扰造成的。②森林采伐迹地(logging slash)，森林采伐迹地是人为干扰形成的退化类型。③弃耕地(abandoned till 或 sidcard cultivated)，是人为干扰形成的退化类型，其退化状态随弃耕的时间而不同。④沙漠(desert)，可以由自然

干扰或人为干扰形成。⑤采矿废弃地(mine derelit),是指采矿活动破坏的、如果不治理就无法使用的土地。⑥垃圾堆放场(waste stack bank),是家庭、城市、工业等堆积废物的地方,由人为干扰形成。

11.3.6　生态系统退化过程和植被动态变化

生态系统的退化实际上是系统的逆行演替。生态系统的退化像系统的进展演替一样是个连续变化的过程。但是由于干扰体承受能力的差异,各退化生态系统在退化程度、退化速度及退化过程方面都有明显差异。

包维楷等人把生态系统的退化过程归纳为:①突变过程,指在受到特别强烈的干扰时,生态系统表现出的突然的退化过程。系统退化的驱动力远远大于系统自身的承受力,退化后系统恢复能力弱,系统靠自身自然恢复需要漫长的时间,恢复重建工作非常困难。②跃变过程,在受到持续的干扰作用下,生态系统在最初并不表现出十分明显的退化现象或并未退化,但是随着干扰的持续、破坏性进一步累积到一定阈值后生态系统发生突然剧烈退化的过程。退化后系统靠自身的能力可以自然恢复,但是恢复所需的时间长短与环境条件的适宜程度有关。③渐变退化过程,指在干扰的作用下生态系统表现出退化速度较一致、退化程度逐渐加重的退化过程。④间断不连续过程,指在周期性干扰作用下生态系统表现出的退化过程。⑤复合退化过程,目前生态系统退化过程中也有表现为上述几种类型的组合变化的过程。

以正常的生态系统退化到荒漠状态的渐变过程为例,可以将退化过程分为四个阶段。

第一阶段,植物种群及其年龄结构发生变化,老龄个体居优,中幼龄个体少,更新不成功。由于优势种的衰退,一些演替中间阶段种类种群得以发展,泛化种种群扩大。该阶段退化较轻,通过消除干扰因素,自然恢复容易成功。如采取森林的封山育林,草场系统通过改变放牧时间、强度或围栏等措施,均可自然恢复相对稳定的生态系统。

第二阶段,在第一阶段的基础上进一步退化,生物多样性下降,生产力下降,植物种类发生明显变化,生态系统中的捕食者及其共生生物减少或消失;初级生产力下降导致次级生产力也降低,进一步导致腐生的微生物种类发生变化。该阶段也导致系统环境的退化,如小气候、水文等的恶化,但是土壤退化滞后于这些变化。这个阶段要将退化的生态系统恢复

到原初的水平需要花费大量的人力和物力,可以通过人为调控和结合自然恢复能力是可以达到恢复的目的,但是所需时间较长。

第三阶段,植被盖度变小,土壤侵蚀严重,水土流失加剧,环境严重退化,植物种类主要是一些耐旱的阳性物种,无性繁殖能力强。在相对较短的时间内自然恢复几乎是不可能的,必须先重建非生物环境,减少水土流失,增加土壤渗透性,提高土壤持水能力,保护土壤表层,增加土壤肥力,调整土壤盐基作用和创造适宜于幼苗定居的微环境。

第四阶段,植物盖度几乎完全丧失,形成"人工沙漠",即荒漠状态。这个阶段退化最为严重,而扭转退化决定于气候条件及土壤条件。恢复重建困难大,须结合工程措施和长期坚持不懈的努力,更需要足够的资金支持,如岷江上游飞鸿桥附近的中日合作造林项目,投入大量的资金和人力,搬运客土,重建土壤环境,并通过不断的物质和能量输入来维持系统的稳定。但是,在第四阶段对退化的荒漠化地区进行恢复和重建所需的人力、物力和财力高,难以办到。

因此,恢复和重建生态系统最好是在退化程度较轻的第一、第二阶段进行,或者第三阶段进行补救以降低成本,缩短恢复和重建的时间,达到保护生物多样性的目的。

11.3.7 恢复与重建的目标、原则和步骤

在有关退化生态系统的原因、过程和植被动态变化的研究基础上,制定正确的恢复和重建的目标、原则和步骤,是恢复和重建生态系统的重要环节。

恢复与重建的目标包括总体目标和阶段目标或基本目标相结合。总体目标又有两大类:其一,以水源涵养、水土保持和发挥生态效益为主要目标,突出恢复和重建生态型的植被,如各类生态林、防护林等;其二,以经济效益的获取为主要目标,进行的经济型植被的重建,如人工速生用材林、各类经济林、薪炭林等。恢复目标的制定不仅要根据退化生态系统的本底状况,遵循生态演替的规律,还要结合当地人们的社会、经济、文化、生活等方面的要求和科学的系统的具有可操作性的恢复和重建的技术体系。

基本目标包括: ①实现生态系统的地表基底稳定性。因为地表基底(地质地貌)是生态系统发育与存在的载体,基底不稳定(如滑坡),就不可能保证生态系统的持续演替与发展。②恢复植被和土壤,保证一定的植

被覆盖率和土壤肥力。③增加种类组成和生物多样性。④实现生物群落的恢复,提高生态系统的生产力和自我维持能力。⑤减少或控制环境污染。⑥增加视觉和美学享受。

恢复与重建的原则的建立是在遵循自然规律的基础上,通过人为活动的影响,根据适当的技术手段和可行的经济支撑条件,并遵循能够被社会接受,同时具有美学享受的原则,使退化生态系统重新获得健康,并建立起有益于人类生存与生活的生态系统。

退化生态系统的恢复与重建一般分为下列步骤:①明确被恢复对象,确定系统边界。②退化生态系统的诊断分析,包括生态系统的物质与能量流动及转化分析,退化主导因子、退化过程、退化类型、退化阶段与强度的诊断与辨识。③生态退化的综合评判,确定恢复目标。④退化生态系统的恢复与重建的自然、经济、社会技术可行性分析。⑤恢复与重建的生态规划与风险评价,建立优化模型,提出决策与具体的实施方案。⑥进行实地恢复与重建的优化模式试验与模拟研究,通过长期定位观测试验,获取在理论和实践中具有可操作性的恢复重建模式。⑦对一些成功的恢复与重建模式进行示范与推广,同时要加强后续的动态监测与评价。

恢复生态学是一门应用性很强的学科,它不断地提出新的理论与方法并在实践中被应用和验证。但是针对不同区域,生态恢复的对象、手段和技术会有很大差异,这就要求我们灵活运用恢复生态学的理论来解决实际问题。

11.3.8　恢复与重建技术

恢复与重建技术是恢复生态学的重点研究领域,但目前是一个较为薄弱的环节。由于不同退化生态系统存在着地域性差异,加上外部干扰类型和强度的不同,结果导致生态系统所表现出的退化类型、阶段、过程及其响应机制也各不相同。因此,在不同类型退化生态系统的恢复过程中,其恢复目标、侧重点及其选用的配套关键技术往往会有所不同。尽管如此,对于一般退化生态系统而言,大致需要或涉及以下几类基本的恢复技术体系:①非生物或环境要素(包括土壤、水体、大气)的恢复技术,采取适地适树营造生态林、改造低价林,在植物的选择方面充分考虑到改良土壤,涵养水源和净化空气等方面的作用,从而加快非生物要素恢复的速度。②生物因素(包括物种、种群和群落)的恢复技术,通过引种栽培技术、林分改造技术、封山育林技术等人工培育、人工促进培育和天然培育

三方面的技术措施视具体的退化生态系统和恢复目标及经济和社会状况对生物因素进行恢复和重建。③生态系统(包括结构与功能)的总体规划、设计与组装技术。

恢复生态学是一门应用性很强的学科,它不断地提出新的理论与方法并在实践中被应用和验证。但是针对不同区域,恢复的对象、手段和技术有很大差异,因此,要灵活运用恢复生态学的理论来解决实际问题。

11.3.9 退化生态系统的恢复工程实例

荒漠化的防治对策

土地荒漠化的防治是一项复杂的生态系统工程。我国政府十分重视土地荒漠化的防治,至 20 世纪 90 年代约有 10%的地区荒漠化得到了控制,局部地区出现了"人进沙退"的新局面。土地荒漠化防治已经被列为中国 21 世纪议程的主要内容。我国防治土地荒漠化的目标是:到 2010 年基本遏制沙漠化土地和其他类型荒漠化土地扩展趋势,荒漠化地区生态环境得到一定改善,完成治理开发面积 2473.7 万 hm^2,林草覆盖率增加 2.5%;到 2030 年,完成治理开发面积 3081 万 hm^2,林草覆盖率增加 3.1%,形成初具规模的生态体系;到 2050 年,在荒漠化地区建成比较完善的生态体系,科学合理地开发沙区自然资源,使荒漠化地区生态和经济协调发展。我国荒漠化防治的经验主要是采取以防为主、防治结合的方针,重点是制止农牧交错带和农林牧交错带土地的荒漠化进程,采取正确的措施恢复或重建荒漠化土地生态系统。

我国的荒漠化防治处于世界先进水平。目前采取的主要措施有:

(1)营造防沙林带,阻止荒漠化的扩展。如我国实施的"三北"防护林建设,在总面积 $4.07\times10^6hm^2$ 的土地上采取人工造林、飞机播种造林、封山封沙、育种育草等多种方法,营造防风固沙林、水土保持林、农田牧草防护林、水源涵养林以及薪炭林、经济用材林。逐步形成乔木、灌木、草本植物相结合,林带、林网、片林相结合,多林种合理配置、农林牧协调发展的防护林体系,提高森林覆盖率,恢复并促进良性生态循环。整个工程将历时 70 年,是当今全球最大的生态工程。

(2)实施生态工程,建立生态复合经营模式。我国已在不同自然带采取生物和工程相结合的方法建立了沙漠化土地治理的多种生态模式,探索成功一系列综合治理荒漠化土地的方法,如引水拉沙造田、生物固定流沙、沙地飞播造林种草、沙障固沙造林、农田防护林网等。在华北、东北的

土地荒漠化地区建立林农草复合生态模式等。

(3)合理开发水资源,控制荒漠化的发展。水资源的枯竭是土地荒漠化的动因之一,合理规划水资源,调控流域的水资源分配,对控制荒漠化的进一步发展至关重要。

水土流失的生态恢复工程技术

水土流失是退化生态系统的一个主要类型。水土流失往往导致土壤薄层化、结构性退化、养分流失和区域环境的恶化。因此,控制水土流失是许多地区生态恢复的重要内容。我国水土流失面积 $492.6\times10^4\text{km}^2$,占国土面积的51%。水土流失区生态恢复的主要措施有:

(1)农耕技术措施,是水土流失控制的基本措施,包括以改变微地形为主的农耕措施和以增加地面覆盖为主的耕作措施。通过等高耕作、垄沟种植、等高带状间作、覆盖、少耕、草田带状轮作等农耕技术措施可以改变坡耕地的小地形,增加地面覆盖,防治水土流失。

(2)工程技术措施,通过建立梯田、拦水坝、鱼鳞坑、截流沟等工程拦蓄泥沙、截流、排水、减少径流冲刷和固定坡体。

(3)生物和生态技术措施,以植被恢复为主体,通过造林种草,增加水土流失地区的植被覆盖率,是解决水土流失的强有力手段和根本措施,同时也是恢复和改善流失地区生态平衡的物质基础。

中国科学院华南植物研究所在1959年起开始了沿海侵蚀台地上退化生态系统的植被恢复技术研究。恢复实验区位于广东电白县的沿海台地上,由于近百年的砍伐和开垦,当地原始林已经基本消失,水土流失严重,土壤极度贫瘠、生态环境恶劣。自1959年起,采用工程措施和生物措施分两步进行整治和森林重建。

(1)重建先锋群落(1959～1964年):在光板地上,采取工程措施与生物措施相结合,但是以生物措施为主的综合治理方法。工程措施包括开截流沟和筑拦沙坝等,生物措施是选用速生、耐旱、耐瘠薄的桉树、松树和相思树重建先锋群落。改善恶劣的环境,有利于后来植物的生长。在造林措施上采取了丛状密植、留床苗植等方法,提高造林成活率。

(2)配置多层多种阔叶混交林(1964～1979年),在先锋群落迹地上,模拟热带天然林群落的结构特点,从天然次生林中引入了桫椤、藜蒴、铁刀木、白格、黑格、白木香、麻楝等乡土树种和大叶相思、新银合欢等豆科外来种。混交方式有小块状、带状和行混等。在森林恢复过程中,先后引种了320种植物,森林群落分为乔木层、灌木层和草本层。群落外貌浓绿,高度达12m,乔木层覆盖度达80%。群落的生物量和生产力不断增加。植被恢复后,水土侵蚀就会得到控制。光板地的水土侵蚀量为52.3t/(hm^2·a),而人工阔叶混交林仅0.18t/(hm^2·a),基本接近天然林的水土保持能力。

第 12 章

生物入侵与生物安全

美国《科学》杂志主编在 2001 年曾发表文章指出，贸易、旅行和运输的全球化会对生态环境产生意想不到的负面影响，即外来物种入侵。他认为人们对这一国际威胁知之甚少，而且没有对付入侵者的统一战略。在此之前，1996 年，全球 80 个国家的代表和联合国就曾经发出过关注的声音，使环境问题科学委员会（SCOPE）、世界保护联合会和入侵物种专家在 1997 年建立了全球入侵物种项目（GISP），即运用科学和技术专业知识增加所有国家减少入侵物种的传播和影响的能力。

12.1 生物入侵和外来种的概念

生物入侵（biological invasion）是指某种生物从原来的分布区域扩展到一个新的（通常也是遥远的）地区，在新的区域里，其后代可以繁殖、扩散并维持下去。据威尔克夫（Wilcove，1998）分析，造成当地许多物种灭绝，从而使生物多样性丧失的首要因素是生境的破坏和破碎化，其次最重要的因素则是生物入侵。生物入侵对生态系统的稳定性以及所有物种都赖以生存的自然界的平衡，造成了长期的威胁。由于生物入侵是在全球的尺度上进行的，因而，它还有造成全球植物区系和动物区系均匀化的趋势。

外来种（exotic species）指那些借助于人为作用而越过不可自然越过的空间障碍，在新栖息地生长繁殖并建立稳定种群的物种。外来种中有一些种类在新栖息地发生暴发性的生长，失去控制，这些外来种被称为入侵种（invasive species）。

外来种与本地种（native species）是相对的概念，《韦博（Webb）字典》（1991）是从物种分布的时空范围来定义本地种的，即“自然起源于特定的地域或地区的物种”，认为本地种是在当地进化或“在石期时代前就达到这些地方或在没有人类干扰前就出现于这些地方的物种”，并建议合适的时间标准应该是16世纪全球环游之前。阿莱比(Allaby)在《简明牛津生态词典》中，把本地种定义为“物种自然出现于一地，因而，既非随意也不是有意引入的”。

12.2 生物入侵的危害

时间和距离已经不是生物入侵的屏障，疾病可以随时传播到世界各地，传播给任何生物，也包括人类。

植物外来种现象极为普遍，在全球范围内的许多地方都出现植物外来种，尤其是热带和亚热带地区，植物外来种最多，如美国的夏威夷外来种高达45%，佛罗里达为40%。在我国3万多种高等植物种类中，目前已知的外来有害植物就有近百种。它们分布在草原、林地、水域或湿地，生长在农田、荒地或铁路、公路两侧，与本地植物竞争土壤、水分和生存空间，造成了本地生物种类的下降或灭绝。

12.2.1 生物入侵是一个复杂的链式过程

生物物种从引入到损害地区经济或环境，危及人类健康需要经过一个复杂的链式过程：①外来种的引入；②定居与成功地建立种群；③时滞阶段，即从初始种群建立到种群的扩散和大暴发经历较长的时期；④扩散及暴发，即达到高密度和大尺度的空间分布。

威廉姆森(Williamson,1996)把生物入侵的过程划分为三次转移：第一次称为逃逸(escape)，即从进口到引入；第二次称为建群(colonization)，即从引入到建立种群；第三次称为转移，是从建群到变成经济上有负面作用的生物(称为有害生物，即入侵种)，并认为每次转移的概率大约是10%左右(5%~20%)，故称之为“十分之一法则”。因此，一个入侵种的形成是一个小概率事件。

12.2.2 外来入侵种的生态危害

在自然界长期的进化过程中，生物与生物之间相互制约、相互协调，将各自的种群限制在一定的栖息环境中，并控制在一定的数量范围内，形成了稳定的生态平衡系统。当一种生物传入一个新的栖息环境后，如果

脱离了人为控制逸为野生,在适宜的气候、土壤、水分及传播条件下,极易大肆扩散和蔓延,形成大面积单优群落,破坏本地动植物群落,危及本地濒危动植物的生存,造成生物多样性的丧失。外来入侵种影响生态系统的机理及其带来的生态学影响包括:

竞争和占据本地物种生态位

一般认为,成功的外来入侵种对各种环境因子的适应幅度较广,对环境有较强的耐受性,具有更宽的生态幅,如耐阴、耐贫瘠土壤、耐污染等。这些特性使外来种在一些环境中获得对土著种的竞争优势,或能占据土著种不能利用的生态位,从而实现成功入侵。例如,在滇池草海,20世纪60年代曾有16种高等植物,随着雨久花科植物凤眼莲(又称水葫芦)的侵入和暴发,使大多数本地水生植物如海菜花等失去生存空间而死亡,到20世纪90年代草海只剩下3种高等植物。

与土著种竞争资源或直接杀死土著种,影响土著物种的生存空间

研究发现,成功的入侵种在新栖息地的环境条件下竞争能力往往强于处于相似生态位的土著种,因而可以通过排挤土著种而获得成功。例如,外来鱼类通过与土著鱼竞争食物并吞食土著鱼卵使土著鱼种类和数量减少的例子很多。如洱海原有17种土著鱼种,引入了*Ctenogobius clifford popei*等13种外来鱼后,目前已有5种土著鱼,如洱海特有鲤鱼和裂蝮鱼处于濒危状态,破坏了原有生态系统的平衡。

分泌释放化学物质,抑制其他物种生长

外来种在其入侵过程中向环境释放的化感物质是导致其入侵成功的一个重要方面。外来种入侵生态系统后,不断向环境中释放化感物质,抑制邻近植物的生长,而使自身获得更多的阳光、营养、水分和空间,因此外来种在生态系统中形成单一优势种,减少了当地生物多样性,生境多样性也有所减少,对环境造成很大的威胁。事实上,在植物之间的化学竞争是很强烈的,在很多的外来种入侵过程中都伴随着强烈的化感作用。如三裂叶豚草(*Ambrosia trifida*)是菊科豚草属的一种一年生的恶性杂草,20世纪40~50年代传入我国,现在在我国东北地区广泛蔓延,对自然植被、农业生产已经产生了较大的危害。其化感物质主要是α-蒎烯、β-蒎烯、4-萜品醇等,对周围的植物种子萌发和幼苗生长产生抑制作用,从而自身得以迅速蔓延而占据优势。

改变植物群落的可燃物组成结构，影响野火频度

植物入侵会改变可燃物的组成结构，影响野火的频度。例如欧洲雀麦(*Bromus tectorum*)大举入侵爱达荷州和犹他州大盆地的灌丛干草原。据调查，在欧洲雀麦入侵前，该地区每隔 50～110 年才发生一次火灾，然而在其入侵后，火灾的间隔期缩减至 3～5 年发生一次火灾。使这一地区的灌木无法生长，依赖这一环境的动物也难以生存下去。

大量利用本地土壤水分，不利于水土保持

桃金娘科桉属植物桉树(*Eucalyptus spp.*)引自澳大利亚，在海南岛和雷州半岛的很多林场都有种植，由于它对本地土壤水分的吸收能力、竞争能力特别强，对水土保持十分不利，造成土壤干燥，在一块土地上连续种植，使得土壤肥力越来越低，甚至形成荒芜之地，使整个林场的生产发展陷入困境。

植物外来种入侵，会影响土壤的营养

不同种类的外来种会不同程度地影响土壤的营养，如可以增加土壤的含氮量、可以影响营养元素的利用、降低土壤的营养水平、影响土壤的盐分含量、吸收土壤中难吸收的元素并将元素转化为有机物等，从而影响营养物质的循环。

破坏景观的自然性和完整性

明朝末期引入的美洲产仙人掌属(*Opuntia*)的 4 个种分别在华南沿海地区和西南干热河谷地段形成优势群落。在那里原有的天然植被景观已经很难见到。19 世纪初叶，作为观测植物引入美国的欧洲紫千屈菜(*Lythrum salicaria*)，在美国的田野上蔓延，使得美国的 44 种本地植物，以及依赖这些植物为生的濒危野生动物，包括沼泽水龟和数种鸭的种群数量锐减。目前，该种已蔓延到美国的 48 个州，美国每年的防除费用高达 4500 万美元。

影响群落的结构与动态

外来种入侵成功后，改变了群落的物种组成。若外来种数量多，对整个群落结构及生态系统功能有重大影响，这种现象在海岛较为常见，因为海岛生态系统比大陆更脆弱，更易受到外来种入侵的影响。如在夏威夷岛，有 86 种植物外来种成为优势种，对该岛原生群落和生态系统构成了严重威胁。如果植物外来种改变关键资源的丰富度，就会改变演替的路线和演替的方向。

影响遗传多样性

随着生境片段化，残存的次生植被常被入侵种分割、包围和渗透，使本土生物种群进一步破碎化，造成一些植被的近亲繁殖和遗传漂变。有些入侵种可以与同属近缘种，甚至不同属的种杂交，如加拿大一枝黄花（*Solidago canadensis*）可以与假蓍紫菀（*Aster ptarmicoides*）杂交。入侵种与本地种的基因交流可能导致后者的遗传侵蚀。值得注意的是，与人类对环境的破坏不同，外来入侵物种对环境的破坏及对生态系统的威胁是长期的、持久的。

植物外来种对群落和生态系统的影响

植物入侵对初级生产力有正面影响，如用新的方式摄取资源、新的演替生态位出现、利用本地植物不能利用的资源、光合作用途径的改变可能提高生产力等，同时，也有负面或中性效应，如外来植物的残体难分解、外来种促进干扰、降低初级生产力等方面。

其他影响

植物外来种可以影响地貌变化的进程，如美国加利福尼亚的海岸边，固沙草改变了沙丘的形成方式；植物外来种的入侵可以影响生态系统的景观结构，如北美的须芒草引进到夏威夷岛时，促使山地雨林形成沼泽地；外来植物的入侵可以影响微气候等。

12.2.3　外来入侵种对社会和文化的危害

外来入侵物种通过改变侵入地的自然生态系统、降低物种多样性对当地社会、文化甚至人们健康也产生了严重危害，如我国的少数民族聚居区周围都有其特殊的动植物资源和各具特色的生态系统，对当地特殊的民族文化和生活方式的形成具有重要作用。但是，由于飞机草、紫茎泽兰等外来入侵植物不断取代本地植物资源，生物入侵正在无声地削弱民族文化的根基。水葫芦大面积覆盖河道、湖泊、水库和池塘等水体，影响周围居民和牲畜生活用水，人们难以从水路乘船外出从事各项社会活动，大量的水葫芦给蚊蝇等卫生害虫提供了良好的生存环境，对人们的健康构成了威胁；在一些地区，水葫芦甚至还影响了社会治安，浓密成片的植株为罪犯提供了天然的藏匿场。

外来种对人类健康可以构成直接威胁。豚草花粉是人类变态反应症的主要致病原之一，所引起的“枯草热”对全世界很多国家的人类健康带

来了极大的危害,据调查1983年沈阳市人群发病率达1.52%,每到豚草开花散粉季节,体质过敏者便发生哮喘、打喷嚏、流清水样鼻涕等症状,体质弱者可发生其他合并症并死亡。一些外来动物如福寿螺等是人畜共患的寄生虫病的中间宿主。

12.2.4 外来入侵种对经济的危害

外来入侵种可以带来直接和间接的经济危害。保守估计,外来种每年给我国带来数千亿元的经济损失,其中,每年对美洲斑潜蝇一项的防治费用,就需4.5亿元。美国每年因外来物种入侵造成的经济损失高达1500亿美元,印度每年的损失为1300亿美元,南非为800亿美元。

外来入侵动植物对农田、园艺、草坪、森林、畜牧、水产等可以带来直接经济危害。如苋科莲子草属水花生对水稻、小麦、玉米、红苕和莴苣5种作物全生育期引致的产量损失分别达45%、36%、19%、63%和47%。紫茎泽兰含有的毒素易引起马匹的气喘病,仅1979年在云南省的52个县179个乡,发病马达5015匹,死亡3486匹,甚至造成"无马县",种群数量锐减。1997年台湾发生猪的口蹄疫,结果有380万头猪被杀,直接经济损失达数亿美元。20世纪80年代初首次在英国发现疯牛病,能使感染者脑组织变成海绵状,人、羊、猫等均能够被感染,英国已为此损失了60多亿美元,400多万头牛被宰杀。在国际贸易活动中,外来种常常引起国与国之间的贸易摩擦,成为贸易制裁的重要借口或手段。如我国出口美国的木制包装品,因光肩星天牛问题就给对外贸易带来了数以千万计的经济损失。

外来生物通过改变生态系统带来的一系列不良影响从而产生间接经济损失,与直接经济损失相比,计算间接损失往往十分困难。如因水葫芦"疯长"成灾,覆盖了整个大观河以及部分滇池水面,使昆明市1970~1980年代建成的大观河水上旅游线路被迫取消,配套的旅游设施报废或改做他用,外来有害生物通过影响生态系统而给旅游业造成损失。大量的水葫芦植株死亡后与泥沙混合沉积水底,抬高河床,使很多河道、池塘、湖泊逐渐出现了沼泽化,有的因此而被废弃使用,由此引起周围气候和自然景观产生不利变化,并加剧了旱灾、水灾的危害程度;而且水葫芦植株大量吸附重金属等有毒物质,死亡后沉入水地,构成对水质的二次污染,又加剧了污染程度。

12.3　生物入侵的过程和影响外来种入侵的因素

12.3.1　外来种的生物学特点

(1)外来种的生态幅。一般认为,成功的外来种各种环境因子的适应幅较广,对环境有较强的忍耐力,如耐阴、耐土壤贫瘠、耐污染等。但是,研究也发现,功能的一些外来种不一定占据较宽的生态位,如一些太平洋岛屿上的山地中,外来种占据的实际生态位与分布范围比土著种要小得多。这些种入侵成功的主要原因不是生态幅,而是人为干扰破坏了原生生物群落。由此可见,将来的研究不能仅停留在分析外来种对新栖息地一般环境条件的适应能力上,而是要在此基础上根据具体情况结合种间关系、环境变化等其他因素综合考虑。

(2)外来种的繁殖和传播特点。入侵种的繁殖特点对其在新栖息地种群的建立具有很大的作用。成功的外来种都有很强的繁殖能力,能够产生大量的后代。如有很强的营养繁殖能力,能由碎片产生大量的后代,能够一年内开几次花,产生大量的种子与幼苗。种子易于传播、种子发芽率高、幼苗生长快、幼龄期短等均是成功的入侵植物具有的特点。

外来种的传播特点与繁殖特点相关。地中海的一种入侵性绿藻(*Caulerpa taxifolia*)可以由顶端10mm的断片长成植株,因而很容易被海水携带到处传播,这样的繁殖特点有利于其在低密度的情况下,迅速地扩大种群。

(3)入侵种群的遗传结构。入侵种群一般是由少数引进的个体发展而来的,具有显著的奠基者效应(founder effect),入侵种群与其原产地种群相比,遗传多样性会降低。通常认为这种情况对种群是有害的。但是在一些情况下,种群中较低的遗传多样性反而能够增强外来种在新栖息地中的竞争与生活的能力。有时外来种种群在新栖息地的选择压下可产生新的有利于入侵的性状。如入侵旧金山的大米草属植物 *Spartina alterniflora* 原本为异花传粉植物,自花传粉结实率低,但在入侵期时密度很低,种群中出现了少数自花传粉结实率高的植株被保存下来,这样就改变了种群的遗传结构。

12.3.2 入侵种与土著种间的相互作用

(1)缺乏天敌的制约。一种流行的观点认为,外来种在新栖息地成功入侵的主要原因是失去其天敌的控制。这些天敌包括病原体、捕食者、寄生虫等。因此,从原产地引进天敌成了防治外来种最重要的方法。但是,近年来的研究表明,生物入侵是一个复杂的过程,缺乏天敌的控制是某些外来种成功的主要原因,但对于另一些外来种则不是这种原因,有时天敌被引进,但也难以控制外来入侵种。例如,澳大利亚曾引进空心莲子草叶甲(*Agasicles hygrophila*)和一种蛾类(*Vogtia malloi*)来防治外来种空心莲子草,天敌在水域中取得了较好的效果,但无法控制空心莲子草的旱生种群。

(2)种间抑制。外来种与土著种间还存在着相互抑制作用,这类影响在动物和植物中都存在,有时会成为外来种成功入侵的重要因素。例如,在北美,有一种新入侵植物 *Centaurea diffusa*,在原产地其生长被周围其他植物分泌产生的物质所抑制,其他植物的分泌物抑制了该种对磷的吸收,但是在新栖息地,其分泌物能够抑制其他植物的生长。

(3)外来种与土著种的竞争。研究发现,成功的外来种在新栖息地的环境条件下,能力往往强于处于相似生态位的土著种,对太平洋岛屿上的入侵种壁虎(*Hemidactylus frenatus*)与食性相同的土著种(*Lepidodactylus lugubris*)相比,入侵种行动敏捷,擅长攻击。

(4)外来种的协同入侵。很多生物入侵过程中存在着外来种之间的协同作用,即通过几种外来种的相互配合而入侵。例如一个外来种携带着病原体或寄生虫侵入新栖息地,结果疾病在对病原体或寄生虫更为敏感的土著种中流行,入侵种因为失去竞争对手而得到扩展,这样该外来种与它的病原体或寄生虫都发生了成功的入侵。

(5)杂交在入侵中的意义。杂交被认为是生物成功入侵的重要原因。外来种与土著种杂交产生的后代可能兼有双亲的有利性状,还有可能产生其双亲没有的新的性状,它们可以入侵并生活于双亲不能生存的环境中。例如在北美,由外来的肉质杂草 *Carpobrotus edulis* 与土著的 *C. chilensis* 杂交产生的后代是美国加州海岸广布的杂草,无论在沙丘还是在草地,杂种后代的生长能力者强于土著种亲本 *C. chilensis*,而且杂种后代对食草动物的抵抗力也强。

植物外来种的入侵是指植物种在自然状态下或人类作用下,在异地

获得生长与繁殖的现象。自然入侵主要指植物的移动和迁移,人类作用主要是指引种。植物入侵受到许多因子的影响,有的因子可以促进入侵,而有的则可以抑制入侵。这些因子分为内因和外因两类。

12.3.3 影响植物入侵的外因

科学家研究发现,生物入侵的严重区域包括了重要港口、口岸附近,铁路、公路两侧,外来物种往往在这些地方“登陆”,遇到适宜环境条件后扩散。人为干扰严重的森林、草场,也使外来入侵者“有机可乘”;而那些物种多样性较低、生态环境较为简单的岛屿、水域、牧场由于天敌数量少,外来种也容易得势。

被入侵的环境对外来种影响大,如果遭入侵的环境与外来种以前的栖息地相似,外来种就可能入侵成功,如果生境相差大,只有那些可塑性大的物种可入侵成功。

在环境因子中,光、温度、水分、营养和金属元素的影响突出,如迈考尼亚(*Miconia*)在夏威夷的雨林中能够成为优势植物,其中一个特点就是耐阴性强;柽柳等植物可生存于盐分高的地方;土壤肥力高有利于外来种入侵和扩散,而有些物种忍耐力强,能在贫瘠的土壤中生存;有些外来种能够平衡体内外的金属离子等。

埃尔顿在1958年提出了一个经典的假设,认为群落中的生物多样性对抵抗外来种的入侵起着关键性的作用,物种组成丰富的群落较物种组成简单的群落,对生物入侵的抵抗能力要强。

12.3.4 影响植物入侵的内因

植物外来种的自身特性对入侵、生存和扩展极为重要。有些物种的适应性、耐性强,意味着它们的入侵潜力大。外来种的繁殖力大小对入侵是否成功意义很大。部分外来种靠地下茎等进行无性繁殖,可以避免或少受火等干扰,这有利于其生存扩展。靠种子繁殖的外来种,种子具有有利于传播的特点:①种子的果实可被动物取食,有粘附性的结构、拟态性,有利于动物的传播;②体积小而轻,便于风传播;③种子有翅等;④分布区广的物种,种子具有休眠特点、具有适应长距离传播的机制、能产生毒素以抑制其他植物的生长;⑤种子大小、颜色、形态与作物种子相近,有助于随作物而传播;⑥能够在恶劣条件下生长,光合作用速率高等。

植物外来种对资源的竞争力强,能抗干扰,且干扰后恢复力大,这些有利于外来种入侵。有抗逆性的物种,能在逆境中生存。影响生物入侵成功的因素是多样的,而入侵是这些因素共同作用的综合结果。在不同的个案中,起决定性作用的因子是不同的,可能是单一因子起主要作用,也可能是由多方面的因子导致成功的入侵。可以说,生物入侵的机制是高度复杂的,没有一般的、通用的模式。

12.4 生态安全和外来种的综合管理

生态安全指一个国家或地区的生态环境能够适应国民经济和社会发展需要的状态。近年来,已经引起了世界各国的关注。

12.4.1 对植物外来种的管理

对植物外来种进行管理,首先要对植物外来种的生物学和生态学特性进行了解和评价。然后采取相应的控制方法如机械法(人工砍除、火烧等)、化学方法(用化学药剂处理,如用除草剂等杀死植物外来种)和生物控制法(利用天敌)等。根据国内外众多的事例,采用以生物防治为主,辅以化学、机械或人工方法的综合体系是解决外来有害植物最有效的方法。

12.4.2 在利用中防除外来物种

外来入侵种特别是外来植物也有一定的经济价值。例如,水葫芦植株自身存在着许多可利用的地方。由于花穗硕大美丽,可用于观赏;植株根部能吸附重金属离子,可用于净化水质;植株体内含有一定的养分,可用做畜禽饲料;另外,水葫芦还可造纸、生产沼气、制肥,有人还试图研究它在食品、美容、一次性餐具等方面的价值。还有人企图将占水葫芦95%的水分处理后变为洁净达标的水而加以利用。也有研究利用大米草造纸、做饲料等。对有害入侵生物的利用和防治应该充分考虑当地的实际情况及经济因素,从而制定出最佳的利用策略。

12.4.3 生物入侵引发的思考

城市、园林的绿化问题

生态系统是经过长期进化形成的,系统中的物种经过上百年、上千年的竞争、排斥、适应和互利才形成了和谐的种间关系。在人们绿化、美化环境的时候要特别注意引进物种的安全性问题。尽量选择当地物种,因

为当地物种是最适合、最安全、也是最省事的园林绿化物种,只要搭配合理,同样能够达到赏心悦目、美化环境的目的。

外来种与生态安全

加入WTO必然会使我国与国际上的经贸活动直线升温,从国外引进新的动、植物品种的数量亦将呈上升趋势。如果缺乏有效的研究、监管,某些在原产地发展相对平稳的动、植物品种在引进后如果遇到极适宜其生存、繁殖的气候、土壤、生物环境,又缺乏有效的天敌制约,将出现"生态入侵"(ecological invasion)的灾难性后果。因此,必须在生态、环保、生化、检疫等方面有针对性地展开专门研究。尤其是生态脆弱、经济落后、土地贫瘠的西部地区,加强对外来物种的引进管理刻不容缓。社会各界对生态安全问题应该给予足够重视,采取迅速有力措施,尽快建立完善、有效的预警、预防体系。

对外来种的管理问题

对外来种的有效管理,首先,应该从制定针对外来入侵种的专项法规或条例着手,如1991年我国通过了《中华人民共和国进出境动植物检疫法》对防止动物传染病、寄生虫病和植物危险性病虫草以及其他有害生物传入、传出我国国境起到积极作用。其次,要提高动植物的检验检疫水平和对可能出现的入侵危害的预测能力。第三是要提高政府部门的监督管理力度,以及对外来种入侵危害的全民教育,从而达到杜绝外来种入侵。外来入侵种的问题还需要全世界各地区和各个国家的共同努力来解决。

12.5 转基因生物的安全性问题

12.5.1 问题的提出

转基因(transgene)生物的安全性问题是基因工程发展中必须考虑的重要问题。虽然大规模应用转基因生物已有十几年历史,迄今尚未出现因转基因生物引起的危害事件,而且转基因技术在消除第三世界的饥饿和贫穷方面具有不可替代的作用,但是加强转基因生物的安全性研究,以保证转基因生物研究与应用的健康发展以及环境和食用的安全性,仍然是世界各国极为关注的问题。像人类历史上任何一种新技术出现一样,现代生物技术既有极大推动生产力发展的一面,又有可能由于没有审慎使用这种技术而对人体健康和环境造成危险的一面。当然,转基因生物体对人类和环境的影响将会是长期的。很多影响可能产生时滞效应,而不像非生物影响那样随时间而减小,随距离而减弱。大量的转基因生物是以特殊的生命形式,以超过自然进化千百万倍的速度介入到自然界中来。在给人类带来巨大利益的同时,也可能蕴涵一定的危险。随着科学技术的发展和完善,人类是可以解决转基因生物带来的安全问题的。

对转基因生物的安全性评价包括其对人类健康的影响和对生态环境的影响两个方面,其具体评价内容取决于不同国家、不同行业对安全性的理解和要求,以及当前的生物技术研究与应用的发展水平。对生物安全性的控制必须根据各个基因工程物种的特异性采取有针对性的、有效的措施。建立健全生物安全管理体系、检测监控体系、政策体系、管理机制,提高生物安全的国家管理能力,同时,还要加强与生物安全性有关各领域的科学研究工作,积极开展国际交流与合作以及科普宣传和教育工作。

12.5.2 转基因生物的安全性

转基因植物的生物安全性

"安全性"(security)的含义,通常是指某一事物在一定的条件下所造成的危害程度和公众对风险的接受程度。因此,正确评价转基因植物(transgene plant)及其产品的安全性,就需要权衡利弊,搞清它们对人类和环境有益还是有害? 发生危害的可能性? 危害的程度的如何?

转基因植物及其产品的安全性评价主要包括三个方面:一是导入的外源基因及其产物对受体植物是否有不利影响。二是有关转基因作物释放或使用带来的生态学上的安全性,包括: ①转基因作物本身转变为杂草;②转入的基因可能转移至近缘物种,从而使其变为杂草;③转入基因在水平方向上转移至其他物种而带来生态学上的问题;④基因以其他不明的方式使作物和其他野生近缘物种之间的生态关系紊乱;三是有关毒理学方面的安全性问题,包括: ①转入的基因可能使植物变得不易加工或消化;②它可能影响作物的毒理学特性;③它可能以不明的方式产生某种有害物质。

抗除草剂转基因作物的安全性

在种植的转基因作物中,抗除草剂作物占有的比例最大,其次是抗虫作物,既抗虫又除草的转基因作物也开始种植了。

应用抗除草剂转基因作物有极大的经济和社会效益,但是也存在一

定的风险。其风险之一是“杂草化”。抗除草剂转基因作物的“杂草化”包含两个方面：一是抗性作物自身“杂草化”，包括抗性作物逸生成杂草和自生苗对下次作物的危害；二是抗除草剂转基因作物的抗性基因“漂移”到杂草上，导致抗药性杂草产生。种植抗除草剂转基因作物除了前面提到的“杂草化”风险外，还存在对环境的影响、食品安全性、抗性基因的稳定性、加速抗性杂草发生等问题。因此，在应用抗除草剂转基因作物时应注意以下几个问题：①选择适当的除草剂品种；②选择适当的作物；③合理布局抗除草剂作物；④纳入杂草综合防治体系；⑤收集本底资料；⑥加强监测、管理和基础的研究。

植物用转基因微生物及其产品的安全性

与转基因植物相比，转基因微生物(transgene microbe)申请进行田间试验起步较早，但是数量不多，增长速度较慢。在1986～1994年全世界批准进行的1500例转基因生物田间试验中，转基因微生物所占比例不足6%。在1991～1994年，欧盟各国批准进行了250余例转基因生物田间试验，其中转基因微生物仅占5.5%。导致这种现象的原因之一是转基因微生物的生物安全性。

转基因微生物与自然发生的微生物或常规技术选育的微生物在本质上并无差异，而且通过基因工程所转移的目的基因的结构和功能通常都是已知的，转基因微生物的基因型和表现型理论上讲应该能够预见，其生产应用一般不会对人类健康和生态环境造成额外的不利影响。但是，由于微生物个体小、繁殖速度快、容易发生变异，一旦成为有害生物，其传播之快、影响面之大，往往是始料不及的。因此，许多国家的管理部门对微生物的安全性评价内容和指标提出了很高的要求。

为了使转基因微生物更好地发挥效益、避免潜在危险，在微生物技术研究和生物安全管理方面应该重点注意以下几个问题：①旗帜鲜明地发展生物技术；②提高发现和分离新型安全、高效目的基因的创新能力；③提倡使用无标记基因等安全的转基因操作技术；④转基因微生物对农业生态和自然环境长期效应的研究；⑤加强转基因微生物对食品安全性影响的研究。

转基因动物及其产品的安全性

转基因动物(transgenic animal)研究是以分子生物学、动物胚胎学和配子操作技术等为基础，人类按照自己的意愿有目的、有计划、有根据、有预见地改变动物的遗传组成。

转基因动物研究与开发是整个生命科学中近年来发展最为迅速的领域，1984 年国际上全年只有 32 篇有关转基因动物文献引用，1999 年全年则达到了 4162 篇，总量增长了 130 倍。1997 年，仅各种不同类型的转基因小鼠就达到了 804 种，基因“敲除”(knock-out)或“定点整合”(knock-in)鼠则为 782 种，涉及 647 种不同的基因结构。1988 年美国专利局批准了第一个转基因动物“原癌小鼠”(*oncomouse*)专利，稍后还获得了欧洲专利局批准，打破了“动物生命不允许专利”的法律。1998 年，美国和欧洲专利局共批准了 42 种转基因动物专利，登记注册了 88 种专利申请。我国动物转基因工作在国家大力支持和广大科技工作者的艰苦努力下，已经取得了可喜的成绩，特别是“863”计划实施以来，已经有相当一部分转基因动物进入产业化阶段。但是对适合我国国情的安全评价方法、监控和管理制度方面还应该进一步加强，促进转基因动物及其产业化在新的世纪蓬勃发展。

由转基因动物生产的产品产量高、品质好、无任何病原污染、成本低廉、生产工艺十分简单。只需饲喂常规的饲料就能获得价值连城的生物制品，而所剩余的动物副产品经鉴定和适当处理还可做成人类的食品、动物用饲料或生产成工业用品，经济效益十分可观。利用转基因动物所生产的各种产品主要是具有特殊性能的蛋白质，这些产品均可以进行生物降解。

利用转基因动物可以打破生殖隔离，使某种动物的特殊蛋白质在异种动物体内进行高效表达，而且保持原有的生物活性。例如，利用奶山羊的乳腺生产蜘蛛的牵丝蛋白、利用奶牛的乳腺生产人的乳铁蛋白、蛋白酶抑制因子、溶菌酶等多种蛋白质，其产量比自然提纯、细胞或酵母发酵所获得的产量高出数百倍乃至上千倍。随着转基因技术的日渐成熟、转基因手段的不断完善、各种基因的有效表达和产业化，其应用范围将不断扩大、应用领域不断增多，转基因动物将以其无穷的魅力和崭新的姿态进入 21 世纪，为人类的健康和环境改善作出巨大的贡献。

兽用基因工程生物制品的安全性

兽用生物制品(veterinary biologics)，在不同的国家有不同的含义，如在美国是指用于动物疾病诊断、治疗或预防的天然或合成的所有病毒(泛指微生物)、血清、毒素和类似物的产品，如诊断制剂、疫苗、抗毒素等；在日本，是指用病原微生物及其产生的毒素为原料制成的疫苗和抗毒素等，以及用血液为原料制成的血液制剂，用于预防、治疗、诊断疾病的药品，用

于动物的制品统称为“动物疫苗”；在我国，是指用微生物（细菌、病毒、衣原体等）、微生物代谢产品、原虫、动物血液或组织等，经加工，制成作为预防、治疗、诊断特定传染病或其他有关疾病的免疫制剂。兽用基因工程生物制品是指利用重组DNA(recombinant-DNA，rDNA)技术生产的兽用免疫制剂。

随着现代生物技术的高速发展，其安全性和潜在危险性不可避免地摆在人们面前。兽用生物制品主要是用动物或人畜致病性微生物制成，因此，兽用基因工程生物制品的研究、开发和应用的安全性问题，尤其是对动物、人类和环境的潜在危险性更是引起科学家和公众的高度重视和关心，所以，采取相应的安全控制和管理措施，将有助于兽医生物技术的发展。

转基因水生生物及其产品的安全性

水生生物(aquatic creature)在自然界物质循环和能量流动中起着极其重要的作用。水生生物转基因技术的应用应该注意正反两个方面：一方面人类能够按照自己的意愿，将特定遗传基因，经修饰和改造，导入同种、近缘、甚至远缘物种的基因组中，创造具有特定表型的水生生物，这样无疑会给人类带来巨大的经济和社会效益；另一方面，转基因水生生物技术研究和应用成果对人体健康及一系列水生生态和遗传资源的安全问题必须引起人们的高度重视，以保护水生生物的生态环境和遗传资源不受破坏，维持水生生物多样性和遗传稳定性，从而维持人类所需水生生物食品、药物等的持续生产与发展。

迄今为止，全世界所研究的转基因水生生物达20余种，仅有8种进入中试阶段。今后可能将有越来越多的转基因水生生物进入环境释放，甚至商业化生产阶段。同时人们对转基因水生生物所引发的生态环境和人类安全问题也日益关注，据报道，转基因鱼极有可能成为第一个进入商品化饲养生产的转基因动物，并有望首先在我国实现。因而，必须大力加强转基因水生生物的安全评价和管理研究，使转基因水生生物在创造最大经济效益的同时，对人体健康和生态环境的危害能够降低到最低限度。

转基因食品的安全性

随着世界可耕地面积的持续减少，人口迅速的增加，使用基因工程技术，提高食物的产量和品质、增加营养素含量，越来越受到广泛的关注。传统的杂交育种耗费时间长，通常需要8～10年的时间，但是利用生物技术定向改造作物，可以大大加速优良作物的筛选和培育过程，例如很多抗性基因被插入到作物中以抵抗疾病或病虫害。而在农业方面绝大多数基因工程的应用都与人类的食品或动物饲料有关。如 1998 年，转基因作物已经在 8 个国家种植，全球种植面积从 1997 年的 $11\times10^6\text{hm}^2$ 增加到 $27.8\times10^6\text{hm}^2$，共增加了 $16.7\times10^6\text{hm}^2$。除棉花和烟草为经济作物外，其余均为供人类食用的大豆、玉米、油菜籽、马铃薯等。这些作物多分布在美国、加拿大和南美，欧洲也有部分种植，其中美国占全球种植面积的 74%，成为转基因作物的主要种植区。

当一种食品被确定与常规食品具有实质等同性，就可以认为它与传统食品一样安全，不需作进一步的安全性评价。只要对与转基因生物相关的食品分析的数据来源可靠，并在自然分布范围内与传统食品实质上相同，实质等同性便可以成立。但是，实质等同性比较的参考指标应该具有一定幅度，应该随生产者与消费者需要的改变和已有经验的增加而作相应的调整。

在确定食品供体的实质等同性之前，需要考虑遗传工程体的分子特征、表型特征、主要营养成分、毒性成分和过敏性物质等。首要考虑的是插入遗传物质的修饰效应。当接触过敏原时，有些人可能会发生危及生命的过敏反应。因此，对遗传工程体致敏性问题必须给予重视。另外，如果当一种转基因食品用于取代常规食谱中一重要的食品时，必须进行营养学方面的研究。

转基因食品引起的基因水平转移可能性极小，而且这方面的评价分析应当在中试和商业化生产前进行。因此，只有当作为食品，而且外源基因发生水平转移的可能性比商业化生产更大时才有必要重新评价。但是，应该考虑由此带来的抗性标记基因对人和动物胃肠道微生物菌群抗性的影响。

医药生物技术及其产品的生物安全性

医药生物技术(medical biotechnology)是生物技术与医学和制药工业相结合的产物，也是生物技术领域中研究最活跃、产业发展最迅速、效益最显著的领域。基因工程药物、疫苗和单克隆抗体已大量上市，新的生物技术产品如核酸药物，新的诊断、治疗、预防疾病的方法如基因治疗、组织再生等新技术、新品种有如雨后春笋不断涌现，其发展速度超乎人们的想象。根据医药生物技术领域发展情况，各国医药卫生当局相应地制定了与医药生物技术相关的各种法规和质量控制要点，以保证这些新技术、新

品种的安全和有效。

医药生物技术包括两方面内容：其一，利用生物体作为生物反应器，按人们意志来研究生产出医药生物技术产品；其二，利用生物技术来改进或创造出新的诊断、治疗、预防疾病的方法。前者指基因工程药物、人用单克隆抗体，疫苗和寡聚核苷酸及诊断试剂的研制和生产；后者指基因治疗和生物治疗等。医药生物技术产品是指应用现代生物技术生产的用于人类疾病的诊断、治疗、预防以及发病机理研究等方面的产品。包括蛋白质药物与核酸药物两类，蛋白质药物包括重组多肽和蛋白质药物、单克隆抗体和基因工程抗体、重组疫苗和重组多价疫苗等；核酸药物包括反义核酸药物、基因治疗药物、DNA 疫苗和重组活疫苗等。

为了加强对包括生物技术产品在内的医药产品的安全管理，国务院于 1998 年专门成立了国家药品监督管理局，下设中国药品生物制品检定所、药品审评中心、药品认证管理中心、国家药典委员会、国家中药品种保护审评委员会、药品评价中心等，负责对各种医药产品的研究、生产、流通和使用的安全和质量监督管理。于 1998 年重新修订了我国医药行业的《药品生产质量管理规范》(GMP)，保证包括医药生物技术产品在内的药品生产全过程中，对人员和内外环境的安全和产品的质量。重新修订了新的医药生物技术产品审批办法，加强对医药生物技术产品在研制过程中的资料审查，制定了严格的临床前安全和毒性试验检查方案和方法，成立了各种疫苗、多肽药物、基因治疗和体细胞治疗等专门专家评审委员会。制定了若干个对各类制品的安全和质量具有指导性的技术指南，如《基因工程产品的质量控制要点》、《药理毒理检查指导原则》等。这些文件在保障医药生物技术产品在研究、开发、生产和使用过程中对内外环境和人体的安全、效果等方面起到了极为重要的作用。

第 13 章

环境保护与可持续发展

13.1 环境保护

13.1.1 生态环境保护的目标、原理和对策

生态环境保护的最终目标是维持健康生态系统，达到资源与环境的可持续利用。具体保护项目可以有各自的具体目标，但最终要实现社会效益、经济效益、环境效益的统一。

在生态保护方面所应用的基本原理包括：

(1)生态学原理。生态保护的大量工作是生态系统的恢复与重建，因此，必须遵从生态学的基本原理，如物种协调共生原理，群落演替的原理，物质循环和能量流动原理，生态服务原理，生物资源更新繁殖速率和最大捕捞量原理、自我维持和自我调节原理等等。

(2)工程学原理。在生态环境保护中，为了加速生态恢复和良性演替，总要采取若干工程措施和农艺措施，如水土保持工程、湖泊污染综合防治的环境水利工程、盐渍化土地的排涝工程等。工程和技术措施的选用应采取因地制宜的原则，其目的是解决影响植被发育的限制因子，为植被的恢复创造必要的环境条件。

(3)生态经济学原理。生态环境保护不仅仅是一个自然过程，而且是重建家园的伟大创举和社会实践。因此，生态环境保护应遵从社会学和经济学的基本原理。在生态经济学中，生态服务的价值被作为成本而纳入商品的价值。生态恢复应该满足于生态系统的整合性，达到社会、经济和环境效益的统一。

生态恢复工程项目包括工程治理和生物治理两大部分。通常采取工

程治理、生物治理和农艺措施相结合的方针。工程治理是根据引起生态破坏或环境污染的原因,采取工程的人工设计,如水土保持工程,降低盐渍化的排涝工程、防止土地沙化工程以及治理污染的各项环境工程等。其目的是进行无害化处理,减少不利因素的影响,从而改善环境基质和环境条件,为生物生长创造条件。因此,工程治理是生物治理的前提和条件。采取适当的工程措施,可以大大加速生态环境恢复的进程。生物治理首先进行植被恢复,并逐步形成稳定的群落和生态系统,保护恢复区的生物多样性。

13.1.2　环境保护的法规

环境法(environmental law)或称环境立法(environmental legislation)是 20 世纪 60 年代以来才逐步产生和发展起来的一个新兴法律门类,是为了协调人类与自然环境之间的关系,保护和改善环境资源,进而保护人体健康和保障经济社会的可持续发展,而由国家制定或认可,并由国家强制力保证实施的调整人们在开发、利用、保护和改善环境资源的活动中所产生的各种社会关系的行为规范的总称。

环境保护法的种类有很多,以我国为例大体可分为 16 大类:《大气污染防治法》、《水污染防治法》、《噪声污染防治法》、《固体废物污染防治法》、《有毒有害物质污染控制法》、《海洋污染防治法》、《土地资源保护法》、《矿产资源保护法》、《水资源保护法》、《森林资源保护法》、《草原资源保护法》、《渔业资源保护法》、《生物多样性保护法》、《水土保持和荒漠化防治法》、《自然保护区法》、《风景名胜区和文化遗迹地保护法》。每一类立法中又有若干项具体法律,如在水资源保护立法中有《水法》、《取水许可制度实施办法》、《城市供水条例》等。

为了控制环境污染,世界各国都制定了各种环境标准。环境标准是控制污染、保护环境的各种标准的总称。它是国家根据人群健康、生态平衡和社会经济发展对环境结构、状态的要求,在综合考虑本国自然环境特征、科学技术水平和经济条件的基础上,对环境要素间的配比、布局和各环境要素的组成(特别是污染物质的容许含量)所规定的技术规范。环境标准是评价环境状况和其他一切环境保护工作的法定依据,也是推动环境科技进步的动力。我国目前已制定了 300 多项国家环境标准,初步形成了我国环境标准体系,对于保护环境和改善环境质量起到了积极的作用。环境标准的种类繁多,按适用范围和地区,可分为国际标准、国家标准和地方标准等,按其性质可分为环境质量标准、污染物排放标准等;这些环境标准组成了环境标准体系。环境标准在环境执法和环境管理工作中发挥着越来越重要的作用。

联合国于1972年6月5日在瑞典斯德哥尔摩召开了第一次人类环境会议,通过了《人类环境宣言》,并决定建立一个新机构—联合国环境规划署(UNEP)。1974年,UNEP和联合国贸易与发展会议(UNCTAD)在墨西哥召开"资源利用、环境与发展战略方针"专题研讨会,"环境管理"概念首次被正式提出。狭义的环境管理,主要是指采取各种措施控制污染的行为,例如通过制定法律、法规和标准,实施各种有利于环境保护的方针、政策,控制各种污染物的排放。狭义的环境管理只能在一定的历史条件下,在一定范围内起到有限的作用。广义的环境管理,是指运用经济、法律、技术、行政、教育等手段,限制人类损害环境质量的活动,通过全面规划使经济发展与环境相协调,达到既要发展经济满足人类的基本需要,又不超出环境的容许极限。广义的环境管理的核心就是实施经济社会与环境的协调发展。很显然,要实现这一目的单靠环保部门是不行的,依靠政府才能真正实现协调发展战略。

环境教育是贯彻保护环境这一基本国策的一项基础工程,是中国持续发展能力建设的一个重要内容。环境教育既不同于部门教育,又不同于行业教育,而是对人的一种素质教育。因此,环境教育不仅是环境保护事业的重要组成部分,而且也是教育事业的一个重要组成部分。培养和造就消除环境污染和防治生态破坏、改善和创造高质量的生产和生活环境所需的各种专门人才,以及具有环境保护与持续发展综合决策和管理能力的各层次管理人才至关重要。

13.2 可持续发展

近半个世纪以来,人类活动对自然的干扰,农业与城镇对资源的开发,如森林砍伐、环境污染等已经导致自然环境的破坏及整个地球生命支持系统的退化。由此引起的森林破坏、土地退化、生物多样性丧失、气候变化与臭氧层的损耗等全球性的环境问题,不仅造成大量野生生物的绝灭与自然系统的退化,而且还将引起整个地球生命支持系统的退化与破坏,危及人类未来的生存与发展。可持续发展生态学、全球变化、生物多样性保护是当今生态学研究的三大前沿领域与新世纪生态学发展的重要

驱动力之一。

13.2.1　可持续发展概念的形成与发展

20 世纪 50 年代末,美国海洋生物学家雷切尔·卡森(Rachel Karson)对农药杀虫剂使用产生的种种危害进行了研究以后,于 1962 年发表了著名的《寂静的春天》,作者通过对污染物富集、迁移、转化的描写,阐明了人类同大气、海洋、河流、土地、动植物间的密切关系,揭示了污染对生态系统的影响。并向世人呼吁:这样的发展道路是潜伏着灾难的,应寻求新的发展途径。1972 年世界各地的几十位科学家、教育家、经济学家提交了一份研究报告《增长的极限》,报告阐明了环境的重要性及资源与人口的关系提出要“合理、持久的均衡发展”,为可持续发展提供了萌发的土壤。

可持续发展概念是在 1980 年发表的世界自然资源保护大纲中首次给予系统阐述的。其目的在于把资源保护和发展有机地结合起来,即保护自然资源使其既能有利于经济的发展,以满足人类的物质文化需要,不断提高生活质量,又能保护人类及其他生物赖以生存的环境条件。大纲还提出了自然保护的三大目标,即维持基本生态过程和生命支持系统、保护遗传多样性以及保证生态系统和生物物种的持续利用。世界自然保护大纲所提出的可持续发展概念及其实现的途径,对 20 世纪 80 年代以来的可持续发展的研究起到了重要的作用。

1987 年由世界环境与发展委员会向联合国提交的《我们共同的未来》报告,对可持续发展的概念形成与发展,并使可持续发展成为当今社会关注的焦点起了十分重要的推动作用。《我们共同的未来》这一报告以可持续发展为主线,对当前人类在发展与环境保护所面临的问题进行了全面和系统的剖析,并指出在过去我们关心的是经济发展对环境带来的影响,而现在我们面临的是日益恶化的生态与环境危机的压力,以及森林破坏、土地退化、大气与水体的污染对经济发展所带来的影响。报告将可持续发展定义为:“在满足当代人需要的同时,不损害人类后代满足其自身需要和发展的能力。”并提出了实现可持续发展目标所应采取的行动,包括如下七个方面: ①提高经济增长速度,解决贫困问题;②改善增长的质量,改变以破坏环境与资源为代价的增长模式;③尽最大可能地满足人民对就业、粮食、能源、住房、水、卫生保健等方面的需要;④将人口增长控制在可持续发展的水平;⑤保护与加强资源基础;⑥技术发展要与环境保护相适应;⑦将环境与发展问题落实到政策、法令和政府决策之中。该报告成为联合国及全世界在环境保护与社会经济发展方面的纲领性文件。

1991年,在国际生态学联合会(Intecol)和国际生物学联合学(Iubs)联合举行的专题研讨会上,生态学家从自然保护及生态学角度出发,将可持续发展定义为"保护与增强(自然)环境系统的生产力和再生能力的发展模式";另一种相似的从生物圈(Biosphere)概念加以说明的定义是:可持续发展"是寻求一种最佳的生态系统,以支持生态的完整性和人类愿望的实现,使人类的生存环境得以持续"。

经济学家艾尼·马肯亚(Anil Markanya)则于1991年从经济发展的角度定义可持续发展为"在保持自然资源的质量和其所提供服务的前提下,使经济发展的净利益最大化",并认为可持续发展意味着"今天的资源利用不应减少未来的实际收入",即"在维持动态服务和自然质量的条件下的经济发展收益最大化"。

社会学家从社会发展角度将可持续发展定义为"在不超过维持发展的生态系统承载能力的条件下,不断提高人类的生活质量"。并强调"真正的发展应该是提高人类健康水平,改善人类生活质量和获得必需资源的途径,并创造一个保障人们平等、自由、人权的环境"。

1992年在巴西召开了联合国环境与发展大会,大会通过了《关于环境与发展的里约热内卢宣言》、《二十一世纪议程》等一系列纲领性文件与公约,表明了日益加剧的全球性的环境问题及其生态后果,已迫使人们达成共识,并为维护与改善人类赖以生存的自然环境条件采取协调的行动,可持续发展已成为全世界共同行动的准则。

13.2.2 可持续发展的内涵

综合20世纪80年代以来,可持续发展理论研究成果,可以发现可持续发展是对传统价值观和发展观的挑战与变革。其内涵反映在:

(1)系统观。把人类赖以生存的地球及局部区域看成是由自然、社会、经济、文化等多因素组成的复合系统,它们之间既相互联系,又相互制约。

(2)效益观。可持续发展应本着开发与保护统一的生态经济观,将整体效益放在首位。

(3)资源观。对不可更新资源,如矿物、油、气和煤等,要提高其利用率,加强循环利用,并尽可能用可更新资源代替,以延长其使用的寿命;对可更新资源的利用,要限制在其再生产的承载力限度内。

(4)体制观。建立一个能综合调控社会生产、经济生活和生态功能,信息反馈灵敏、决策水平高的管理体制。

(5)法制观。建立与可持续发展相适应的政策、法规和道德规范。

(6)群众观。依靠广大群众和群众组织,加强群众的参与意识。

(7)社会平等观。主张人与人之间、国家与国家之间关系应互相尊重、相互平等。一个社会或一个团体的发展,不应以牺牲另一个社团的利益为代价。

(8)全球观。建立起巩固的国际秩序和合作关系,从局部、区域的角度出发,通过解决局部自然环境问题及可持续发展实现可持续的生物圈。

13.2.3　可持续发展战略

可持续发展战略的提出,是当代人对环境与资源问题的恶化日益严重地威胁人类的生存与发展所作出的一种生存选择,它标志着人类价值观念和生活方式的深刻变革。

世界环境与发展委员会在 1987 年《我们的未来》报告中提出了世界的可持续发展战略目标是: ①恢复增长和改变增长质量,分别是发展中国家和发达国家的目标;②满足人类的基本需求,如就业、粮食、能源、供水、住房、卫生设施和医疗保健;③把环境与经济因素纳入决策中。

根据我国的国情,提出了如下的可持续发展战略:

(1)人口战略。控制人口数量、提高人口素质、开发人力资源,减轻人口对自然资源与环境的压力。

(2)资源战略。建立资源节约型国民经济体系,如节约型农业体系、节约型工业生产体系、节约型综合运输体系以及勤俭节约的生活服务体系。

(3)环境战略。建立与发展阶段相适应的环境保护体制,如加强环境保护的宣传教育,提高国民的环境保护意识,在经济建设与社会发展的同时保护生态环境,环境保护与各项建设统筹兼顾、协调发展,保护环境和自然资源作为生产发展的基础条件,采取有效措施,防治工业污染和生态破坏,以及加强环境保护的科学研究等等。

(4)稳定战略。坚持社会和经济的稳定协调发展。我国的经济发展应尽快转变传统的发展模式,依靠科技进步,并重点抓好农业生产结构和布局的调整,继续发展第二产业积极调整工业结构和布局,并大力发展第三产业,建立适合国情的市场体系、社会化综合服务体系和社会保障体系。

13.2.4 可持续发展技术

科学技术的进步是实施可持续发展战略的保证,可持续发展技术包括:①实用性,即低投入、高产出,有市场潜力,简便易学,易于推广;②可示范性、时间的长效性与超前性,示范效果显著,有较大的推广价值;③具有生态技术内涵,包括资源循环利用和深度加工技术、环境整治与保育技术、生态系统恢复和重建技术、挖掘本地资源潜力生态工程接口技术;④系统性,是单项技术的集成,一、二、三产业的复合,软硬件的配套,技术、体制和能力的协调发展。

可持续设计在实践应用中应体现出:①设计生产环节,要考虑产品的结构性、经济性、维修性与环保性;②消费使用环节,要确保消费者的安全和身心健康,尽量减少对环境的污染与破坏;③回收循环环节,使废弃物循环再生,综合利用;④信息反馈环节,对有关信息进行搜集、加工、汇总、传递、储存、检索、输出、使用、反馈以及提供服务时,都要以节省资源、减少污染、保护环境、有益健康为宗旨。可持续设计强调的是3R,即节约(reduce)、回用(reuse)和循环(recycle)。

13.2.5 建立社会—经济—自然复合生态系统

20世纪80年代初,马世骏和王如松在总结了以整体、协调、循环、自生为核心的生态控制论原理的基础上,提出了社会—经济—自然复合生态系统的理论和时(代际、世际)、空(地域、流域、区域)、量(各种物质、能量代谢过程)、构(产业、体制、景观)、序(竞争、共生与自生序)的生态关联及调控方法,指出可持续发展问题的实质是以人为主体的生命与其栖息劳作环境、物质生产环境及社会文化环境间关系的协调发展。它们在一起构成社会—经济—自然复合生态系统。

复合生态系统结构可以理解为物理环境(包括地理环境、生物环境和人工环境)、文化社会环境(包括文化、组织、技术等)的耦合。其功能包括系统的生产、生活、供给、接纳、控制和缓冲。复合生态系统的生产功能不仅包括物质和精神产品的生产,还包括人的生产,不仅包括成品的生产,还包括废物的生产;复合生态系统的消费功能不仅包括商品的消费、基础设施的占用,还包括了无劳动价值的资源与环境的消费、时间与空间的耗费、信息以及作为社会属性的人的心灵和感情的耗费。人类生产和生活

活动是由生态服务功能支撑的,包括资源的持续供给能力、环境的持续容纳能力,自然的持续缓冲能力及人类的自组织自调节活力。正是由于这种生态服务功能,经济得以持续、社会得以安定、自然得以平衡(见表 13-1)。

表 13-1 复合生态系统功能①

	经济	社会	自然
生产	物质及精神产品生产	人的生产(劳力、智力、体制、文化)	可再生资源生产
消费	生产资料、原材料的消费	商品的消费,信息及文化环境的享用	资源环境的耗竭、空间的占用
流通	物质与货币的流通	人与信息的流动	水、气及其他生态资产的流通
调控	市场规律的调节	法规、体制、政治的调节	自然生态的反馈
还原	废弃物循环再生	社会治安、保障、医疗、保健	自然缓冲、自净、人工治理、保育等

13.2.6 生态规划

生态规划的实质就是运用生态学原理与生态经济学知识调控复合生态系统中各亚系统及其组分间的生态关系,协调资源开发及其他人类活动与自然环境与资源性能的关系,实现城市、农村及区域社会经济的持续发展。

生态规划的目标是建立区域可持续发展的行动方案,其任务是找到实现这一目标的方法与途径。对生态规划的流程与步骤、生态调查的内容与方法、区域资源环境性能分析与生态评价,以及生态适宜性分析等方面进行讨论,尝试建立区域可持续发展的生态规划方法体系。

生态规划方法也是一个动态过程,它要求不是一个最终蓝图,而是将规划当作对某一地区的发展施加一系列连续管理和控制,并借助于寻求模拟发展过程的手段,使这种管理和控制得以实施。因此,生态规划的方法与流程可以包括三个方面:生态调查、生态评价与生态决策分析。共有六个步骤:明确生态规划目标、生态调查、区域社会经济特征分析、自然环

① 引自戈峰主编:《现代生态学》,科学出版社 2002 年版。

境及资源的生态评价、生态适宜性分析、确定规划方案与措施。

必须强调的是,由于生态规划涉及的问题与知识十分广泛,因此在规划过程中要求是一个包括规划学、生物生态学、经济学、社会学等多学科组成的规划小组,多学科的交叉与合作在生态规划中至关重要。

13.2.7 生态工程

生态工程是近年来发展起来的一门着眼于复合生态系统持续发展的整合工程技术。它根据整体、协调、循环、自生的生态控制论原理去系统设计、规划和调控人工生态系统的结构要素、工艺流程及信息反馈关系,在系统范围内实现经济效益和生态效益。生态工程强调资源的综合利用、技术的系统组合、学科的边缘交叉和产业的横向结合,是生态学原理与现代技术有机结合的产物。

生态工程概念是著名生态学家奥德姆及马世骏于 20 世纪 60 及 70 年代分别独立提出来的。前者认为"人类轻微干预的生态系统的自组织设计",强调环境效益和自然调控;后者定义为"应用生态系统中物种共生、物质循环再生以及结构与功能协调原则,结合系统工程的最优化方法设计的分层多级利用物质的生产工艺系统"。追求经济和生态效益的统一和人的主动改造与建设,被认为是发展中国家可持续发展的方法论基础。国际生态工程学会主席米切(Mitsch)综合这两派思潮,将生态工程总结为"使人与自然双双受惠的可持续的生态系统的设计",并于 1989 年在美国出版了《生态工程》一书,明确提出其研究对象为生态系统,较系统地初步归纳一些基本原理,总结其方法论及若干应用实例。自此,生态工程才成为可持续发展领域以及产业革命的一门新兴学科。

20 世纪 70 年代以来,我国生态工程理论和实践研究取得长足进展,在国内外已发表了近千篇论文,出版了多本中英文生态工程专著。目前发展比较成熟的生态工程类型包括:农业生态工程、节水和废水处理与利用生态工程、生物质循环利用生态工程、山区小流域综合治理与开发生态工程、清洁及可再生能源系统开发组合利用工程、生态建筑及生态城镇建设工程、废弃地及遭破坏的水、陆生态系统的生态恢复生态工程等。

主要参考文献

1.蔡晓明.生态系统生态学.北京:科学出版社,2001.

2.常杰,葛滢编著.生态学.杭州:浙江大学出版社,2004.

3.陈昌笃. 景观保护与受胁景观红皮书. 生物多样性,1994, 2(3):177-180.

4.陈化鹏,高中信.野生动物生态学.哈尔滨:东北林业大学出版社,1993.

5.陈灵芝,马克平.生物多样性科学:原理与实践.上海:上海科学技术出版社,2001.

6.方精云.全球生态学.北京:高等教育出版社,2000.

7.傅伯杰等.景观生态学原理及应用.北京:科学出版社,2001.

8.戈峰主编. 现代生态学. 北京:科学出版社. 2002.

9.李爱贞.生态环境保护概论.北京:气象出版社,2001.

10.李博等.生态学.北京:高等教育出版社,2000.

11.李哈滨, J. F. Franklin. 景观生态学. 生态学领域的新概念. 生态学进展, 1988, 5(1):23-33.

12.刘静玲.人口资源与环境.北京:化学工业出版社,2001.

13.刘谦,朱鑫泉.生物安全.北京:科学出版社,2001.

14.柳劲松,王丽华,宋秀娟编.环境生态学基础.北京:化学工业出版社,2003.

15.卢升高,吕军等.环境生态学.杭州:浙江大学出版社,2004.

16.马世骏,王如松.社会—经济—自然复合生态系统,生态学报,1984,4(1):1-9.

17.马世骏. 中国生态学发展战略研究.北京:中国经济出版社,1991.

18.欧阳志云,王如松.生态规划的回顾与展望.自然资源学报,1995, 10(3):203-215.

19. 钱易,唐孝炎. 环境保护与可持续发展. 北京:高等教育出版社,2000.
20. 曲仲湘等. 植物生态学(第2版). 北京:高等教育出版社,1983.
21. 任海,彭少麟. 恢复生态学导论. 北京:科学出版社,2001.
22. 尚玉昌. 行为生态学. 北京:北京大学出版社,1999.
23. 施维林等. 荒漠人工—自然景观中人类活动的影响与风险. 优化配置西部资源坚持高效持续发展学术研讨会论文集(中国科协、中国工程院,乌鲁木齐):136-142,2001.
24. 施维林等. 景观生态学研究中的数学模型及GIS技术应用. 兰州大学学报, 2001, 37: 67-71.
25. 孙儒泳等. 普通生态学. 北京:高等教育出版社,2000.
26. 孙儒泳. 动物生态学原理(第3版). 北京:北京师范大学出版社,2001.
27. 孙儒泳,李庆苏,牛翠娟等. 基础生态学,北京:高等教育出版社,2002.
28. 孙铁新,周启星,李培军. 污染生态学. 北京:科学出版社,2001.
29. 肖笃宁, 李秀珍. 当代景观生态学的进展和展望. 地理科学, 1997, 17(4): 356-363.
30. 肖笃宁, 钟林生. 景观分类与评价的原则. 应用生态学报,1998, 9(2): 217-221.
31. 徐汝梅,叶万辉. 生物入侵——理论与实践. 北京:科学出版社,2003.
32. 杨志峰,刘静玲等. 环境科学概论. 北京:高等教育出版社,2004.
33. 叶文虎. 可持续发展引论. 北京:高等教育出版社,2002.
34. 于川,潘振锋. 风险经济学导论. 北京:中国铁道出版社. 1986.
35. 张金屯,李素清. 应用生态学. 北京:科学出版社,2003.
36. 郑师章等. 普通生态学. 上海:复旦大学出版社,1994.
37. 祖元刚,孙梅,康乐. 生态适应与生态进化的分子机理. 北京:高等教育出版社,2000.
38. H·雷默特. 生态学. 北京:科学出版社,1988.
39. A. Mackenzie, A. S. Ball, S. R. Virdee. 生态学. 北京:科学出版社,2005.
40. E. P. Odum, 生态学基础. 北京:人民教育出版社,1982.
41. R. H. Whittaker. 群落与生态系统. 北京:科学出版社,1975.
42. Begon M, Harper J L, Townsend C R. *Ecology: individuals popula-*

tions and communities. Boston: Blackwell Scientific Publications, 1996.

43. J. J. Cairns. *The Recovery Process in Damaged Ecosystems*. Mich: Ann Arbor Science Publishers Inc, 1980.

44. M. J. Crawley. *Plant Ecology*. Oxford: Blackwell Scientific Publications. 1986.

45. R. T. T. Forman and M. Godron. *Landscape Ecology*. John Wiley 7 Sons, New York 1986.

46. R. T. T. Forman. *Land Mosaics: the ecology of landscapes and regions*. Cambridge: Cambridge University Press, 1995.

47. J. L. Harper. Population Ecology of Plants. New York: Academic Press, 1977.

48. R. J. &J. A. Hobbs. Harris. *Restoration Ecology*: Repairing the earth's ecosystems in the new millennium. *Restoration Ecology*, 2001, 9 (2): 239 - 246.

49. C. J. Krebs. Ecology: *The experimental analysis of distribution and abundance*. New York: Harper & Row Publishers, Inc., 1992.

50. R. H. MacArthur, E. O. Wilson. *The Theory of Island Biography*. Princeton: Princeton University Press, 1967.

51. R. H. MacArthur. Fluctuations of animal populations, and a measure of community stability. *Ecoloty*, 1955, 36: 533 - 536.

52. S. A. Miller, J. B. Harley. *Zoology*. McGraw-Hill Companies, Inc., 1999.

53. R. V. O' Neill Hierarchy theory and globol change. In: T Rosswall, R. G. Woodmansee, P. G. Risser eds, *Scales and Global Change*. New York: Scientific Committee on Problem on Problems of the Environment(SCOPE), Wiley & Sons, 1988.

54. R. V. O' Neill, D. L. DeAngelis, J. B. Waide, et al. *A Hierarchial Concept of Ecosystems*. Princeton: Princeton University Press, 1986.

55. S. T. A. Pickett, P. S. White. *The Ecology of Natural Disturbance and Patch Dynamics*. San Diego: Academic Press, 1985.

56. R. L. Smith . Ecology and field biology. 3nd ed. New York: Harper Collins Publishers, 1990.

57. M. J. Swift, O. W. Heal, J. M. Anderson. *Decomposition in Terrestrial Ecosystem*. Oxford: Blackwell Scientific Publications, 1979.

58. R. H. Whittaker. *Evolution and Measurement of Species Diversity*. Taxon, 1972, 21:213 – 251.

59. J. A. Wiens. Spatial Sscaling in Ecology. *Func Ecol*, 1989, 3:385 – 397.

图书在版编目(CIP)数据

生态与环境 / 施维林,张艳华,孙立夫编著. —杭州:浙江大学出版社,2006.2 (2015.1 重印)
(普通高校通识教育丛书/徐辉等主编)
ISBN 978-7-308-04631-2

Ⅰ.生... Ⅱ.①施...②张...③孙... Ⅲ.生态环境—环境保护—高等学校—教材 Ⅳ.X171.7

中国版本图书馆 CIP 数据核字 (2006) 第 008877 号

生态与环境

施维林 张艳华 孙立夫 编著

责任编辑 伍秀芳(wxfwt@zju.edu.cn)
封面设计 刘依群
出版发行 浙江大学出版社
(杭州市天目山路 148 号 邮政编码 310007)
(网址:http://www.zjupress.com)
排　　版 浙江时代出版服务有限公司
印　　刷 杭州丰源印刷有限公司
开　　本 787mm×960mm 1/16
印　　张 16.75
字　　数 274 千字
版 印 次 2006 年 2 月第 1 版 2015 年 1 月第 3 次印刷
书　　号 ISBN 978-7-308-04631-2
定　　价 22.00 元
